Körperliche und mentale

FITNESS

FÜR PRIVATPILOTEN

Human Factors im Cockpit

Rainer Krumm

Motor buch Verlag

Impressum

Einbandgestaltung: schreiberVIS, Seeheim

Eine Haftung des Autors oder des Verlages und seiner Beauftragten für Personen-, Sach- und Vermögensschäden ist ausgeschlossen.

ISBN 978-3-613-04762-4

Dieses Buch wurde nach den geltenden Vorschriften der General Product Safety Regulation (GPSR) entwickelt. Bei Fragen oder Problemen wenden Sie sich bitte an den Verlag unter folgender E-Mail-Adresse: gpsr@paul-pietsch-verlage.de

Ein Unternehmen der
Paul Pietsch-Verlage GmbH & Co. KG

1. Auflage 2025

Layout, Satz und Prepress: schreiberVIS, Seeheim
Druck und Bindung: Finidr s.r.o
Printed in Czech Republic

Wichtiger Hinweis: Dieses Buch dient ausschließlich der Weiterbildung und dem Verständnis menschlicher Faktoren im Cockpit. Es ersetzt keinesfalls offizielle Flughandbücher, behördliche Vorschriften, Standardarbeitsanweisungen (SOPs) oder die vorgeschriebene Ausbildung durch zertifizierte Ausbildungsorganisationen.

Die Anwendung der beschriebenen Prinzipien und Konzepte erfolgt ausdrücklich auf eigenes Risiko und unter eigener Verantwortung. Eine Haftung des Autors bzw. des Verlags und seiner Beauftragten für Personen-, Sach- und Vermögensschäden oder sonstige Schäden, die durch die Nutzung oder Nichtnutzung der Informationen bzw. durch die Nutzung fehlerhafter und/oder unvollständiger Informationen verursacht wurden, ist ausgeschlossen.

Für die Flugsicherheit sind ausschließlich die jeweils gültigen behördlichen Bestimmungen, Flugzeughandbücher, Checklisten und die Anweisungen der zuständigen Luftfahrtbehörden maßgeblich. Piloten und Flugpersonal sind verpflichtet, sich stets über aktuelle Vorschriften, Verfahren und Sicherheitsbestimmungen zu informieren.

Verlag und Autor übernehmen keine Haftung für die Aktualität, Richtigkeit und Vollständigkeit der Inhalte, insbesondere nicht für sich ändernde Luftfahrtvorschriften, Verfahren oder technische Entwicklungen. Ebenso wird keine Haftung für Druckfehler übernommen.

Es kann keine juristische Verantwortung und keine Haftung in irgendeiner Form für fehlerhafte Angaben und daraus entstehende Folgen vom Verlag bzw. Autor übernommen werden, insbesondere nicht für Auswirkungen auf Flugoperationen oder Sicherheitsentscheidungen.

Sollte diese Publikation Links auf Webseiten Dritter enthalten, so übernehmen wir für deren Inhalte keine Haftung, da wir uns diese nicht zu eigen machen, sondern lediglich auf deren Stand zum Zeitpunkt der Erstveröffentlichung verweisen.

Sicherheitshinweis: Bei allen flugbetrieblichen Entscheidungen haben die aktuellen, von den Luftfahrtbehörden genehmigten Verfahren und Vorschriften stets Vorrang vor den in diesem Buch dargestellten theoretischen Konzepten.

Bildnachweis:
Rainer Krumm, Alexander Kühnert, Thomas Klenk, Jakob Bosch, Olli Mueller, Tim Krauss, Tom Illgner, NAV-GEEKS, Christian Felsch von Wild, Michael Wohlstein, Sylwia Klages, Alexander Rottmaier, Matthias Bopp, Joachim Schreiber.

Inhaltsverzeichnis

Vorwort von Markus Haggeney
(Generalsekretär der Fédération Aéronautique Internationale (FAI)

Als Generalsekretär der Fédération Aéronautique Internationale (FAI) ist es mir eine besondere Freude, dieses hochaktuelle und bedeutsame Werk über Human Factors in der Privatfliegerei vorzustellen.

Human Factors – das Studium der psychologischen, physiologischen und sozialen Einflüsse auf die Leistungsfähigkeit von Piloten – bilden den Kern von Sicherheit, Kompetenz und Exzellenz im Flugbetrieb. Ganz gleich, ob man die Freiheit des Privatflugs in vollen Zügen genießen oder weltweite Rekorde und Meisterschaftsteilnahmen anstreben möchte: Ein vertieftes Verständnis der Human Factors ist unverzichtbar.

Die nachfolgenden Kapitel sind sorgfältig strukturiert, um den Leser von den grundlegenden Prinzipien bis hin zu anspruchsvollen Anwendungen zu führen. Sie finden eingehende Darstellungen zur Situationswahrnehmung, zur Entscheidungsfindung unter Druck, zur Teamarbeit und Kommunikation sowie zum Umgang mit Ermüdung und zur Vermeidung von Fehlern. Diese inhaltliche Breite gewährleistet, dass sowohl der frisch gebackene Privatpilot als auch der erfahrene Wettbewerbsflieger wertvolle Erkenntnisse für die eigene Weiterentwicklung gewinnen.

Bei der FAI wissen wir, dass technische Fertigkeiten und die modernsten Fluggeräte nur einen Teil der Gleichung in der Luftfahrt darstellen. Mindestens ebenso wichtig ist die Fähigkeit des menschlichen Piloten, komplexe Informationen zu interpretieren, in unerwarteten Situationen Ruhe zu bewahren und aus jedem Flug kontinuierlich zu lernen. Wir sind fest davon überzeugt, dass Piloten, die die Lehren der Human Factors in ihre tägliche Praxis integrieren, nicht nur Risiken minimieren, sondern auch neue Leistungs- und Erfüllungsniveaus erreichen.

Mein Dank gilt in erster Linie diesem Werk: Durch die Fachkenntnis und das Engagement von Rainer Krumm ist es möglich geworden, die Human Factors so umfassend und praxisnah darzustellen. Ebenso danke ich den nationalen Luftsportverbänden unserer 100 Mitglieder für ihr fortwährendes Engagement zur Erhöhung der Standards in allen Luftsportdisziplinen.

Darüber hinaus gelten die gewonnenen Erkenntnisse nicht ausschließlich im Cockpit. Auch in der Führung unseres Verbandes und in den Vereinen sind die Prinzipien der Human Factors wertvolle Leitlinien für effektive Zusammenarbeit und umsichtiges Entscheiden. Sie finden zudem Anwendung in den sehr verantwortungsvollen Aufgaben der Personen, die Wettbewerbe leiten, sowie in der Ausübung der Funktionen als Sicherheitsbeauftragte, Schiedsrichterinnen und Schiedsrichter oder Jury-Mitglieder.

Möge dieses Werk sowohl Wegweiser als auch Inspiration sein. Ich lade jede Leserin und jeden Leser dazu ein, die gewonnenen Einsichten aufzunehmen, über festgefahrene Annahmen hinauszudenken und die vermittelten Lehren bei jeder Flugvorbereitung, jedem Ausbildungsflug und jedem Wettbewerb anzuwenden. Auf diese Weise ehren Sie den Geist des Luftsports und leisten einen Beitrag zu sichererem, wirkungsvollerem und erfüllenderem Fliegen für alle.

Markus Haggeney
Generalsekretär
Fédération Aéronautique
Internationale (FAI)

Vorwort von Bernd Heuberger (BWLV)

Foto: BWLV

Als Leiter Referat Aus- und Fortbildung, Flugsicherheit & Sport des Baden-Württembergischen Luftfahrtverbands (BWLV) erlebe ich täglich, wie wichtig eine fundierte Pilotenausbildung für die Flugsicherheit ist. Dabei geht es längst nicht mehr nur um das technische Beherrschen des Flugzeugs oder die Kenntnis luftrechtlicher Regeln und Zusammenhänge. Vielmehr steht der Mensch im Cockpit zunehmend im Mittelpunkt unserer Betrachtungen. Wir wissen alle: Menschen machen Fehler. Wir wissen auch: Piloten sind Menschen.

Die mentale Gesundheit aller Piloten, egal ob Luftsportler oder Linienpilot – ist von elementarer Bedeutung. Die mentale Fitness, hat nicht zufällig einen deutlich höheren Stellenwert auch in der Fluglehrerfortbildung unseres Luftfahrtverbands eingenommen. Denn, häufig steht am Ende eine Unfalluntersuchung die Erkenntnis, dass das sicherheitsrelevante Ereignis mindestens im Zusammenhang mit einer mangelnden mentalen Fitness steht. Im Rahmen der vom BWLV mehrfach jährlich angebotenen „Auffrischungsschulung für Lehrberechtigte" sind daher Themen zur körperlichen und mentalen Gesundheit immer häufiger anzutreffen. Der Mensch und seine natürlichen Grenzen stehen dabei im Mittelpunkt. Piloten gehören häufig zur Gruppe der Leistungsträger unserer Gesellschaft. Sie müssen teils erhebliche berufliche und andere Belastungen stemmen. Die Fähigkeit, eine realistische Selbstreflektion zu entwickeln, ist daher ein wichtiger Baustein.

In über 25 Jahren Ausbildungstätigkeit durfte ich immer wieder feststellen: Die besten, und damit die Piloten die in Sachen Flugsicherheit als Vorbild gelten, sind nicht unbedingt die technisch versiertesten, sondern jene, die ihre eigenen, auch mentalen Grenzen kennen, und respektieren. Sie haben verstanden, dass körperliche und mentale Fitness zusammengehören, und entscheidend für ein sicheres Fliegen sind. Genau hier setzt Rainer Krumms Buch an.

„Fit fürs Fliegen" schließt eine wichtige Lücke in der deutschsprachigen Fachliteratur. Während Human Factors in der Berufsluftfahrt längst Standard sind, werden sie in der Privatfliegerei oft nur oberflächlich behandelt. Dieses Buch ändert das grundlegend – es macht komplexe Zusammenhänge verständlich und bietet praktische Lösungsansätze.

Besonders wertvoll sind die zahlreichen Fallbeispiele aus der Praxis. Sie zeigen eindrucksvoll, wie schnell scheinbar harmlose Situationen eskalieren kön-

Bernd Heuberger
am Steuer
seiner Piper
(Foto: Thomas Egeli)

nen – und wie wichtig die richtige Vorbereitung ist. Als Ausbilder weiß ich: Aus Fehlern anderer zu lernen ist wesentlich angenehmer, als sie selbst zu machen.

Rainer Krumm gelingt es, wissenschaftliche Erkenntnisse praxisnah zu vermitteln. Seine Erfahrung als Pilot und Organisationsentwickler fließt spürbar in jeden Aspekt des Buchs ein. Das Ergebnis ist ein Werk, das sowohl Flugschüler als auch erfahrene Privatpiloten gleichermaßen anspricht.

Ich empfehle dieses Buch allen Piloten, die ihre fliegerische Sicherheit und ihr Wohlbefinden im Cockpit verbessern möchten. Es ist eine Investition in die eigene Sicherheit – und die lohnt sich immer.

Bernd Heuberger
Leiter Referat Aus- und Fortbildung,
Flugsicherheit & Sport im BWLV

Vorwort des Autors

Rainer Krumm auf dem Weg nach Slowenien mit dem Ultraleicht

Die Fliegerei ist mehr als nur das Beherrschen eines Flugzeugs. Sie ist ein Zusammenspiel von technischem Wissen, körperlicher Fitness und mentaler Stärke. Viele Privatpiloten sind sich dieser Bedeutung bewusst, doch oft wird die körperliche und mentale Fitness im Cockpit unterschätzt.

Dabei sprechen die Zahlen eine klare Sprache: Die Bundesstelle für Flugunfalluntersuchung (BFU) berichtet, dass rund 70 % aller Unfälle in der Allgemeinen Luftfahrt auf menschliches Versagen zurückzuführen sind. Das Bundesamt für Zivilluftfahrt (BAZL) hat in einer statistischen Erhebung 194 Flugunfälle in der Schweiz analysiert, die vom 22. Juni 1994 bis 24. November 2001 vom unabhängigen Büro für Flugunfalluntersuchungen untersucht wurden. Das wichtigste Ergebnis: 72 % der untersuchten Unfälle sind auf „Human Factors“ und (nur) 28 Prozent auf ein technisches Versagen des Flugzeugs zurückzuführen. Zudem bestätigt der Prozentanteil die weltweit erhobene ICAO-Statistik, wonach rund vier von fünf Flugunfällen auf menschliche Faktoren zurückzuführen sind.

Falsche Entscheidungen, Wahrnehmungsfehler und das Überschätzen der eigenen Fähigkeiten können fatale Folgen haben – gerade bei schlechten Sichtverhältnissen oder in herausfordernden Flugbedingungen.

Warum dieses Buch entstanden ist

Als langjähriger Pilot ist es mein Ziel, dieses oft vernachlässigte Thema in den Mittelpunkt zu rücken. Mit „Fit fürs Fliegen – Menschliches Leistungsvermögen in der Privatfliegerei“ möchte ich dir praxisnahe Wege aufzeigen, wie du deine physische und mentale Fitness steigern kannst. Das Resultat: sichereres Fliegen und mehr Freude am Flugerlebnis.

Beruflich unterstütze ich mit meinem Team der axiocon GmbH Unternehmen als Personal- und Organisationsentwickler. Dabei beschäftigen wir uns intensiv mit Wahrnehmung, Entscheidungsfindung, Kommunikation und Kultur in Organisationen – Themen, die sich in vielen Lebensbereichen wiederfinden, auch im Cockpit.

Fliegerisch bin ich 35 Jahre Gleitschirm, 20 Jahre Motorschirm und Motorschirmdoppelsitzer geflogen und seit 2021 auch Ultraleicht-Dreiachser Flugzeuge. Zum Thema Mentales Training durfte ich drei Nationalmannschaften trainieren und so mit den Experten der Wettbewerbsszene arbeiten. Fast 3 Jahre war ich Mitglied im Arbeitskreis Flugsicherheit des BWLVs und erlebte auch hier, die Relevanz des Themas „Fitness und Human Factors".

Eine Lücke schließen

Meine Motivation entspringt dem Wunsch, die Sicherheitskultur in der Privatfliegerei zu fördern. Während in der Berufsluftfahrt längst etablierte Programme zur Schulung der „Human Factors" existieren, wird dieses Thema in der Privatfliegerei oft nur oberflächlich behandelt und wird meist in der Relevanz komplett unterschätzt.

Doch auch für uns Privatpiloten ist das Verständnis der eigenen Leistungsgrenzen entscheidend. Die Fähigkeit, im Cockpit fokussiert und körperlich belastbar zu bleiben, ist ein wesentlicher Sicherheitsfaktor. Der Brückenschlag zwischen professioneller Vorbereitung und einem praxisnahen, alltagstauglichen Ansatz ist mein Anliegen.

Was dich erwartet

Dieses Buch dient als praxisnaher Begleiter für jeden Privatpiloten, der seine fliegerische Fitness und sein menschliches Leistungsvermögen verbessern möchte. Es bietet dir Einblicke in die Wechselwirkung zwischen körperlicher Fitness und mentaler Leistungsfähigkeit. Dabei geht es nicht nur um die Prävention von Unfällen, sondern auch um ein besseres Flugerlebnis und mehr Freude am Fliegen.

Mit Hilfe aktueller Unfallanalysen, Statistiken und Erfahrungsberichten zeige ich dir, wie mangelnde Fitness und mentale Überlastung zu Fehlern und gefährlichen Situationen führen können. Typische Unfallszenarien wie Kontrollverlust, Überlastung, Desorientierung und die Missachtung von Checklisten werden ausführlich besprochen.

Ergänzt durch praktische Übungen, Trainingspläne und Strategien zur Verbesserung von Konzentration und Reaktionsfähigkeit bietet dir dieses Buch wertvolle Hilfestellungen zur Steigerung der Flugsicherheit.

Unser gemeinsames Ziel: Sicheres und erfüllendes Fliegen

Mein Ziel ist es, ein ganzheitliches Verständnis der fliegerischen Fitness und des menschlichen Leistungsvermögens zu fördern. Wenn du deine Fähigkeiten kontinuierlich reflektierst und daran arbeitest, verbesserst du nicht nur deine fliegerische Sicherheit, sondern auch dein Wohlbefinden im Cockpit.

„Fit fürs Fliegen" soll dir zeigen, wie du beides erreichen kannst – für eine sichere und erfüllende Zeit in der Luft.

Kaum ein Buch entsteht als Einzelwerk – eher Teamwork. Daher möchte ich mich sehr bei allen bedanken, die zu diesem Buch als Crew mitgewirkt haben: Anja Stravs für das Fliegen der Korrekturschleifen, Bernd Heuberger und Markus Haggeney für die tollen Vorworte, den Pilotinnen und Piloten des SSC Bad Waldsee Reute e.V. für den tollen Austausch und das gemeinsame Lernen bei den WWGs und am Flugplatz. Danke an Alexandra Schlösser und Monika Gietl von den air lovers, sowie Robin Shearer und Oliver Meindl von den NAVGEEKS für die Interviews. Herzlichen Dank an Luca Müller-Dulai, Jürgen Hollstein, Michael Kania, Markus Schlotter, Matthias Vogel und vielen weiteren für den Austausch für Erfahrungen und den offenen Dialog über gemachte Fehler. Michael Wohlstein für seinen so persönlichen Gastbeitrag über seine Notlandung. Sowie allen Fotografen, deren Bilder das Buch so schön illustrieren. Und nicht zuletzt Alexander Burden vom Motorbuch Verlag für den Impuls und das Vertrauen, sowie die lange tolle Zusammenarbeit.

In dem Buch verwende ich das freundschaftliche Flieger-Du und selbstverständlich sind bei allen Formulierungen Pilotinnen und Piloten gleichermaßen angesprochen.

Propeller frei!

Dein Rainer Krumm

Kontakt:
rainer@krumm.de
www.mentalpilot.de

Viele Videos von Rainer Krumm, rund um Mentales Training, Dynamische Flugsicherheit und Human Factors gibt es auf dem Youtube Kanal: https://www.youtube.com/@Flugsicherheit

Archer III

© Joachim Schreiber

Kapitel 1:

Die Bedeutung körperlicher und mentaler Fitness für Privatpiloten – Human Factors im Cockpit

Einleitung: Warum dieses Buch

Die Faszination des Fliegens liegt in der Verbindung von technischer Perfektion und menschlicher Fähigkeit. Doch während wir uns oft auf die technischen Aspekte der Luftfahrt konzentrieren – auf Aerodynamik, Avionik und Flugzeugtechnik – übersehen wir häufig den kritischsten Faktor im gesamten System: den Menschen im Cockpit. In der Privatfliegerei, wo die Sicherheit das oberste Gebot ist, spielen die sogenannten „Human Factors“ eine entscheidende und oft unterschätzte Rolle.

Human Factors – die menschlichen Elemente, die die Leistung im Cockpit beeinflussen – sind weit mehr als nur ein theoretisches Konzept aus Lehrbüchern.

Sie sind die unsichtbaren Kräfte, die über Leben und Tod entscheiden können. Körperliche und mentale Fitness, Stressmanagement, Entscheidungsfindung unter Druck, Wahrnehmung und Situationsbewusstsein – all diese Faktoren sind eng miteinander verknüpft und bilden das Fundament für sicheres Fliegen.

Der Begriff „Fitness" in der Luftfahrt: Eine historische Betrachtung

Der Begriff „Fitness" hat eine interessante Entwicklung durchlaufen, die seine heutige Bedeutung in der Luftfahrt gut erklärt. Ursprünglich stammt das Wort aus dem Englischen und leitet sich vom Wort „fit" ab, was „geeignet" oder „passend" bedeutet. Im 16. Jahrhundert wurde „Fitness" erstmals verwendet, um den Zustand des Geeignet seins oder der Angemessenheit zu beschreiben – eine Definition, die für die Luftfahrt hochrelevant ist.

Erst im 20. Jahrhundert erhielt der Begriff seine heutige Bedeutung im Kontext der körperlichen Gesundheit und Leistungsfähigkeit. In der Luftfahrt bezieht sich Fitness jedoch auf weit mehr als nur körperliche Verfassung. Sie umfasst die Gesamtheit der menschlichen Fähigkeiten, die notwendig sind, um den komplexen Anforderungen des Fliegens gerecht zu werden: kardiorespiratorische Ausdauer, Muskelkraft, Flexibilität, mentale Stärke, emotionale Stabilität und kognitive Leistungsfähigkeit.

Für Privatpiloten bedeutet Fitness die Fähigkeit, alltägliche und außergewöhnliche Aufgaben im Cockpit mit Energie und ohne übermäßige Ermüdung zu bewältigen. Sie ist die Grundlage für schnelle Reaktionen, klare Entscheidungen und die Aufrechterhaltung des Situationsbewusstseins – selbst unter Stress und in kritischen Situationen.

Die alarmierende Realität: Wenn Zahlen eine Geschichte erzählen

Die Statistiken der Luftfahrtindustrie erzählen eine Geschichte, die jeden Privatpiloten aufrütteln sollte. Es ist eine Geschichte von vermeidbaren Tragödien, von menschlichen Schwächen, die zu fatalen Konsequenzen führen, und von einem systematischen Problem, das viel zu lange ignoriert wurde.

70 bis 80 Prozent aller Flugunfälle in der Privatfliegerei sind auf menschliches Versagen zurückzuführen. Diese Zahl ist nicht nur eine Statistik – sie repräsentiert hunderte von Menschenleben, zerstörte Familien und eine Luftfahrtgemeinschaft, die mit einem Problem kämpft, das sie größtenteils selbst in der Hand hat.

Die International Air Transport Association (IATA), eine der weltweit führenden Organisationen in der Luftfahrt, hat in ihren umfangreichen Studien festgestellt, dass zwischen 60 und 80 Prozent der Flugunfälle auf menschliche Fehler zurückzuführen sind. Diese Bandbreite mag auf den ersten Blick ungenau erscheinen, doch sie spiegelt die Komplexität des Themas wider. Menschliche Fehler sind selten isolierte Ereignisse – sie entstehen durch das Zusammenspiel verschiedener Faktoren, die oft über längere Zeit aufgebaut werden.

Die Flight Safety Foundation, eine gemeinnützige Organisation, die sich seit Jahrzehnten der Verbesserung der Luftfahrtsicherheit widmet, kommt zu ähnlich erschreckenden Ergebnissen. Ihre Analysen zeigen, dass bis zu 80 Prozent der Flugunfälle auf menschliches Versagen zurückzuführen sind. Was diese Zahlen besonders alarmierend macht, ist die Tatsache, dass sie sich über Jahrzehnte hinweg kaum verändert haben – trotz enormer technischer Fortschritte in der Luftfahrt.

Europäische Erkenntnisse verstärken das Bild

Die European Union Aviation Safety Agency (EASA), die für die Luftfahrtsicherheit in Europa verantwortlich ist, hat eigene umfassende Untersuchungen durchgeführt. Ihr Bericht aus dem Jahr 2020 bestätigt die internationalen Trends: 65 bis 80 Prozent aller Flugunfälle resultieren aus Fehlern durch menschliches Verhalten. Diese Konsistenz der Zahlen über verschiedene Kontinente und Luftfahrtsysteme hinweg macht deutlich, dass wir es mit einem universellen Problem zu tun haben.

Deutsche Präzision in der Unfallanalyse

Die Bundesstelle für Flugunfalluntersuchung (BFU), die deutsche Behörde für die Untersuchung von Flugunfällen, bringt mit ihrer charakteristischen Gründlichkeit weitere erschreckende Details ans Licht. In ihrer umfassenden Analyse von 2019 stellte die BFU fest, dass 76 Prozent der untersuchten Unfälle in der deutschen Privatfliegerei auf Fehler des Piloten zurückzuführen waren. Diese Zahl ist nicht nur statistisch relevant – sie basiert auf der akribischen Untersuchung jedes einzelnen Unfalls, bei der Wrackteile analysiert, Zeugen befragt und Flugdaten ausgewertet werden.

Die häufigsten Fehler, die die BFU identifizierte, waren falsche Flugentscheidungen, unzureichende Vorbereitung sowie die Missachtung sicherheitsrelevanter Verfahren. Diese Fehlertypen sind besonders frustrierend, weil sie alle vermeidbar wären – mit besserer Ausbildung, mehr Bewusstsein und einem systematischeren Ansatz für Human Factors.

Spezifische Unfallmuster in der deutschsprachigen Luftfahrt

Die Analyse der Unfallstatistiken in Deutschland, Österreich und der Schweiz offenbart spezifische Muster, die für die Privatfliegerei charakteristisch sind. Diese

Gerade im UL Bereich ist das Fliegen oft mit Einfachheit geprägt, wie hier mit dem Swan 120 aus der „unter 120 kg-Klasse“, denn hier bedarf es keines Medicals. *(Foto: Rainer Krumm)*

Muster sind nicht zufällig – sie spiegeln die besonderen Herausforderungen wider, denen sich Privatpiloten in dieser Region gegenübersehen.

Ultraleichtflugzeuge: Kleine Flugzeuge, große Risiken

Zwischen 2010 und 2019 wurden in Deutschland 272 Unfälle mit Ultraleichtflugzeugen gemeldet – eine erschreckend hohe Zahl für eine relativ kleine Flugzeugkategorie. Von diesen Unfällen führten 57 zu Todesopfern oder schwerwiegenden Verletzungen. Die Hauptursachen waren Kontrollverlust während des Fluges und technische Defekte, die jedoch oft durch fehlerhafte Bedienung oder mangelnde Wartung verursacht wurden.

Was diese Zahlen besonders besorgniserregend macht, ist die Tatsache, dass Ultraleichtflugzeuge aufgrund ihrer Einfachheit und ihres günstigen Preises oft von weniger erfahrenen Piloten geflogen werden. Die Kombination aus geringer Erfahrung und den besonderen Herausforderungen des Ultraleichtflugs – wie höhere Anfälligkeit für Turbulenzen und begrenzte Instrumentierung – schafft ein erhöhtes Risikopotenzial.

Segelflugzeuge: Wenn Schwerelosigkeit zur Gefahr wird

Der Segelflug, oft als die reinste Form des Fliegens bezeichnet, bringt seine eigenen Risiken mit sich. Zwischen 2000 und 2020 ereigneten sich 196 schwere Unfälle mit Segelflugzeugen in Deutschland. Die häufigsten Ursachen waren

Kollisionen im Luftraum, besonders bei Wettbewerben, und missglückte Außenlandungen.

Ein besonders gefährliches Phänomen im Segelflug ist der kontrollierte Flug ins Gelände (Controlled Flight Into Terrain, CFIT). Dieser tritt auf, wenn Piloten die situative Bewusstheit über ihre Höhe und Lage verlieren – ein klassisches Beispiel für Human Factors in Aktion. Die Stille des Segelflugs, kombiniert mit der Konzentration auf Thermik und Aufwinde, kann dazu führen, dass Piloten ihre Umgebung aus den Augen verlieren.

PPL-Unfälle: Die Herausforderungen der Motorfliegerei

Die Privatpilotenlizenz (PPL) ermöglicht das Fliegen einer Vielzahl von Flugzeugtypen, was zu einem breiten Spektrum von Unfallszenarien führt. Rund 30 Prozent aller tödlichen Unfälle in der deutschen allgemeinen Luftfahrt sind auf schlechte Wetterbedingungen und unzureichende Flugplanung zurückzuführen – beides klassische Human Factors-Probleme.

Diese Unfälle folgen oft einem tragisch vorhersagbaren Muster: Ein Pilot plant einen Flug bei guten Bedingungen, gerät aber unterwegs in verschlechterndes Wetter. Anstatt umzukehren oder eine Zwischenlandung zu machen, versucht er, den ursprünglichen Plan durchzuziehen. Diese Entscheidung – beeinflusst von Zeitdruck, Überconfidence oder mangelndem Risikobewusstsein – wird oft zur letzten.

Human Error: Verstehen, was schief geht

Um Human Factors effektiv anzugehen, müssen wir zunächst verstehen, was genau unter „Human Error“ oder menschlichem Fehler zu verstehen ist. Das Human Factors Analysis and Classification System (HFACS), entwickelt von Shappell und Wiegmann, bietet eine wissenschaftlich fundierte Definition und Kategorisierung.

Human Error bezeichnet mentale oder physische Handlungen eines Menschen, die das beabsichtigte Ziel verfehlen und in der Luftfahrt zur Gefährdung oder zu einem Unfall führen. Diese Definition ist bewusst breit gefasst, denn menschliche Fehler können viele Formen annehmen und in verschiedenen Phasen des Flugbetriebs auftreten.

Die vier Dimensionen menschlicher Fehler

Das HFACS-System kategorisiert menschliche Fehler in vier Haupttypen, die jeweils unterschiedliche Ursachen haben und verschiedene Präventionsstrategien erfordern:

1. Skill-based Errors (Fertigkeitsfehler)

Diese Fehler treten bei automatisierten, „reflexartigen“ Handlungen auf – Tätigkeiten, die wir so oft ausgeführt haben, dass sie fast unbewusst ablaufen. In der Fliegerei umfasst dies Aktivitäten wie das Steuern des Flugzeugs, das Scannen der Instrumente oder das Abarbeiten von Checklisten.

Typische Beispiele sind das Vergessen eines Schritts in der Checkliste, das versehentliche Betätigen des falschen Schalters oder das Übersehen einer wichtigen Instrumentenanzeige. Diese Fehler sind besonders heimtückisch, weil sie oft von sehr erfahrenen Piloten gemacht werden, die glauben, die Routine „im Schlaf“ zu beherrschen.

2. Decision Errors (Entscheidungsfehler)

Entscheidungsfehler entstehen, wenn Piloten die verfügbaren Informationen falsch interpretieren oder unvollständige Informationen als Basis für wichtige Entscheidungen verwenden. Stress kann diese Art von Fehlern verstärken, da er die Fähigkeit zur objektiven Analyse beeinträchtigt.

Ein klassisches Beispiel ist die Entscheidung, bei verschlechterndem Wetter weiterzufliegen, anstatt eine Zwischenlandung zu machen. Der Pilot hat möglicherweise alle relevanten Informationen – Wetterberichte, Sichtweite, Windgeschwindigkeiten – interpretiert sie aber falsch oder gewichtet sie nicht angemessen.

3. Perceptual Errors (Wahrnehmungsfehler)

Diese Fehler entstehen, wenn unsere Sinne uns täuschen oder wenn wir Informationen falsch interpretieren. In der Fliegerei sind Wahrnehmungsfehler besonders gefährlich, weil sie oft in kritischen Phasen des Flugs auftreten – bei schlechter Sicht, Nachtflügen oder beim Instrumentenflug.

Klassische Beispiele sind optische Täuschungen beim Landeanflug, die Fehlinterpretation von Instrumentenanzeigen oder die Verwechslung von Lichtern am Boden. Diese Fehler zeigen, warum das Vertrauen in Instrumente und strukturierte Verfahren so wichtig ist.

4. Violations (Regelverstöße)

Regelverstöße sind bewusste Abweichungen von etablierten Verfahren oder Vorschriften. Sie können routinemäßig auftreten („Das mache ich immer so“) oder situationsbedingt sein („Nur dieses eine Mal“). Ein typisches Beispiel ist das Fliegen nach Sichtflugregeln bei Wetterbedingungen, die eigentlich Instrumentenflug erfordern würden.

Regelverstöße sind besonders problematisch, weil sie oft erfolgreich sind – bis sie es nicht mehr sind. Ein Pilot mag hundertmal bei grenzwertigen Bedingungen geflogen sein, ohne Probleme zu haben. Beim 101. Mal führt derselbe Regelverstoß dann zum Unfall.

Warum Privatpiloten besonders gefährdet sind

Die Analyse der Human Factors zeigt, dass Privatpiloten besonderen Risiken ausgesetzt sind, die sie von Berufspiloten unterscheiden. Diese Risiken entstehen nicht durch mangelnde Fähigkeiten oder Kompetenz, sondern durch die strukturellen Bedingungen, unter denen Privatpiloten operieren.

Die Einzelkämpfer-Problematik

Der vielleicht kritischste Unterschied zwischen Privat- und Berufsfliegerei ist die Tatsache, dass Privatpiloten meist allein fliegen. In der kommerziellen Luftfahrt gibt es das Zwei-Piloten-System, bei dem ein Co-Pilot als Backup und Kontrollorgan fungiert. Diese Redundanz fehlt in der Privatfliegerei völlig.

Die Konsequenzen sind weitreichend: Es gibt niemanden, der Fehler korrigiert, bevor sie kritisch werden. Es gibt niemanden, der eine zweite Meinung zu schwierigen Entscheidungen abgibt. Es gibt niemanden, der die Arbeitsbelastung teilt, wenn die Situation komplex wird. Der Privatpilot ist vollständig auf sich selbst gestellt – eine Verantwortung, die selbst für erfahrene Piloten belastend sein kann.

Das Problem der geringeren Flugstunden

Privatpiloten fliegen in der Regel deutlich weniger als Berufspiloten. Während ein Linienpilot mehrere hundert Flugstunden pro Jahr sammelt, kommen viele Privatpiloten nur auf 50-100 Stunden jährlich. Diese geringere Routine hat direkte Auswirkungen auf die Fehleranfälligkeit.

Fertigkeiten, die nicht regelmäßig geübt werden, rosten ein. Notfallverfahren, die selten angewendet werden, werden vergessen. Die Fähigkeit, schnell und richtig auf unerwartete Situationen zu reagieren, entwickelt sich nur durch regelmäßige Praxis. Privatpiloten haben oft einfach nicht genug Gelegenheit, diese kritischen Fähigkeiten zu entwickeln und zu erhalten.

Lockerere Strukturierung und höhere Eigenverantwortung

Die kommerzielle Luftfahrt ist hochgradig strukturiert und reguliert. Jeder Flug folgt standardisierten Verfahren, es gibt umfassende Briefings vor dem Flug, und die gesamte Operation unterliegt strenger Überwachung. Diese Struktur dient als Sicherheitsnetz, das viele potenzielle Human Factors-Probleme abfängt.

Privatpiloten operieren in einem viel weniger strukturierten Umfeld. Sie planen ihre eigenen Flüge, führen ihre eigenen Wetteranalysen durch, und treffen ihre eigenen Entscheidungen über die Flugdurchführung. Diese Freiheit ist einer der Reize der Privatfliegerei, aber sie erhöht auch die Wahrscheinlichkeit für Fehler erheblich.

Die Dominanz von Fertigkeitsfehlern

Statistiken zeigen, dass Privatpiloten besonders häufig Fertigkeitsfehler machen – vergessene Verfahren, mangelhafte Flugtechnik oder unvollständige Checklisten. Diese Fehler entstehen oft durch die Kombination aus geringerer Routine und höherem Selbstvertrauen. Ein Pilot denkt, er kenne die Verfahren, führt sie aber nicht systematisch durch.

Geringere Redundanz im System

In der kommerziellen Luftfahrt gibt es multiple Sicherheitsebenen: Co-Pilot, Flugingenieur, Dispatcher, Wartungspersonal, Flugsicherung – alle arbeiten zusammen, um Fehler zu verhindern oder zu korrigieren. In der Privatfliegerei reduziert sich diese Redundanz auf ein Minimum. Der Pilot ist oft gleichzeitig Kommandant, Navigator, Funker und Wartungstechniker.

Das Mensch-Maschine-Problem: Wenn Technik auf menschliche Grenzen trifft

Die mathematische Realität menschlicher Fehlbarkeit

Es gibt eine beunruhigende mathematische Realität in der Luftfahrt, die jedem Piloten bewusst sein sollte. Probabilistische Berechnungen, basierend auf jahrzehntelanger Forschung und Unfallanalyse, beziffern die Wahrscheinlichkeit eines menschlichen Fehlers auf etwa 1 zu 100. Das bedeutet, dass statistisch gesehen bei jeder hundertsten Interaktion zwischen Mensch und Maschine ein Fehler zu erwarten ist.

Diese Zahl mag abstrakt erscheinen, aber ihre Bedeutung für die Privatfliegerei ist dramatisch. Übertragen wir diese Statistik auf einen typischen Flug: Ein einfacher Platzrundenflug beinhaltet leicht über 100 Interaktionen zwischen Pilot und Flugzeug. Jeder Blick auf ein Instrument, jede Funkverbindung, jeder Griff zu einem Schalter, jeder Eintrag in die Checkliste ist eine Interaktion.

Das Abarbeiten einer Standard-Checkliste umfasst oft mehr als 40 separate Interaktionen. Der Vorflugcheck, das Anlassen, das Rollen, der Start, die Platzrunde, die Landung, das Nachflugverfahren – all diese Phasen sind durchsetzt mit hunderten von kleinen Entscheidungen und Handlungen, von denen jede eine potenzielle Fehlerquelle darstellt.

Hand aufs Herz – wie genau nehmen Pilotinnen und Piloten das Thema Vorflugcheck oder das Abarbeiten von Checklisten. Ein so simples Werkzeug wie eine Checkliste wird oft ignoriert und nicht wie hier konzentriert gecheckt. *(Foto: Rainer Krumm)*

Die statistische Konsequenz ist ernüchternd: Selbst bei einer einfachen Platzrunde ist mindestens ein Fehler statistisch wahrscheinlich. Die meisten dieser Fehler sind harmlos – ein vergessener Schalter, der später korrigiert wird, ein falsch gelesenes Instrument, das beim nächsten Blick richtig erfasst wird. Aber einige Fehler sind eben nicht harmlos – sondern im Zweifel tödlich.

Die Tücken der Mensch-Maschine-Schnittstelle

Das Zusammenspiel zwischen Mensch und Maschine in der Luftfahrt wird als Mensch-Maschine-System bezeichnet, und dieses System bringt spezifische Herausforderungen mit sich, die unter dem Begriff Human Factors zusammengefasst werden. Die Mensch-Maschine-Schnittstelle ist besonders anfällig für Missverständnisse und Fehlbedienungen, was im Bereich der Flugsicherheit hohe Risiken darstellt.

Das Paradox der technischen Entwicklung

Während Maschinen – Cockpitinstrumente, Flugsteuerungen, Navigationssysteme – zunehmend leistungsfähiger und komplexer werden, bleiben die psychischen und kognitiven Fähigkeiten des Menschen begrenzt und unterliegen natürlichen Schwankungen. Dieser Entwicklungsunterschied schafft eine wachsende Kluft zwischen dem, was die Technik kann, und dem, was der Mensch verarbeiten kann.

Ein zentrales Problem besteht darin, dass technische Systeme oft so gestaltet sind, dass sie ihre Funktionsweise und Warnungen nicht intuitiv oder eindeutig vermitteln. Ein GPS-System mag präzise Navigationsdaten liefern, aber wenn die Benutzeroberfläche schlecht gestaltet ist oder der Pilot unter Stress steht, können diese Informationen missinterpretiert werden. Oder ganz banal – weil das Display des Tablet spiegelt, kann der Pilot es nicht lesen – oder das Tablet fällt ganz aus.

Die Last der Vollverantwortung

Für Privatpiloten, die häufig ohne Co-Piloten fliegen, bedeutet das Mensch-Maschine-Problem, dass sie im Cockpit für das gesamte System verantwortlich sind. Sie müssen nicht nur die technischen Systeme bedienen, sondern auch deren Zustand und Funktionen ständig überwachen – selbst unter schwierigen Bedingungen wie schlechtem Wetter oder bei Nachtflügen.

Diese Mehrfachbelastung ist enorm. Der Pilot muss gleichzeitig Navigator, Systemüberwacher, Kommunikator und Entscheidungsträger sein. Hinzu kommt die Herausforderung, die Instrumentenanzeigen zu verstehen, Fehleinschätzungen zu vermeiden und in potenziell riskanten Situationen schnell und korrekt zu reagieren.

Das Problem der Technikgläubigkeit

Ein weiteres kritisches Problem ist die sogenannte Technikgläubigkeit: Privatpiloten neigen oft dazu, den Anzeigen und Instrumenten blind zu vertrauen, auch wenn sie gelegentlich von den eigenen Sinnen abweichen. Diese Tendenz ist verständlich – schließlich sind moderne Instrumente in der Regel sehr zuverlässig und präzise.

Aber „in der Regel“ bedeutet nicht „immer“. Instrumente können ausfallen, falsche Werte anzeigen oder missinterpretiert werden. Die Flight Safety Foundation berichtet, dass in etwa 70 Prozent der Flugunfälle in der allgemeinen Luftfahrt menschliche Fehlhandlungen eine Rolle spielen, die teilweise auf Missverständnisse an der Mensch-Maschine-Schnittstelle zurückzuführen sind.

Der Mensch als letzter Filter

In der Privatfliegerei wird der Pilot zum letzten Filter in einem System, das auf technische Genauigkeit und funktionierende Schnittstellen angewiesen ist. Diese Position bringt enorme Verantwortung mit sich, aber auch enormes Fehlerpotenzial. Jede Information, die von technischen Systemen kommt – von Navigations- und Kommunikationsinstrumenten, Höhenmessern, Geschwindig-

Nur wenn die Pilotin oder der Pilot körperlich und mental fit sind – dann sind gelungene und sichere Flüge wahrscheinlich. *(Foto: Rainer Krumm)*

keitsanzeigen und Autopiloten – muss vom Piloten interpretiert, bewertet und in Handlungen umgesetzt werden.

Selbst bei moderner Ausrüstung wird der Privatpilot durch das zunehmende Maß an Daten und Technik stark beansprucht, was seine Reaktionsfähigkeit und sein Situationsbewusstsein beeinflussen kann. Paradoxerweise kann mehr technische Unterstützung manchmal zu mehr Verwirrung führen, wenn der Pilot nicht angemessen auf den Umgang mit dieser Technik vorbereitet ist.

Die fünf kritischen Herausforderungen der Mensch-Maschine-Schnittstelle

Die Human Factors-Forschung hat fünf zentrale Herausforderungen identifiziert, die besonders in der Privatfliegerei relevant sind:

1. Anpassung der technischen Umgebung an den Menschen

Die Gestaltung der Mensch-Maschine-Schnittstelle muss intuitiv und verständlich sein, um dem Piloten eine klare Handhabung zu ermöglichen. Fehlende Verständlichkeit in technischen Anzeigen und Meldungen kann zu Reaktionsverzögerungen führen, was in der Fliegerei lebensgefährlich sein kann.

Viele Privatflugzeuge haben Cockpits, die über Jahre oder Jahrzehnte gewachsen sind, ohne dass dabei eine einheitliche Designphilosophie verfolgt wurde. Das Ergebnis sind oft unintuitiv platzierte Schalter, schwer lesbare Instrumente oder verwirrender Informationsfluss.

2. Verteilung von Aufgaben und Verantwortung

Bei großen Maschinen und komplexen Systemen wie in der Verkehrsfliegerei können viele Aufgaben an Co-Piloten oder an automatisierte Systeme abgegeben werden. Privatpiloten hingegen müssen diese Aufgaben allein bewältigen und sind für alle Steuerungs- und Überwachungsfunktionen selbst verantwortlich.

Diese Konzentration der Verantwortung ist gleichzeitig Fluch und Segen. Einerseits haben Privatpiloten die vollständige Kontrolle und müssen sich nicht mit anderen abstimmen. Andererseits gibt es niemanden, der Fehler korrigiert oder die Arbeitsbelastung teilt.

3. Reibungslose Interaktion an der Mensch-Maschine-Schnittstelle

Studien legen nahe, dass eine klare, einheitliche und redundante Darstellung technischer Systeme das Risiko menschlicher Fehler reduziert. In der Privatfliegerei ist der Pilot auf einfache, übersichtliche Instrumente angewiesen, die Informationen so aufbereiten, dass sie leicht erfassbar sind und eine reibungslose Interaktion fördern.

Moderne Glas-Cockpits in Privatflugzeugen können paradoxerweise sowohl hilfreich als auch hinderlich sein. Sie bieten mehr Informationen als je zuvor, aber diese Informationsflut kann überwältigend sein, wenn der Pilot nicht angemessen geschult ist.

4. Minimierung technischer und menschlicher Fehler

Die meisten Instrumente in Privatflugzeugen sind nicht so ausgereift wie in der Verkehrsfliegerei. Sie erfordern daher eine höhere Konzentration und bessere Einbindung durch den Piloten, um technische wie menschliche Fehler abzufangen.

Dies bedeutet, dass Privatpiloten eine doppelte Last tragen: Sie müssen nicht nur mit weniger ausgefeilter Technik arbeiten, sondern auch selbst ein höheres Maß an Aufmerksamkeit und Kompetenz aufbringen, um Sicherheitslücken zu schließen.

5. Steigerung der Sicherheit und Effektivität

Eine verbesserte Mensch-Maschine-Schnittstelle, in Kombination mit gezieltem Training, das die Human Factors und das menschliche Leistungsvermögen einbezieht, kann das Sicherheitsniveau in der Privatfliegerei erheblich steigern.

Studien der Aircraft Owners and Pilots Association (AOPA) aus dem Jahr 2014 zeigen, dass Privatpiloten durch gezieltes Training in Mensch-Maschine-Systemen eine um etwa 20 Prozent höhere Wahrscheinlichkeit haben, kritische Situationen korrekt zu bewältigen.

Führende Organisationen und ihre Erkenntnisse zu Human Factors

FAA: Wegweiser und Vorbild für Human Factors

Die Federal Aviation Administration (FAA) ist nicht nur die oberste Luftfahrtbehörde der Vereinigten Staaten, sondern auch weltweit führend in der Entwicklung von Standards für Human Factors in der Luftfahrt. Ihre Arbeit hat die Art und Weise, wie wir über menschliche Faktoren in der Fliegerei denken, grundlegend geprägt.

Die FAA reguliert den zivilen Luftverkehr in den USA und setzt umfassende Standards für Luftfahrtsicherheit, Luftraumüberwachung, Zertifizierung und Wartung. Ein wesentlicher Teil ihrer Arbeit besteht darin, Risiken zu analysieren und Strategien zur Fehlerreduktion und Leistungssteigerung zu entwickeln, um Flugzeugbesatzungen, Wartungspersonal und Fluggäste bestmöglich zu schützen.

Das FAA Human Factors Handbook: Ein Meilenstein

Die FAA hat ein umfassendes Handbook zu Human Factors entwickelt, das auf einer erschreckenden Erkenntnis basiert: Rund 80 Prozent der Fehler, die zu Wartungsmängeln und Zwischenfällen führen, beruhen auf menschlichen Faktoren wie Müdigkeit, unzureichender Kommunikation oder falscher Priorisierung.

Das Handbook geht detailliert darauf ein, wie Faktoren wie Stress, Ablenkung und Zeitdruck die Leistungsfähigkeit beeinflussen und welche Maßnahmen ergriffen werden können, um diese Risiken zu verringern. Ziel ist es, eine Kultur der Selbstkontrolle und Fehlerprävention zu etablieren, in der Flugzeugwartung und Cockpitbesatzungen effektiv auf die eigenen Leistungsgrenzen und möglichen Fehlreaktionen achten zu können.

Zentrale FAA-Prinzipien für die Privatfliegerei

Obwohl das FAA-Handbook primär für das Wartungspersonal verfasst wurde, sind die Erkenntnisse und Strategien ebenso wertvoll für die Privatfliegerei. Die FAA hat fünf Kernprinzipien identifiziert, die für Privatpiloten von besonderer Bedeutung sind:

Selbstüberwachung und Verständnis für Belastungsgrenzen: Ein zentrales Anliegen der FAA ist die Schulung zur Selbstüberwachung. Ein Pilot sollte stets über seine physische und mentale Verfassung Bescheid wissen und Warnzeichen wie Müdigkeit oder Stress frühzeitig erkennen. Für die Privatfliegerei bedeutet das, dass Piloten vor und während eines Fluges regelmäßig ihr Energielevel, ihre Wachsamkeit und ihren mentalen Zustand prüfen sollten.

Strukturierte Verfahren und Checklisten: Die FAA betont, dass das Arbeiten mit Checklisten und standardisierten Verfahren ein Schlüssel zur Fehlervermeidung ist. Privatpiloten neigen oft dazu, auf gewohnte Routinen zu vertrauen, insbesondere wenn sie dieselbe Strecke häufig fliegen. Doch gerade in diesen Fällen können Checklisten dazu beitragen, die Achtsamkeit zu steigern und sicherzustellen, dass keine wesentlichen Schritte übersehen werden.

Effektive Kommunikation: Auch wenn Privatpiloten alleine im Cockpit sind, ist Kommunikation ein wesentlicher Bestandteil des Flugerlebnisses. Die FAA hebt hervor, dass klare, präzise Kommunikation mit der Flugsicherung und mit Bodenpersonal Missverständnisse und potenziell gefährliche Situationen verhindern kann.

Ablenkungen und Stress minimieren: Unerwartete Ereignisse können selbst erfahrene Piloten ablenken und stressen. Die FAA empfiehlt, Ablenkungen gezielt zu managen und sich bewusst auf priorisierte Aufgaben zu fokussieren. In der Privatfliegerei werden Pilotinnen und Piloten sehr oft von vielen Fragen der Passagiere abgelenkt und laufen Gefahr, wichtige Punkte auf der Checkliste zu vergessen, oder sind in der Konzentration eines kniffligen Endanfluges gestört. Hier ist eine klare Kommunikation mit dem Passagier wichtig.

Selbstreflexion und Lernprozesse fördern: Die FAA betont die Bedeutung einer aktiven Fehlerkultur, in der Piloten ihre eigenen Erlebnisse reflektieren und daraus Lehren ziehen.

AOPA: Die Stimme der Privatpiloten

Die Aircraft Owners and Pilots Association (AOPA) ist eine der wichtigsten Organisationen für Privatpiloten weltweit. Ihre Stimme hat besonderes Gewicht, weil sie direkt die Interessen und Bedürfnisse derjenigen vertritt, die am meisten von Human Factors-Problemen betroffen sind: die Privatpiloten selbst.

AOPA's wegweisender Artikel von 2014

Der AOPA-Artikel von 2014 über menschliches Leistungsvermögen war wegweisend für die Privatfliegerei. Er betonte, dass das menschliche Leistungsvermögen entscheidend für die Sicherheit in der Privatfliegerei ist und identifizierte spezifische Bereiche, die besondere Aufmerksamkeit verdienen.

Die fünf AOPA-Schlüsselprinzipien:

Körperliche und geistige Fitness: Ein Pilot muss sicherstellen, dass er vor jedem Flug in bestmöglicher Verfassung ist. Die AOPA weist darauf hin, dass selbst scheinbar kleine gesundheitliche Beeinträchtigungen in Stresssituationen zu einem ernsthaften Risiko werden können. Diese Erkenntnis ist besonders wichtig für Freizeitpiloten, die möglicherweise nicht die gleichen strengen medizinischen Untersuchungen durchlaufen wie Berufspiloten.

Vermeidung von Alkohol und Medikamenten: Die AOPA betont nachdrücklich, dass Alkohol und bestimmte Medikamente die Leistungsfähigkeit negativ beeinflussen. Besonders in größeren Höhen wirken diese Substanzen verstärkt und können zu Orientierungsverlust oder Wahrnehmungsstörungen führen. Diese Warnung ist nicht nur eine Wiederholung gesetzlicher Vorschriften, sondern basiert auf der Analyse zahlreicher Unfälle, bei denen Alkohol oder Medikamente eine Rolle spielten.

Stressmanagement und Entscheidungsfähigkeit: Gute Flugvorbereitung und das Einhalten von Checklisten verringern Stress, der zu unüberlegten Handlungen führen kann. Die AOPA empfiehlt, kritische Entscheidungen frühzeitig zu treffen, bevor sich die Situation weiter verschlechtert. Dieses Prinzip des „frühen Handelns“ kann den Unterschied zwischen einem sicheren Flug und einem Unfall ausmachen.

Fehleranalyse und Lernbereitschaft: Die AOPA fordert Piloten auf, aus eigenen Fehlern und den Fehlern anderer zu lernen. Durch Selbstreflexion und Nachbesprechungen mit anderen Piloten können Unsicherheiten aufgedeckt und künftige Fehler vermieden werden. Diese Kultur des Lernens aus Fehlern ist in der kommerziellen Luftfahrt selbstverständlich, wird aber in der Privatfliegerei oft vernachlässigt.

Vermeidung von Desorientierung: Besonders im Sichtflug ist räumliche Desorientierung eine ernstzunehmende Gefahr. Die AOPA warnt, dass Piloten sich ihrer eigenen Grenzen bewusst sein sollten und etwa bei schlechten Wetterbedingungen oder Wolkenflügen besonders vorsichtig sein müssen.

EASA: Europäische Perspektiven auf Human Factors

Die European Union Aviation Safety Agency (EASA) bringt eine europäische Perspektive in die Human Factors-Diskussion ein, die durch die Vielfalt der europäischen Luftfahrtumgebung geprägt ist. Mit 27 Mitgliedstaaten, verschiedenen Sprachen und unterschiedlichen fliegerischen Traditionen steht die EASA vor besonderen Herausforderungen bei der Standardisierung von Human Factors-Prinzipien.

EASA's erschreckende Erkenntnisse

Der EASA-Bericht aus dem Jahr 2020 bestätigt die internationalen Trends mit erschreckender Präzision: 65 bis 80 Prozent aller Flugunfälle resultieren aus Fehlern durch menschliches Verhalten. Diese Konsistenz über verschiedene europäische Länder hinweg zeigt, dass Human Factors-Probleme nicht kulturspezifisch sind, sondern universelle menschliche Schwächen widerspiegeln.

Spezifische EASA-Befunde:

Die EASA hat durch ihre umfangreichen Untersuchungen spezifische Problembereiche identifiziert. Besonders alarmierend ist die Erkenntnis, dass die Missachtung von Checklisten in 31 Prozent der analysierten Vorfälle eine Rolle spielte. Diese Zahl ist deshalb so bedeutsam, weil Checklisten eine der einfachsten und effektivsten Methoden zur Fehlervermeidung darstellen.

Die EASA betont auch die Notwendigkeit medizinischer Zertifikate für Privatpiloten, um sicherzustellen, dass sie den physischen und psychischen Anforderungen des Fliegens gewachsen sind. Diese Maßnahme dient der Minimierung von Risiken, die durch gesundheitliche Beeinträchtigungen entstehen könnten, auch wenn die Unfallursachen meist nicht direkt medizinischen Ursprungs sind.

Deutsche Institutionen: Präzision in der Unfallanalyse

Bundesstelle für Flugunfalluntersuchung (BFU): Deutsche Gründlichkeit

Die BFU bringt charakteristische deutsche Gründlichkeit in die Unfallanalyse ein. Jeder Unfall wird mit wissenschaftlicher Präzision untersucht, Wrackteile werden akribisch analysiert, Zeugen werden befragt, und Flugdaten werden bis ins Detail ausgewertet.

Die BFU-Studie von 2019, die feststellte, dass 76 Prozent der analysierten Unfälle in der deutschen Privatfliegerei auf Pilotenfehler zurückzuführen waren, basiert auf dieser gründlichen Analyse. Die häufigsten identifizierten Fehler waren falsche Flugentscheidungen, unzureichende Vorbereitung sowie die Missachtung sicherheitsrelevanter Verfahren.

Deutsche Flugsicherung (DFS): Operative Erkenntnisse

Die Deutsche Flugsicherung bringt eine operative Perspektive in die Human Factors-Diskussion ein. Als Organisation, die täglich mit Piloten kommuniziert und ihre Entscheidungen in Echtzeit miterlebt, hat die DFS einzigartige Einblicke in menschliches Verhalten unter Stress.

Die DFS hat festgestellt, dass in 20 Prozent der Fälle Fehlentscheidungen durch Desorientierung oder übermäßigen Stress entstehen. Diese Erkenntnis ist besonders wertvoll, weil sie auf direkten Beobachtungen des Pilotenverhaltes in kritischen Situationen basiert.

Deutsches Zentrum für Luft- und Raumfahrt (DLR): Wissenschaftliche Fundierung

Das DLR bringt wissenschaftliche Rigorosität in die Human Factors-Forschung ein. Ihre Studie von 2018 über den Einfluss von Müdigkeit auf das menschliche Leistungsvermögen lieferte alarmierende, aber präzise Zahlen: Übermüdung verlängert die Reaktionszeit um bis zu 20 Prozent und senkt die Konzentrationsfähigkeit um 30 Prozent.

Diese Zahlen sind nicht nur statistisch interessant – sie haben direkte praktische Auswirkungen. Eine um 20 Prozent verlängerte Reaktionszeit kann bei einer Notlandung den Unterschied zwischen Leben und Tod bedeuten. Eine um 30 Prozent reduzierte Konzentrationsfähigkeit kann dazu führen, dass kritische Informationen übersehen werden.

Österreichische Flugsicherung: Fitness und Sicherheit

Eine besonders aufschlussreiche Studie der österreichischen Flugsicherung untersuchte den Zusammenhang zwischen körperlicher Fitness und Flugsicherheit. Die Ergebnisse waren eindeutig: körperlich untrainierte oder übergewichtige Piloten berichteten häufiger über Konzentrationsprobleme und Müdigkeit.

Noch alarmierender war die Erkenntnis, dass diese Faktoren das Risiko für sicherheitsrelevante Fehler um das Dreifache erhöhten. Die Studie empfahl ein gezieltes Fitnessprogramm und regelmäßige Pausen bei langen Flügen als präventive Maßnahmen.

Typische Unfallszenarien: Wenn Human Factors zum Verhängnis werden

Die häufigsten Todesursachen am Himmel

Die Analyse von Flugunfällen in der Privatfliegerei offenbart erschreckende Muster. Es sind nicht technische Defekte oder Wetterkatastrophen, die die meisten Piloten das Leben kosten – es sind menschliche Entscheidungen und Verhaltensweisen, die in tragischen Konsequenzen enden.

Kontrollverlust im Flug (LOC-I): Der stille Killer

Loss of Control In-flight, kurz LOC-I, ist eine der gefährlichsten Unfallarten in der Privatfliegerei. Der Begriff beschreibt Situationen, in denen der Pilot die Kontrolle über das Flugzeug verliert – oft ohne zu merken, was geschieht, bis es zu spät ist.

LOC-I-Unfälle sind häufig die Folge von Nichtverhinderung oder Nichtbehebung von Strömungsabrissen und Flugstörungen. Die BFU-Analyse zeigt, dass

15 Prozent der Unfälle durch Desorientierung bei Sichtflugbedingungen entstehen. Diese Zahl ist besonders beunruhigend, weil sie Situationen beschreibt, in denen eigentlich gute Flugbedingungen herrschten.

Ein typisches LOC-I-Szenario entwickelt sich folgendermaßen: Ein Pilot fliegt bei guten Sichtbedingungen, gerät aber in eine Situation, die seine Aufmerksamkeit oder sein Situationsbewusstsein beeinträchtigt. Vielleicht ist es ein komplizierter Funkverkehr, ein technisches Problem oder einfach Ablenkung durch die Landschaft. In diesem Moment der Unaufmerksamkeit beginnt das Flugzeug, seine Lage zu verändern.

Der kritische Punkt ist erreicht, wenn der Pilot die Lageänderung bemerkt und instinktiv zu korrigieren versucht. Aber seine Sinne täuschen ihn – was sich wie eine Korrektur anfühlt, verstärkt tatsächlich das Problem. Das Flugzeug gerät in eine Spirale, die immer steiler wird. Der Pilot, verwirrt von den widersprüchlichen Signalen seiner Sinne und seiner Instrumente, macht die Situation schlimmer, anstatt sie zu verbessern.

Nahezu jede Pilotin oder jeder Pilot hat beim Fotografieren während des Fliegens schon einmal mehr Höhe verloren, als gedacht, oder ist vom Kurs abgekommen, ohne es zu merken.

Controlled Flight Into Terrain (CFIT): Kontrolliert in den Tod

CFIT-Unfälle sind besonders tragisch, weil das Flugzeug bis zum Moment des Aufpralls vollständig kontrollierbar ist. Der Pilot fliegt bewusst und zielgerichtet – nur leider in die falsche Richtung.

Diese Unfälle sind meist das Ergebnis von Desorientierung und schlechter Situationswahrnehmung. Sie ereignen sich besonders häufig bei schlechten Sichtbedingungen, in bergigem Gelände oder bei Nachtflügen. Ein Pilot verliert die Orientierung über seine Position relativ zum Gelände und fliegt kontrolliert, aber unbeabsichtigt in Hindernisse.

CFIT-Unfälle zeigen die Bedeutung des Situationsbewusstseins in erschreckender Klarheit. Moderne GPS-Systeme und Geländewarner können diese Unfälle verhindern, aber nur, wenn der Pilot auf sie hört und angemessen reagiert. Zu oft ignorieren Piloten Warnungen oder interpretieren sie falsch.

Runway Incursions: Gefahr am Boden

Runway Incursions – das unerlaubte oder unbeabsichtigte Betreten einer aktiven Start- und Landebahn – sind die häufigsten Unfallarten in der Privatfliegerei. Diese Vorfälle ereignen sich am Boden, wo die Geschwindigkeiten niedriger sind, aber die Konsequenzen können ebenso tödlich sein.

Die EASA-Analyse zeigt, dass 27 Prozent dieser Vorfälle durch das Ignorieren oder ungenaue Befolgen von Checklisten entstehen. Diese Zahl ist besonders

Eine sogenannte Runway Incursion ergab sich auf einem Ultraleichtflugplatz, als ein ausgerissener Esel eines Landwirts freudestrahlend die Landebahn als Auslauffläche nutzte. Zu dem Zeitpunkt waren 2 Flugzeuge in der Platzrunde. In einer solchen Situation ist die richtige Entscheidungsfindung und im Zweifel ausreichend Kraftstoff im Tank entscheidend. *(Foto: Rainer Krumm)*

Auch eine Runway Incursion – aber vom Boden aus betrachtet besser, als von der Luft aus betrachtet. In diesem Falle musste der Sonnenaufgangsflug verschoben werden, bis die Heißluftballone den Luftraum rund um den Flugplatz verlassen hatten. *(Foto: Matthias Bopp)*

frustrierend, weil sie Unfälle beschreibt, die durch einfache, bewährte Verfahren vollständig vermeidbar wären.

Ein typisches Runway Incursion-Szenario beginnt mit einem gestressten oder abgelenkten Piloten. Vielleicht ist er spät dran, vielleicht ist der Flugplatz ungewöhnlich belebt, vielleicht ist er müde nach einem langen Flug. In diesem Zustand übersieht er eine Freigabe, missversteht eine Anweisung oder vergisst einen wichtigen Schritt.

Konkrete Fallbeispiele: Wenn die Theorie zur tödlichen Realität wird

Fall 1: Der Graveyard Spiral – Wenn Sinne täuschen

Ein erfahrener Privatpilot mit über 500 Flugstunden startet an einem leicht bewölkten Abend zu einem Routineflug. Die geplante Route führt über eine wenig bebaute Region ohne größere Lichtquellen. Als die Dämmerung hereinbricht und er eine tiefe Wolkendecke durchquert, verliert er den visuellen Horizont.

Ohne Bezugspunkte beginnt der Pilot unbewusst, das Flugzeug leicht zu neigen. Seine Sinne registrieren diese Veränderung nicht – ein Phänomen, das als „leans" bekannt ist. Das Flugzeug beginnt zu drehen und zu sinken, aber der Pilot spürt die Bewegung nicht.

Als er schließlich die Instrumente überprüft, zeigen sie eine Rechtskurve und sinkende Höhe an. Instinktiv zieht er am Steuerknüppel, um die Höhe zu korrigieren, aber er korrigiert die Schräglage nicht. Das Flugzeug dreht sich schneller und sinkt steiler – der klassische „Graveyard Spiral" hat begonnen.

Der Pilot, verwirrt von den widersprüchlichen Signalen seiner Sinne und seiner Instrumente, verstärkt das Problem durch seine Korrekturversuche. Das Flugzeug gerät in eine immer steilere Spirale, die Geschwindigkeit steigt gefährlich an, und die G-Kräfte machen es schwer zu denken.

Analyse: Dieser Unfall zeigt multiple Human Factors-Probleme in Aktion. Zunächst war da ein Wahrnehmungsfehler – der Pilot vertraute seinen Sinnen mehr als seinen Instrumenten. Dann kam ein Entscheidungsfehler – anstatt die Situation systematisch zu analysieren, reagierte er instinktiv. Schließlich verstärkte Stress die Probleme und führte zu einer Verwirrung, die die Situation verschlimmerte.

Lösungsansätze: Regelmäßiges Instrumententraining hätte diesem Piloten geholfen, sich auf seine Instrumente zu verlassen. Mentales Training hätte ihm geholfen, in der Stresssituation ruhig zu bleiben. Eine gründlichere Flugvorbereitung hätte die Risiken der Route bei Dämmerung verdeutlicht.

Gerade bei Flügen in der Dämmerung können durch die Lichtverhältnisse die Sinne und damit die optische Wahrnehmung getäuscht werden. Und wenn es nur die nicht beleuchteten Instrumente sind, die schwerer zu lesen sind. *(Foto: Sylwia Klages)*

Fall 2: Überlastung im komplexen Luftraum – Wenn alles gleichzeitig passiert

Ein Pilot startet an einem sonnigen Samstagnachmittag zu einem Flug in ein beliebtes Zielgebiet. Der Flugplatz ist ungewöhnlich belebt, und bereits beim Rollen muss er mehrere andere Flugzeuge passieren lassen. Kurz nach dem Abflug erfährt er von der Flugsicherung, dass die Wetterbedingungen am Zielort schlechter geworden sind und eine Front aufzieht.

Während er die Änderungen der Route und des Zielorts plant, erhält er über Funk neue Anweisungen, auf eine andere Flughöhe zu wechseln, um den dichten Verkehr zu entlasten. Gleichzeitig meldet sich ein anderes Flugzeug mit einem Notfall, was zu längeren Funksprüchen führt, die seinen eigenen Funkverkehr unterbrechen.

Der Pilot, der allein im Cockpit ist, fühlt sich zunehmend überfordert. Er muss gleichzeitig navigieren, funken, das Wetter beobachten, andere Flugzeuge im Auge behalten und Entscheidungen über seine Route treffen. Seine Aufmerksamkeit springt zwischen diesen Aufgaben hin und her, und er beginnt, wichtige Details zu übersehen.

In dieser Überlastungssituation überhört er eine wichtige Verkehrswarnung der Flugsicherung. Ein anderes Flugzeug nähert sich auf Kollisionskurs, aber der Pilot ist so sehr mit seinen anderen Problemen beschäftigt, dass er die Warnung nicht bewusst wahrnimmt. Nur durch das rechtzeitige Ausweichmanöver des anderen Piloten wird ein Zusammenstoß verhindert.

Analyse: Dieser Beinahe-Unfall zeigt das Problem der kognitiven Überlastung in Aktion. Der Pilot war technisch kompetent und gut ausgebildet, aber die Kombination aus Wetterumschwung, dichtem Verkehr und zusätzlichen Anweisungen führte zu einer Situation, die seine mentalen Kapazitäten überstieg.

Lösungsansätze: Training unter Stressbedingungen hätte diesem Piloten geholfen, Prioritäten zu setzen und systematisch zu arbeiten. Bessere Vorbereitung auf komplexe Verkehrssituationen und Techniken zur Stressbewältigung hätten die Überlastung reduziert.

Fall 3: Die Routine-Falle – Wenn Erfahrung gefährlich wird

Ein sehr erfahrener Privatpilot mit über 2000 Flugstunden plant einen kurzen Flug von seinem Heimatflugplatz zu einem nahegelegenen Ziel. Er kennt diese Route wie seine Westentasche und ist das gleiche Flugzeug hunderte Male geflogen. In seiner Routine verlässt er sich auf seine Erfahrung und verzichtet darauf, die Checkliste für den Vorflug systematisch durchzugehen.

Während des Starts bemerkt er, dass das Flugzeug ungewöhnlich schwach beschleunigt und schwerer zu kontrollieren ist als erwartet. Seine Erfahrung sagt ihm, dass etwas nicht stimmt, aber der Start ist bereits im Gange, und es bleibt wenig Zeit zum Nachdenken.

Das Fliegen zu Fliegertreffen, wie hier dem Fly In in EDMZ sind gute Möglichkeiten, sich mental auf eine hohe Flugzeug-Anzahl in der Luft und am Boden vorzubereiten und faktisch zu üben. *(Foto: Rainer Krumm)*

Nach einigen kritischen Sekunden stellt sich heraus, dass die Landeklappen nicht korrekt eingestellt sind. Sie stehen in einer Position, die beim Start erheblichen zusätzlichen Widerstand erzeugt. Das Flugzeug kann gerade noch abheben, aber der Steigflug ist gefährlich schwach.

Der Pilot bricht den Start ab und kann durch seine Erfahrung und etwas Glück eine gefährliche Situation knapp vermeiden. Bei der Nachuntersuchung stellt sich heraus, dass die Klappen aufgrund eines kleinen Hydraulikproblems in der falschen Position „hängengeblieben" waren – ein Problem, das eine systematische Vorflugkontrolle sofort aufgedeckt hätte.

Analyse: Dieser Zwischenfall zeigt die Gefahr der Routine-Falle. Der Pilot war sehr erfahren und kompetent, aber gerade diese Erfahrung führte zu Selbstüberschätzung und zur Missachtung bewährter Sicherheitsverfahren. Es war ein klassischer Skill-based Error – ein Fehler bei routinierten Tätigkeiten.

Lösungsansätze: Konsequente Anwendung von Checklisten, unabhängig von Erfahrung und Routine. Regelmäßige Selbstreflexion über die eigenen Sicherheitsgewohnheiten. Bewusstsein dafür, dass Routine ein Risikofaktor sein kann.

Was diese Fälle lehren

Diese drei Fallbeispiele illustrieren die verschiedenen Gesichter von Human Factors-Problemen in der Privatfliegerei. Sie zeigen, dass Unfälle und Zwischenfälle selten auf einen einzigen Fehler zurückzuführen sind, sondern meist das Ergebnis einer Kette von Fehlentscheidungen und ungünstigen Umständen.

Bei Landewettbewerben mit Kampfrichtern, ggf. schlechten Bedingungen ist der Stress natürlich tendenziell höher, als beim Genussflug bei strahlendem Sonnenschein. *(Foto: Rainer Krumm)*

Wichtig ist auch die Erkenntnis, dass diese Probleme jeden treffen können – vom Anfänger bis zum erfahrenen Veteranen. Human Factors sind universelle menschliche Schwächen, vor denen niemand gefeit ist. Die gute Nachricht ist, dass sie erkennbar, vorhersagbar und damit auch vermeidbar sind.

Human Factors in der PPL-Ausbildung: Ein gefährliches Missverhältnis

Das paradoxe Missverhältnis

Eines der größten Paradoxe in der Privatfliegerei ist das Missverhältnis zwischen der Bedeutung von Human Factors für die Flugsicherheit und dem Gewicht, das diesem Thema in der Ausbildung beigemessen wird. Während 70 bis 80 Prozent aller Unfälle auf menschliche Faktoren zurückzuführen sind, nimmt das Thema Human Factors in der PPL-Ausbildung nur einen kleinen Teil des Lehrplans ein.

Die theoretischen Anforderungen an Privatpiloten, wie sie durch europäische Richtlinien und die European Central Question Bank (ECQB) festgelegt sind, decken einen umfangreichen Katalog von Lerninhalten ab. Dieser umfasst Themen wie Luftrecht, Flugzeugkunde, Meteorologie, Navigation, Flugleistung und Planung, Betriebsverfahren und menschliches Leistungsvermögen.

Die Gewichtung zeigt das Problem

Die PPL-Prüfungsthemen sind gemäß des ECQB-PPL Detailed Syllabus in über 100 Kapitel aufgeteilt, die detailliert regeln, welche Kenntnisse erforderlich sind und in welchen Bereichen die Prüfungsschwerpunkte liegen. Human Factors wird hierbei als eines der Pflichtfächer betrachtet, erhält jedoch im Verhältnis zu den anderen Themengebieten deutlich weniger Schulungszeit.

Der Großteil der Ausbildung fokussiert auf die technischen und operationellen Anforderungen des Fliegens. Aerodynamik, Flugzeugtechnik, Navigation und Meteorologie nehmen den Löwenanteil der Schulungszeit ein – verständlicherweise, denn diese Themen bilden die technische Grundlage des Fliegens.

Aber diese Gewichtung spiegelt eine fundamentale Fehleinschätzung der Risiken wider. Während wir hunderte von Stunden damit verbringen, zu lernen, wie ein Motor funktioniert oder wie man einen Navigationstimer bedient, verbringen wir nur wenige Stunden damit, zu verstehen, wie unser eigenes Gehirn funktioniert und wie es uns im Cockpit im Stich lassen kann.

Die zentralen Human Factors-Themen in der PPL-Ausbildung

Trotz des geringen Umfangs sind die Human Factors-Inhalte in der PPL-Ausbildung durchaus relevant und wichtig. Sie decken die wesentlichen Bereiche ab, in denen menschliche Faktoren die Flugsicherheit beeinflussen:

Wahrnehmung und Situationsbewusstsein

Privatpiloten lernen, dass ihre Wahrnehmung im Cockpit durch verschiedene Faktoren wie Wetterbedingungen, Tageszeit und Flugerfahrung beeinflusst wird. Das Situationsbewusstsein umfasst die Fähigkeit, die Umgebung im Cockpit präzise wahrzunehmen, das eigene Verhalten im Kontext des Flugumfelds zu bewerten und rechtzeitig auf Veränderungen zu reagieren.

Diese Schulung ist besonders wichtig, da Untersuchungen zeigen, dass Wahrnehmungsfehler in kritischen Phasen des Fluges, wie beim Landeanflug oder bei Nachtflügen, zu häufigen Fehlerquellen zählen. Doch die Zeit, die für dieses Thema zur Verfügung steht, reicht kaum aus, um mehr als die Grundlagen zu vermitteln.

Fehler- und Risikomanagement

Der Umgang mit Fehlern und Risiken im Cockpit erfordert ein diszipliniertes Vorgehen und eine kontinuierliche Fehleranalyse. Piloten lernen den Einsatz von Checklisten und strukturierten Arbeitsabläufen, um potenzielle Fehlerquellen zu minimieren.

Aber auch hier ist die Schulung oft oberflächlich. Piloten lernen, dass Checklisten wichtig sind, aber sie lernen nicht, warum Menschen dazu neigen, Checklisten zu ignorieren oder warum selbst erfahrene Piloten Routinefehler machen.

Stressbewältigung und Entscheidungsfindung

Der Einfluss von Stress und Belastungssituationen auf die Entscheidungsfindung ist ein zentraler Bestandteil der Human Factors-Schulung. Piloten werden für typische Stressfaktoren wie Wetteränderungen, Zeitdruck und technische Probleme sensibilisiert und lernen, dass unter Stress die Reaktionsfähigkeit und das Urteilsvermögen eingeschränkt sein können.

Doch die praktische Anwendung dieser Erkenntnisse bleibt oft theoretisch. Piloten lernen über Stress, aber sie trainieren selten unter realistischen Stressbedingungen.

Müdigkeit und Leistungsfähigkeit

Müdigkeit ist eine häufig unterschätzte Ursache für nachlassende Leistungsfähigkeit und kann das Urteilsvermögen sowie die körperliche Reaktionszeit stark beeinflussen. Die Schulung vermittelt Piloten, wie wichtig ausreichend Schlaf und Erholung sind, und zeigt auf, welche Warnsignale auf Übermüdung hinweisen.

Aber auch hier bleibt die Schulung oft oberflächlich. Piloten lernen, dass Müdigkeit gefährlich ist, aber sie lernen nicht, ihre eigenen Müdigkeitszeichen zu erkennen oder effektive Strategien zur Müdigkeitsbewältigung zu entwickeln.

Kommunikation und soziale Faktoren

Im Bereich der Human Factors lernen Piloten auch die Bedeutung klarer Kommunikation – insbesondere in der Kommunikation mit der Flugsicherung, anderen Piloten und dem Bodenpersonal. Zwar fliegen Privatpiloten meist alleine, doch die Abstimmung und Kommunikation sind entscheidend, um Missverständnisse zu vermeiden und eine hohe Flugsicherheit zu gewährleisten.

Der Unterschied zur Berufsluftfahrt: Ein aufschlussreicher Vergleich

In der Berufsluftfahrt werden Human Factors wesentlich ernster genommen. Sie werden nicht nur als ein Kapitel im Lehrbuch behandelt, sondern als kontinuierlicher Fokus der Ausbildung und des laufenden Trainings.

Crew Resource Management (CRM)

Das Crew Resource Management ist ein umfassendes Trainingsprogramm, das sich ausschließlich mit Human Factors beschäftigt. CRM-Training ist für alle Berufspiloten verpflichtend und wird regelmäßig aufgefrischt. Es deckt Themen wie Kommunikation, Entscheidungsfindung, Führung, Stressmanagement und Fehlerbehandlung ab.

Privatpiloten erhalten in der Regel kein CRM-Training, obwohl viele der Prinzipien direkt auf die Einpiloten-Umgebung übertragbar wären. Das ist eine verpasste Gelegenheit, denn CRM-Prinzipien können auch alleinfliegenden Piloten helfen, bessere Entscheidungen zu treffen und Fehler zu vermeiden.

Kontinuierliches Training

In der Berufsluftfahrt ist Human Factors nicht nur ein einmaliges Ausbildungsthema, sondern ein kontinuierlicher Fokus. Piloten müssen regelmäßig an Auffrischungsschulungen teilnehmen, ihre Fähigkeiten in Simulatoren unter Stressbedingungen testen und ihre Entscheidungsfindung analysieren lassen.

Privatpiloten hingegen absolvieren nach ihrer Lizenzierung oft jahrelang keine strukturierte Human Factors-Schulung mehr. Sie sind auf sich selbst gestellt, um ihre Fähigkeiten zu erhalten und zu verbessern.

Systematische Fehleranalyse

Die kommerzielle Luftfahrt hat ausgeklügelte Systeme zur Fehleranalyse und -prävention entwickelt. Jeder Vorfall wird analysiert, Trends werden identifiziert, und Erkenntnisse werden in Trainingsprogramme eingebaut.

In der Privatfliegerei ist diese systematische Herangehensweise an Fehleranalyse weitgehend unbekannt. Piloten lernen oft nur aus ihren eigenen Fehlern – wenn sie überhaupt daraus lernen.

Die Konsequenzen des Missverhältnisses

Das Missverhältnis zwischen der Bedeutung von Human Factors und der Aufmerksamkeit, die sie in der Ausbildung erhalten, hat direkte Konsequenzen für die Flugsicherheit:

Unzureichende Vorbereitung auf reale Risiken

Piloten werden ausführlich auf technische Probleme vorbereitet, die statistisch selten auftreten, aber unzureichend auf menschliche Fehler, die statistisch sehr häufig sind. Sie können einen Motorausfall simulieren, aber sie können nicht mit Stress, Müdigkeit oder Desorientierung umgehen.

Mangelndes Risikobewusstsein

Viele Privatpiloten unterschätzen systematisch die Risiken, die von ihren eigenen menschlichen Schwächen ausgehen. Sie sind sich bewusst, dass das Flugzeug ausfallen könnte, aber sie sind sich nicht bewusst, dass sie selbst der wahrscheinlichste Ausfallpunkt im System sind.

Fehlende Werkzeuge zur Selbstanalyse

Ohne angemessene Human Factors-Schulung fehlen Piloten die Werkzeuge zur Selbstanalyse und Selbstverbesserung. Sie können ihre eigenen Fehler nicht richtig einordnen oder systematisch daran arbeiten, sie zu vermeiden.

Die Lösung: Körperliche und mentale Fitness als Schlüssel zur Sicherheit

Ein neues Verständnis von Fitness für Piloten

Wenn wir über Fitness in der Luftfahrt sprechen, müssen wir unser Verständnis erweitern. Fitness ist weit mehr als die Fähigkeit, einen Marathon zu laufen oder schwere Gewichte zu heben. In der Luftfahrt bezieht sich Fitness auf die Gesamtheit der menschlichen Fähigkeiten, die notwendig sind, um den komplexen Anforderungen des Fliegens sicher und effektiv gerecht zu werden.

Die vier Dimensionen der Piloten-Fitness

1. Kardiorespiratorische Ausdauer

Die Fähigkeit des Herz-Kreislauf-Systems und der Lungen, den Körper über längere Zeiträume mit Sauerstoff zu versorgen auch bekannt als aerobe Ausdauer oder kardiovaskuläre Ausdauer. Für Piloten bedeutet dies die Fähigkeit, auch bei langen Flügen konzentriert zu bleiben und nicht durch Ermüdung beeinträchtigt zu werden.

2. Muskuläre Kraft und Flexibilität

Die Fähigkeit, die physischen Anforderungen des Fliegens zu bewältigen – von der Bedienung schwergängiger Steuerungen bis hin zur Aufrechterhaltung einer ergonomisch gesunden Sitzposition über Stunden.

3. Mentale Stärke und Stressresistenz

Die Fähigkeit, unter Druck klare Entscheidungen zu treffen, mit Unsicherheit umzugehen und auch in kritischen Situationen handlungsfähig zu bleiben.

4. Kognitive Fähigkeiten

Die Fähigkeit, komplexe Informationen schnell zu verarbeiten, multiple Aufgaben zu koordinieren und ein hohes Maß an Situationsbewusstsein aufrechtzuerhalten.

Körperliche Fitness: Mehr als nur ein Nice-to-Have

Körperliche Fitness wird in der Privatfliegerei oft als optional betrachtet – ein

Nice-to-Have, aber nicht unbedingt notwendig. Diese Einstellung ist nicht nur falsch, sondern potentiell gefährlich.

Die direkten Auswirkungen körperlicher Fitness auf die Flugsicherheit

Ein gut trainierter Körper kann besser mit den physischen Belastungen umgehen, die während eines Fluges auftreten. Diese Belastungen sind vielfältiger, als viele Piloten erkennen:
Längeres Sitzen ohne Ermüdung: Auch kurze Flüge können körperlich belastend sein, besonders wenn das Cockpit eng ist oder die Sitzposition suboptimal. Rückenmuskulatur, die nicht trainiert ist, ermüdet schnell, was zu Unwohlsein und Ablenkung führt.
Hitze- und Kälteverträglichkeit: Cockpits können extreme Temperaturen erreichen, besonders in kleinen Flugzeugen ohne ausgeklügelte Klimaanlagen. Ein körperlich fitter Pilot kann diese Temperaturschwankungen besser verkraften, ohne dass seine Leistung leidet.
Schnellere Reaktionen auf unvorhergesehene Situationen: Körperliche Fitness verbessert nicht nur die Kraft, sondern auch die Koordination und Reaktionsgeschwindigkeit. In Notfällen können diese Millisekunden entscheidend sein.
Reduziertes Risiko gesundheitlicher Probleme während des Fluges: Herz-Kreislauf-Erkrankungen, Diabetes und andere gesundheitliche Probleme treten bei körperlich fitten Menschen seltener auf. Wenn sie während eines Fluges auftreten, können sie katastrophale Folgen haben.

Die Bedeutung des Bewusstseins für eigene Grenzen

Es ist wichtig zu betonen, dass es nicht darum geht, dass nur Hochleistungssportler fliegen sollen. Vielmehr geht es um ein Bewusstsein für die eigenen körperlichen Grenzen und darum, entsprechende Kompensationsstrategien zu entwickeln.

Beispiele für bewusste Anpassung:

- Hat jemand eine schlechte Hitzeverträglichkeit, bedeutet dies, dass lange Flüge im Sommer schwierig sein können. Die Lösung ist nicht, nicht zu fliegen, sondern entsprechende Vorkehrungen zu treffen: frühe Startzeiten, häufigere Pausen, angemessene Hydratation.
- Hat ein Pilot eine Halswirbelversteifung (z. B. durch einen Unfall), dann ist das Bewusstsein wichtig, dass der Blick rund-um im Cockpit anders und bewuss-

ter durchgeführt werden muss. Möglicherweise sind zusätzliche Spiegel oder andere technische Hilfsmittel notwendig.

- Sehschwächen erfordern nicht nur die richtige Brille, sondern auch Bewusstsein für Situationen, in denen diese Schwächen besonders problematisch werden können – etwa bei Nachtflügen oder in dunstigen Bedingungen. Wenn Piloten auf Lesebrillen angewiesen sind, dann ist das Tragen von Sonnenbrillen automatisch ein Problem, dessen man sich bewusst sein muss. Die meisten Sonnenbrillen von Lesebrillen-Nutzern haben optische Schliffe. Ggf. muss man dann ständig die Brillen wechseln.

Mentale Fitness: Der entscheidende Faktor

Während körperliche Fitness wichtig ist, ist mentale Fitness für die Flugsicherheit noch kritischer. Mentale Fitness umfasst die psychologischen und kognitiven Fähigkeiten, die notwendig sind, um im Cockpit sicher zu operieren.

Die Komponenten mentaler Fitness

Stressresistenz und emotionale Stabilität: Die Fähigkeit, auch unter Druck ruhig zu bleiben und rationale Entscheidungen zu treffen. Stress ist in der Fliegerei unvermeidlich – schlechtes Wetter, technische Probleme, Zeitdruck, komplexer Luftverkehr. Mental fitte Piloten können mit diesen Stressoren umgehen, ohne dass ihre Leistung leidet.

Kognitive Flexibilität: Die Fähigkeit, schnell zwischen verschiedenen Aufgaben zu wechseln, neue Informationen zu integrieren und Pläne an veränderte Umstände anzupassen. In der dynamischen Umgebung des Cockpits ist diese Fähigkeit essentiell.

Konzentrationsfähigkeit: Die Fähigkeit, über längere Zeiträume aufmerksam zu bleiben und gleichzeitig multiple Informationsquellen zu überwachen. Mangelnde Konzentration ist eine der häufigsten Ursachen für Pilotenfehler.

Entscheidungsfähigkeit unter Unsicherheit: Die Fähigkeit, auch mit unvollständigen Informationen sinnvolle Entscheidungen zu treffen. In der Fliegerei sind die Informationen selten vollständig, und die Zeit für Entscheidungen ist oft begrenzt.

Selbstwahrnehmung und Metakognition: Die Fähigkeit, die eigenen mentalen Zustände zu erkennen und zu bewerten. Mental fitte Piloten wissen, wann sie müde, gestresst oder überfordert sind, und können entsprechend handeln.

Die Entwicklung mentaler Fitness

Mentale Fitness ist nicht angeboren – sie kann entwickelt und trainiert werden. Genau wie körperliche Fitness erfordert sie regelmäßiges Training und bewusste Anstrengung.

Stressmanagement-Techniken: Atemübungen, Entspannungstechniken und mentale Vorbereitungsstrategien können helfen, mit Stress umzugehen. Diese Techniken sind besonders wertvoll, weil sie auch in kritischen Situationen angewendet werden können.

Mentales Training und Visualisierung: Die mentale Vorbereitung auf verschiedene Flugszenarien kann die Reaktion in realen Situationen verbessern. Piloten können sich mental auf Notfälle, schwierige Wetterbedingungen oder komplexe Verfahren vorbereiten.

Kontinuierliche Selbstreflexion: Die regelmäßige Analyse der eigenen Leistung und Entscheidungen hilft dabei, Verbesserungsbereiche zu identifizieren und mentale Fähigkeiten weiterzuentwickeln.

Lebenslanges Lernen: Mental fitte Piloten bleiben neugierig und lernbereit. Sie suchen aktiv nach Möglichkeiten, ihre Kenntnisse und Fähigkeiten zu erweitern.

Fazit: Der Weg zu einer sichereren Privatfliegerei

Die Realität akzeptieren

Die Zahlen lügen nicht: 70 bis 80 Prozent der Unfälle in der Privatfliegerei basieren auf Human Factors. Diese Statistik ist nicht nur eine abstrakte Zahl – sie

Starke Windverhältnisse können auch Stress verursachen und so das Situationsbewusstsein und die Entscheidungsfindung negativ beeinflussen *(Foto: Rainer Krumm)*

repräsentiert eine harte Realität, der sich jeder Privatpilot stellen muss. Der Mensch im Cockpit ist nicht nur die größte Schwachstelle im System Luftfahrt, sondern auch das größte Verbesserungspotenzial.

Die Herausforderung ist erkannt und dokumentiert

Internationale Organisationen wie IATA, FAA, EASA und BFU haben das Problem ausführlich dokumentiert und analysiert. Die Ursachen sind bekannt und kategorisiert. Erfolgreiche Ansätze aus der kommerziellen Luftfahrt existieren und können adaptiert werden. Es mangelt nicht an Wissen – es mangelt an der konsequenten Umsetzung dieses Wissens.

Die wissenschaftliche Basis ist solide. Das HFACS-System kategorisiert menschliche Fehler systematisch. Studien zeigen klar auf, welche Faktoren zu Unfällen beitragen. Die Forschung zu mentaler und körperlicher Fitness liefert konkrete Erkenntnisse über Verbesserungsmöglichkeiten.

Die Chance liegt in der Umsetzung

Das Wissen allein reicht nicht aus – es muss in die Praxis umgesetzt werden. Hier liegt die größte Herausforderung, aber auch die größte Chance für die Privatfliegerei.

Bewusstsein für die eigenen Grenzen entwickeln: Der erste Schritt zu besserer Flugsicherheit ist die ehrliche Einschätzung der eigenen Fähigkeiten und Grenzen. Das erfordert Mut zur Selbstreflexion und die Bereitschaft, eigene Schwächen anzuerkennen.

Körperliche und mentale Fitness gezielt trainieren: Fitness ist nicht nur ein persönlicher Vorteil, sondern ein Sicherheitsfaktor. Die Investition in die eigene körperliche und mentale Fitness zahlt sich direkt in verbesserter Flugsicherheit aus.

Strukturierte Verfahren und Checklisten konsequent anwenden: Checklisten sind eine der einfachsten und effektivsten Methoden zur Fehlervermeidung. Ihre konsequente Anwendung erfordert Disziplin, aber sie kann Leben retten.

Kontinuierliche Weiterbildung in Human Factors: Das Lernen hört mit der Lizenzierung nicht auf. Regelmäßige Fortbildung in Human Factors sollte so selbstverständlich sein wie regelmäßige technische Schulungen.

Regelmäßige Selbstreflexion und Fehleranalyse: Eine offene Fehlerkultur, in der aus Fehlern gelernt wird, statt sie zu verbergen, ist essenziell für kontinuierliche Verbesserung.

Eine Vision für die Zukunft

Stelle Dir eine Privatfliegerei vor, in der Human Factors nicht als lästige Pflichtübung, sondern als zentraler Baustein der Sicherheitskultur verstanden werden. Eine Privatfliegerei, in der körperliche und mentale Fitness so selbstverständlich sind wie die technische Wartung des Flugzeugs.

In dieser Vision sind Privatpiloten nicht nur technisch kompetent, sondern auch psychologisch vorbereitet. Sie verstehen ihre eigenen Grenzen und arbeiten systematisch daran, diese zu erweitern. Sie nutzen moderne Erkenntnisse über menschliche Leistungsfähigkeit, um ihre Sicherheitsmargen zu erhöhen.

Der individuelle Nutzen

Piloten, die in ihre körperliche und mentale Fitness investieren, profitieren nicht nur von erhöhter Sicherheit. Sie erleben auch mehr Freude am Fliegen. Sie sind weniger gestresst, weniger müde und können die Schönheit des Fliegens mehr genießen. Sie treffen bessere Entscheidungen und fühlen sich im Cockpit sicherer und kompetenter.

Der gesellschaftliche Nutzen

Eine sicherere Privatfliegerei nutzt der gesamten Gesellschaft. Weniger Unfälle bedeuten weniger Tragödien, weniger negative Publicity für die Allgemeine Luftfahrt und weniger Druck für einschränkende Regulierungen. Eine professionellere Privatfliegerei erhöht das Ansehen der gesamten Luftfahrtgemeinschaft.

Der Weg vorwärts

Der Weg zu einer sichereren Privatfliegerei führt nicht über bessere Technik oder schärfere Vorschriften – obwohl diese ihren Platz haben. Er führt über bessere Menschen im Cockpit. Piloten, die ihre körperlichen und mentalen Fähigkeiten verstehen, trainieren und kontinuierlich verbessern.

Dieser Weg ist nicht einfach. Er erfordert Zeit, Anstrengung und die Bereitschaft, sich mit unangenehmen Wahrheiten über die eigenen Schwächen auseinanderzusetzen. Aber er ist möglich, und er ist notwendig.

Das Ziel dieses Buches

Das Ziel dieses Buches ist es, Privatpiloten das Wissen und die Werkzeuge zu vermitteln, um ihre Human Factors zu verstehen und zu verbessern. Es geht nicht darum, perfekte Piloten zu schaffen – das ist unmöglich. Es geht darum, bessere Piloten zu schaffen – das ist durchaus möglich.

Bessere Piloten sind sich ihrer Grenzen bewusst. Sie arbeiten systematisch daran, ihre Fähigkeiten zu verbessern. Sie nutzen alle verfügbaren Werkzeuge – von Checklisten bis zu mentalen Techniken – um ihre Sicherheitsmargen zu maximieren. Sie lernen aus ihren Fehlern und den Fehlern anderer.

Die Verantwortung liegt bei jedem Einzelnen

Letztendlich liegt die Verantwortung für die Verbesserung der Flugsicherheit bei jedem einzelnen Piloten. Keine Organisation, keine Behörde, keine Technologie

Regelmäßige Schulungsflüge und eine gute Ausbildung sind die Basis für Verantwortungsbewusstsein und Flugsicherheit – auch nach dem Lizenzerhalt. *(Foto: Rainer Krumm)*

kann die persönliche Verantwortung für Sicherheit ersetzen.

Aber diese Verantwortung ist auch eine Chance. Die Chance, nicht nur ein besserer Pilot zu werden, sondern auch zu einer sichereren, professionelleren und respektierteren Privatfliegerei beizutragen.

Die Werkzeuge sind verfügbar. Das Wissen ist vorhanden. Die Motivation sollte klar sein. Jetzt liegt es an jedem einzelnen Privatpiloten, den nächsten Schritt zu tun – für sich selbst, für seine Passagiere und für die gesamte Luftfahrtgemeinschaft.

Human Factors sind kein abstraktes Konzept aus Lehrbüchern. Sie sind die Realität des Cockpits. Sie können über Leben und Tod entscheiden. Aber sie können auch verbessert werden. Körperliche und mentale Fitness sind der Schlüssel zu dieser Verbesserung – und damit der Schlüssel zu sichereren Flügen und mehr Freude am Fliegen.

Einordnung des „Menschlichen Leistungsvermögens/Human Factors“ in die Dimensionen der Dynamischen Flugsicherheit

In meinem Buch *„Dynamische Flugsicherheit in der Privatfliegerei“* beleuchte ich vier zentrale Dimensionen, die das Sicherheitsniveau im Cockpit bestimmen und die das Zusammenspiel von technischen, menschlichen und organisatorischen Faktoren abdecken: die **Intrapersonelle Dimension**, die **Interpersonelle Dimension**, die **Gruppenspezifische Dimension** und die **Organisationale Dimension**. Diese Dimensionen bieten ein umfassendes Modell für das Verständnis und die praktische Umsetzung von Flugsicherheitsprinzipien in der Privatfliegerei und helfen Piloten dabei, ihre individuellen Fähigkeiten, das Teamwork sowie organisatorische Strukturen aufeinander abzustimmen, um Risiken zu minimieren.

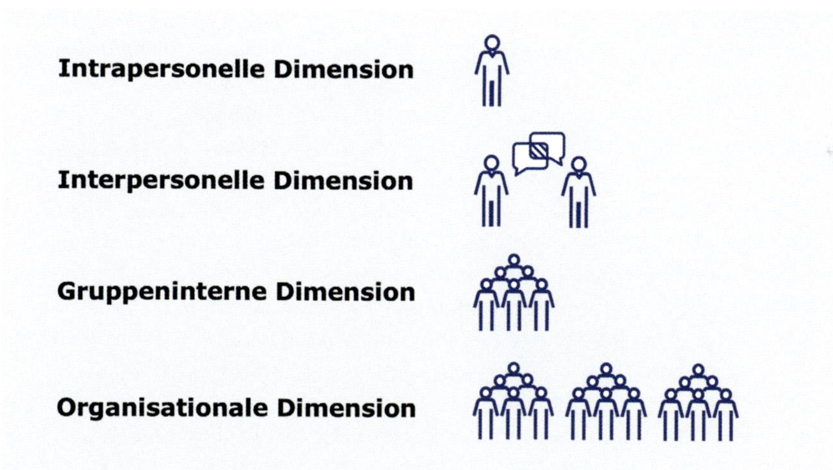

Die 4 Dimensionen der dynamischen Flugsicherheit

Das Thema **Menschliches Leistungsvermögen** – im internationalen Kontext oft als **Human Factors** bezeichnet – lässt sich vor allem der **Intrapersonellen Dimension** der dynamischen Flugsicherheit zuordnen. Diese Dimension konzentriert sich auf die inneren Prozesse, Fähigkeiten und Eigenschaften des einzelnen Piloten, also auf alles, was mit Selbstwahrnehmung, mentaler Stärke, Entscheidungsfindung und individuellen Stressbewältigungsmechanismen zu tun hat. Privatpiloten sind in der Fliegerei häufig allein im Cockpit und tragen damit die volle Verantwortung für sich und andere. Die intrapersonellen Faktoren, die ihre eigene Leistungsfähigkeit betreffen, sind daher von herausragender Bedeutung. Diese Dimension wird zur entscheidenden Grundlage für eine sichere Flugdurchführung, insbesondere in unerwarteten oder stressigen Situationen.

Die Bedeutung der Intrapersonellen Dimension für die Privatfliegerei

Die Intrapersonelle Dimension umfasst alle individuellen mentalen, emotionalen und physischen Fähigkeiten eines Piloten, die seine Flugsicherheit direkt beeinflussen. In der Privatfliegerei bedeutet dies, dass Piloten auf sich allein gestellt sind, ohne die Unterstützung eines Co-Piloten oder einer Crew, wie es in der kommerziellen Fliegerei der Fall ist. Jeder Privatpilot muss daher seine eigenen Fähigkeiten und Grenzen genau kennen und verstehen, wie er durch gezielte Techniken seine Wahrnehmung, Konzentration und Stressresistenz verbessern kann.

Im Bereich der Human Factors – der menschlichen Faktoren – bezieht sich die Intrapersonelle Dimension auf die Fähigkeit eines Piloten, sich selbst zu kontrollieren und sich an die Bedingungen des Flugs anzupassen. Beispielsweise erfordert das Management der Aufmerksamkeit die Fähigkeit, in Stresssituationen den Fokus zu bewahren, während die Entscheidungsfindung verlangt, auch unter Zeitdruck und Unsicherheit sichere Handlungsoptionen zu erkennen und auszuwählen. Der Einfluss dieser intrapersonellen Fähigkeiten auf die Sicherheit im Cockpit ist enorm. Studien zeigen, dass der Großteil der Unfälle in der allgemeinen Luftfahrt auf menschliches Versagen zurückzuführen ist – von dem die meisten Fehler auf Wahrnehmungsverzerrungen, falsche Entscheidungen und inadäquate Reaktionen auf mentale Belastungen beruhen.

Ein weiteres entscheidendes Element der Intrapersonellen Dimension ist die Wahrnehmung der eigenen physischen und mentalen Grenzen. Gerade in der Privatfliegerei, wo Piloten oft den gesamten Flug allein planen, durchführen und überwachen, ist es entscheidend, dass sie in der Lage sind, ihre eigenen Ressourcen realistisch einzuschätzen. Übermüdung, Stress und auch ein Mangel an physischer Fitness können zu einem verminderten Leistungsvermögen führen und das Risiko für sicherheitskritische Fehler erhöhen. Das Verständnis dieser Dimension hilft dem Piloten, den inneren Druck zu bewältigen, seine Reaktionszeiten zu optimieren und sich kontinuierlich mental und physisch auf einem hohen Niveau zu halten.

Konkrete Anwendung der Human Factors durch Mentales Training

Eine gezielte Unterstützung und Stärkung der Intrapersonellen Dimension gelingt insbesondere durch mentales Training. In meinem Buch *„Mentales Training für Piloten"* stelle ich umfassende Methoden und Techniken vor, die speziell darauf ausgerichtet sind, die mentale Widerstandskraft und die psychologische Stabilität von Piloten zu fördern. Mentales Training bietet für die intrapersonelle Dimension der Dynamischen Flugsicherheit eine fundierte Basis, um die kognitiven und emotionalen Fähigkeiten von Piloten zu stärken und auf ihre persönlichen Bedürfnisse einzugehen. Insbesondere bei Privatpiloten, die häufig ohne die Unterstützung einer Crew fliegen, schafft mentales Training ein Bewusstsein für eigene Schwächen und unterstützt gleichzeitig die Entwicklung gezielter Strategien zur Bewältigung von Stresssituationen.

Eine der zentralen Techniken des mentalen Trainings für Privatpiloten ist das **Visualisieren von Flugszenarien**. Hierbei stellt sich der Pilot den Flug vor und spielt die einzelnen Schritte sowie mögliche Zwischenfälle gedanklich durch. Diese Vorbereitung stärkt die mentale Flexibilität und gibt dem Piloten die Möglichkeit, bereits vor dem Flug realistische Erwartungen an die Flugbedingungen zu entwickeln und sich auf unerwartete Situationen vorzubereiten. Diese Technik des „Mentalkinos" stärkt die Entscheidungsfindung, indem sie dem Piloten dabei hilft, bereits vorab Optionen und Handlungsalternativen durchzuspielen.

Ein weiterer wichtiger Bestandteil des mentalen Trainings ist die **Konzentrationsstärkung** durch gezielte Atem- und Entspannungstechniken. Diese Methoden helfen dem Piloten, in kritischen Phasen die Ruhe zu bewahren und Stress abzubauen. Besonders bei Flügen unter schwierigen Bedingungen, wie bei schlechten Wetterverhältnissen oder bei Dämmerung, unterstützen solche Techniken dabei, den Fokus nicht zu verlieren und eine kühle und fundierte Entscheidung zu treffen. So wird das mentale Training zu einem wertvollen Hilfsmittel, um die intrapersonellen Kompetenzen und die Fähigkeit zur Selbststeuerung zu verbessern.

Der Nutzen der Human Factors für die intrapersonelle Dimension der Flugsicherheit

Durch die Verbindung der Inhalte aus *„Dynamische Flugsicherheit in der Privatfliegerei"* und *„Mentales Training für Piloten"* gewinnen Piloten ein umfassendes Verständnis für die Intrapersonelle Dimension und deren Bedeutung im Bereich der Human Factors. In der intrapersonellen Dimension wird der Pilot nicht nur

Die mentale Fitness ist gerade bei der Landung ein extrem wichtiges Detail für die Flugsicherheit. *(Foto: Rainer Krumm)*

angeleitet, sich und seine mentalen Fähigkeiten zu reflektieren, sondern lernt auch konkrete Techniken, um seine Leistungsfähigkeit gezielt zu verbessern. Diese Kombination schafft eine nachhaltige Grundlage für die Dynamische Flugsicherheit und fördert die Fähigkeit, selbst in schwierigen Situationen ruhig, fokussiert und sicherheitsorientiert zu agieren.

Gerade in der Privatfliegerei, wo die Interaktionen mit anderen auf ein Minimum reduziert sind und die Verantwortung vollständig auf den Piloten konzentriert ist, spielt die Intrapersonelle Dimension eine zentrale Rolle. Die bewusste Arbeit an den eigenen Human Factors ist hier nicht nur eine wertvolle Ergänzung, sondern eine Notwendigkeit, um das eigene Leistungsvermögen und die Sicherheitsmargen kontinuierlich zu erhöhen. Die Techniken des mentalen Trainings bieten Privatpiloten konkrete Instrumente, um ihre intrapersonellen Fähigkeiten zu stärken, ihre Aufmerksamkeit auf die wesentlichen Elemente des Fliegens zu fokussieren und eine bessere Selbstkontrolle zu entwickeln.

Insgesamt wird durch das Zusammenspiel von intrapersonellen Kompetenzen und mentalem Training eine flugpsychologische Stabilität erreicht, die Privatpiloten sowohl für den alltäglichen Flugbetrieb als auch für außergewöhnliche Situationen besser vorbereitet und das Risiko menschlicher Fehler nachhaltig senken kann. Die Intrapersonelle Dimension ist damit eine essenzielle Säule der dynamischen Flugsicherheit und ein Schlüssel zur kontinuierlichen Verbesserung der eigenen fliegerischen Leistungsfähigkeit und Selbstwahrnehmung.

© Rainer Krumm

Ursprung und Grundlagen – Was bedeutet „Fitness für Privatpiloten"?

Definition und Konzepte: Körperliche und mentale Fitness in der Luftfahrt

In der Luftfahrt bezieht sich **körperliche Fitness** auf die physische Leistungsfähigkeit und Belastbarkeit eines Piloten. Diese umfasst Kraft, Ausdauer, Beweglichkeit und das allgemeine Wohlbefinden. Eine gute körperliche Fitness ist entscheidend, um Ermüdung, Dehydration und den Einfluss von Umweltfaktoren wie Sauerstoffmangel und hohen G-Kräften zu bewältigen. **Mentale Fitness** hingegen beschreibt die kognitive Leistungsfähigkeit eines Piloten, einschließlich Konzentrationsfähigkeit, Entscheidungsfindung, Stressbewältigung und Reaktionsschnelligkeit. Beide Aspekte der Fitness sind eng miteinander verbunden:

Mentale Fitness hilft Piloten, auch in anspruchsvollen Situationen fokussiert zu bleiben, während körperliche Fitness sicherstellt, dass sie den physischen Herausforderungen standhalten können, die im Cockpit auftreten.

Diese Konzepte sind besonders relevant, da die Anforderungen an einen Piloten nicht nur die Steuerung eines Flugzeugs umfassen, sondern auch die Fähigkeit, auf unerwartete Situationen schnell und klar zu reagieren. Ermüdung oder mentale Erschöpfung können dabei zu verzögerten Reaktionen oder Fehlentscheidungen führen, was die Sicherheit des Flugs erheblich beeinträchtigen kann. Durch Training und gesunde Lebensgewohnheiten können Piloten ihre körperliche und mentale Fitness verbessern, um ein hohes Leistungsniveau aufrechtzuerhalten und sicher zu fliegen.

Aus der Praxis

Im Mai 2025 sind wir von Bad Waldsee Reute (EDMZ) nach Trento (LIDT) in Italien, weiter nach Portoroz (LJPZ) in Slowenien und wieder zurück nach Trento geflogen. Jede Wegstrecke hatte ca. 1,5–2 h Flugzeit mit dem Ultraleicht. D.h. im letzten Flugabschnitt hatten wir fast 6 h Flugzeit in den Knochen. Der Endanflug war sehr turbulent und auch mit starken Abwinden kombiniert. Ich selbst hatte meinen Pulsmesser über die Smart-Watch mitlaufen lassen. Man erkennt sehr gut, wie der Puls gleich blieb, aber im Schlußteil des Fluges massiv nach oben ging. An dem Tag war es heiß und anstrengend. Durch hohe Konzentration und aktives „jetzt voll konzentrieren“ war dieser Endanflug gut machbar. Piloten mit einem anderen Bewusstsein, oder mit einer anderen körperlichen Verfassung können ggf. diese Leistung nicht abrufen.

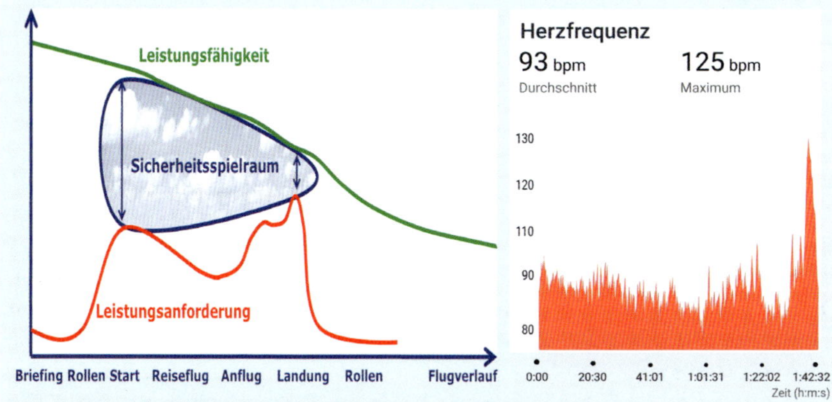

Gerade in der Endphase eines Fluges ist die Leistungsanforderung besonders hoch – aber bei anstrengenden Flügen die Leistungsfähigkeit oft gering.

Geschichte und Entwicklung des Konzepts „Human Factors" in der Luftfahrt

Das Konzept der „**Human Factors**" in der Luftfahrt entwickelte sich im Verlauf des 20. Jahrhunderts, insbesondere ab den 1940er Jahren, als die Rolle des menschlichen Faktors in sicherheitskritischen Systemen zunehmend ins Zentrum rückte. Ursprünglich lag der Fokus darauf, menschliche Fehler zu identifizieren und zu vermeiden, die durch Überlastung, Ermüdung oder Stress entstehen. Erste Forschungsarbeiten wurden während des Zweiten Weltkriegs angestoßen, da komplexere Cockpit-Systeme und technische Entwicklungen höhere Anforderungen an die Besatzung stellten. Die zunehmende Komplexität der Luftfahrttechnik führte zu der Erkenntnis, dass menschliche Faktoren ebenso wichtig sind wie technologische Systeme und dass es entscheidend ist, das Cockpit-Design, Checklisten und Trainingsprogramme an die Grenzen und Fähigkeiten des Menschen anzupassen.

In den 1970er Jahren gewann das Thema weiter an Bedeutung, als vermehrt Flugunfälle auf menschliche Fehler zurückgeführt wurden. In den Folgejahren entwickelte sich „Human Factors" zu einem interdisziplinären Forschungsfeld, das Psychologie, Ergonomie, Physiologie und Ingenieurwesen vereint. Heute sind Human Factors ein integraler Bestandteil der Luftfahrtsicherheit: Das Konzept beeinflusst Cockpit-Design, Crew Resource Management (CRM) und umfassende Schulungen, die Piloten darin unterstützen sollen, ihre physischen und kognitiven Fähigkeiten zu maximieren, Fehler zu minimieren und die Flugsicherheit zu erhöhen.

Lerninhalte im Bereich „Human Factors" bei großen Airlines wie der Lufthansa

Große Airlines wie die Lufthansa legen besonderen Wert auf den Bereich „Human Factors" in der Pilotenausbildung und -fortbildung. Human Factors-Schulungen zielen darauf ab, Piloten für die psychologischen, physischen und sozialen Aspekte der Luftfahrt zu sensibilisieren, da menschliche Fehler eine der häufigsten Unfallursachen darstellen. Der Fokus liegt auf der Stärkung des situativen Bewusstseins, der Kommunikationsfähigkeit, des Teamworks und der Fähigkeit, Stress und Müdigkeit zu bewältigen.

Inhalte und Häufigkeit des Trainings

Bei Airlines wie der Lufthansa durchlaufen Piloten regelmäßig Schulungen zu „Human Factors", die typischerweise in mehrjährigen Abständen als Auffrischung stattfinden, aber auch durch monatliche Simulatortrainings ergänzt werden. Im Mittelpunkt stehen mehrere wesentliche Lerninhalte:

1. **Crew Resource Management (CRM):** CRM ist ein Kernbestandteil der „Human Factors“-Schulung und wird jährlich trainiert. Hier lernen Piloten, wie sie effektiv mit dem gesamten Cockpit-Team und anderen Crewmitgliedern kommunizieren, klare Entscheidungen treffen und Konflikte konstruktiv lösen können. Die Fähigkeiten zur klaren Kommunikation und Problemlösung sind besonders wichtig, da ein starker Zusammenhalt und Teamwork entscheidend für die Sicherheit im Cockpit sind.
2. **Stress- und Fatigue-Management:** Die Bewältigung von Stress und Müdigkeit ist ein weiterer wichtiger Bestandteil der Schulung. Piloten lernen Techniken zur Stressbewältigung und Achtsamkeit, die ihnen helfen, auch in kritischen Situationen ruhig zu bleiben und klare Entscheidungen zu treffen. Da Müdigkeit die Konzentrations- und Entscheidungsfähigkeit beeinträchtigt, lernen Piloten zudem Strategien, um Warnzeichen für Müdigkeit zu erkennen und ihre Belastung über lange Flugzeiten hinweg zu managen.
3. **Fehlermanagement und Selbstreflexion:** Piloten trainieren, ihre eigenen Fehler zu analysieren und daraus zu lernen. In diesen Einheiten reflektieren sie über vergangene Situationen, in denen Fehler aufgetreten sind, und lernen, wie sie in ähnlichen Fällen besser reagieren können. Hierzu gehört auch die Fähigkeit zur Selbstreflexion und zum Lernen aus den Erfahrungen anderer, etwa durch das Studium realer Zwischenfälle.
4. **Simulator-Training und Szenario-basiertes Lernen:** Monatlich trainieren Piloten typische und außergewöhnliche Szenarien im Flugsimulator. Das Simulatortraining wird auf der Grundlage realer Ereignisse gestaltet und deckt unerwartete Situationen ab, etwa plötzliche Wetterumschwünge oder technische Ausfälle. Diese Simulationen stärken das situative Bewusstsein und fördern schnelle, überlegte Reaktionen.

Weitere Human Factors in der gewerblichen Luftfahrt

Neben den Piloten sind in der gewerblichen Luftfahrt auch andere Crewmitglieder und Bodenpersonal wesentliche Human Factors. **Flugbegleiter** spielen eine entscheidende Rolle im Notfallmanagement und in der Betreuung der Passagiere. Sie werden ebenfalls in Human Factors wie CRM und Stressbewältigung geschult. Auch das **Bodenpersonal** – darunter das Wartungsteam, Fluglotsen und Flugplaner – beeinflusst die Sicherheit direkt. Koordinationsfehler zwischen Cockpit und Bodenpersonal können zu Missverständnissen und potenziellen Sicherheitsrisiken führen. Daher ist die Schulung aller Beteiligten in sicherheitsrelevanter Kommunikation und klaren Prozeduren von entscheidender Bedeutung.

Human Factors-Schulungen, wie sie bei großen Airlines durchgeführt werden, legen den Grundstein für sichere und effiziente Flüge. Durch regelmäßiges

Gerade bei Flügen mit anderen Flugzeugen in Formation wie hier mit einem Motorsegler und einer Echo-Klasse ist CRM lebensrettend. Jeder trägt Verantwortung und hat seine im Vorfeld angestimmten Aufgaben und Verantwortungen. Disziplin und Kommunikation sind entscheidend. *(Foto: Rainer Krumm)*

CRM-Training, den Umgang mit Stress und Müdigkeit, Simulator-Trainings und Selbstreflexion fördern Airlines ein sicherheitsorientiertes Verhalten. Indem alle Beteiligten in den Aspekten der Human Factors geschult werden, schaffen sie eine Kultur, die auf Zusammenarbeit und Sicherheitsbewusstsein ausgelegt ist. Die Erfahrungen aus der kommerziellen Luftfahrt zeigen, dass kontinuierliches Training und Kommunikationstraining den menschlichen Faktor zu einer Stärke machen können, statt zu einem Sicherheitsrisiko zu werden.

Was ist Menschliches Leistungsvermögen?

Das **Menschliche Leistungsvermögen** beschreibt die physischen, kognitiven und emotionalen Fähigkeiten sowie die Grenzen des Menschen im Hinblick auf seine Leistungsfähigkeit und Belastbarkeit. Dazu gehören Aufmerksamkeit, Reaktionsgeschwindigkeit, Entscheidungsfähigkeit, körperliche Ausdauer und psychische Belastbarkeit. Diese Fähigkeiten sind entscheidend, um in verschiedenen Kontexten, insbesondere in sicherheitskritischen Bereichen wie der Luftfahrt, zuverlässige und sichere Entscheidungen treffen zu können.

Einsatzgebiete des Begriffs

Der Begriff „Menschliches Leistungsvermögen“ wird in zahlreichen sicherheitsrelevanten Branchen verwendet, beispielsweise in der Luftfahrt, Medizin, Industrie, dem Militär und der Schifffahrt. Diese Bereiche erfordern häufig, dass Fachkräfte auch unter anspruchsvollen und teils stressigen Bedingungen fehlerfrei arbeiten. Durch die Analyse und das Verständnis der menschlichen Leistungsgrenzen lassen sich Sicherheit und Effizienz steigern sowie Risiken durch Überlastung und Fehler minimieren.

Rolle in der allgemeinen Luftfahrt

In der Luftfahrt, insbesondere in der **allgemeinen Luftfahrt**, spielt das menschliche Leistungsvermögen eine zentrale Rolle, da Piloten ein hohes Maß an Konzentration, Situationsbewusstsein und Reaktionsfähigkeit aufrechterhalten müssen. Piloten, insbesondere im Cockpit kleinerer Maschinen, fliegen oft allein und müssen in der Lage sein, auch bei langen Flügen und herausfordernden Bedingungen wachsam und reaktionsschnell zu bleiben.

Das menschliche Leistungsvermögen kann durch verschiedene Faktoren beeinflusst werden:

1. **Physische Faktoren:** Müdigkeit, schlechte Ernährung, Dehydration und mangelnde körperliche Fitness können die Leistungsfähigkeit im Cockpit erheblich beeinträchtigen.
2. **Psychische Faktoren:** Stress, Angst und mentale Überforderung sind häufige psychische Herausforderungen, die das Urteilsvermögen trüben und die Konzentration beeinträchtigen können.
3. **Umweltfaktoren:** Höheneinflüsse, Druckunterschiede und Sauerstoffmangel, Temperaturveränderungen und lange Flugzeiten stellen zusätzliche Herausforderungen dar.

Bedeutung für Privatpiloten

Für **Privatpiloten** ist das Verständnis des menschlichen Leistungsvermögens besonders wichtig, da sie oft ohne die Unterstützung eines Copiloten oder einer umfassenden Cockpit-Crew agieren. Privatpiloten haben möglicherweise auch weniger Flugstunden oder geringere Trainingsintervalle als Berufspiloten und benötigen daher ein hohes Bewusstsein für ihre eigenen Leistungsgrenzen. Einige Gründe, warum das menschliche Leistungsvermögen für Privatpiloten eine zentrale Rolle spielt:

- **Sicheres Fliegen:** Um Risiken zu minimieren, müssen Privatpiloten ihre Grenzen kennen und vor jedem Flug ehrlich einschätzen, ob sie physisch und mental fit genug sind, um sicher zu fliegen.
- **Entscheidungsfindung:** Ein hohes Leistungsvermögen hilft Privatpiloten, in unvorhersehbaren Situationen (z. B. plötzlicher Wetterumschwung, technische Probleme) ruhig zu bleiben und fundierte Entscheidungen zu treffen.
- **Fehlerminimierung:** Die Kenntnis und das Training des eigenen Leistungsver-

mögens reduzieren das Risiko menschlicher Fehler, die in der Luftfahrt häufig gravierende Konsequenzen haben können.
- **Gesundheitsprävention:** Privatpiloten können durch das Erkennen der physischen und psychischen Einflüsse auf ihr Leistungsvermögen Überlastung vermeiden und ihre Gesundheit langfristig schützen.

Das menschliche Leistungsvermögen ist ein zentraler Faktor für die Flugsicherheit und beeinflusst die Fähigkeit eines Piloten, sicher und verantwortungsvoll zu fliegen. Für Privatpiloten ist es daher wichtig, sowohl ihre eigenen Grenzen zu kennen als auch Strategien zur Steigerung ihrer physischen und mentalen Fitness zu entwickeln.

Die Fliegerärztliche Untersuchung für Privatpiloten: Was wird gecheckt?

Die fliegerärztliche Untersuchung, auch als **Medical** bezeichnet, ist für Privatpiloten unerlässlich, um sicherzustellen, dass sie die körperlichen und mentalen Voraussetzungen für das Fliegen erfüllen. Diese Untersuchung wird regelmäßig wiederholt und umfasst eine Vielzahl an medizinischen Aspekten, die für die Sicherheit im Cockpit entscheidend sind. Ein gutes gesundheitliches Fundament ist ein wesentlicher Faktor für das **Menschliche Leistungsvermögen** und gehört zum Thema **Human Factors**. Durch das Medical wird gewährleistet, dass der Pilot seine Fähigkeiten stets optimal einsetzen kann und dass keine gesundheitlichen Einschränkungen vorliegen, die während des Flugs zu gefährlichen Situationen führen könnten.

Im Rahmen des **Medical** wird eine umfassende Überprüfung des physischen und psychischen Gesundheitszustands vorgenommen. Die Untersuchung erfolgt durch zertifizierte Fliegerärzte und beinhaltet eine Reihe spezifischer Tests und Checks, um sicherzustellen, dass Piloten die notwendigen Standards erfüllen.

Arten von Medicals und ihre Bedeutung für die Flugsicherheit

Um die Rechte aus einer Fliegerlizenz auszuüben, ist ein gültiges Tauglichkeitszeugnis, auch Medical genannt, erforderlich. Dieses dokumentiert die medizinische Flugtauglichkeit eines Piloten und stellt sicher, dass er oder sie physisch und psychisch den Anforderungen des Fliegens gewachsen ist. Die Anforderungen variieren je nach Lizenztyp und Flugdisziplin, was die Sicherheit und den Schutz aller Beteiligten – sowohl im Cockpit als auch am Boden – erhöht.

Die verschiedenen Medical-Klassen sind in der EU-Richtlinie 1178/2011 Teil MED geregelt, die die gesetzlichen Vorschriften und Grenzwerte festlegt. Folgende Arten von Medicals werden unterschieden, wobei jede Klasse spezifische Anforderungen und unterschiedliche Gültigkeitszeiträume hat:

1. **Klasse 1:** Erforderlich für kommerzielle Pilotenlizenzen (CPL und ATPL)
2. **Klasse 2:** Erforderlich für Privatpilotenlizenzen (PPL)
3. **LAPL (Light Aircraft Pilot Licence)** Medical: Erforderlich für Lizenzen wie SPL (Segelflug) und LAPL(A) für Leichtflugzeuge sowie für Luftsportgeräteführer wie Ultraleichtpiloten.

Gültigkeitszeiträume und Altersregelungen

Die Tauglichkeitszeugnisse haben unterschiedliche Gültigkeitsdauern, die je nach Altersgruppe und Medical-Klasse variieren. Mit zunehmendem Alter verringern sich die Gültigkeitszeiträume, um den erhöhten gesundheitlichen Risiken Rechnung zu tragen, die altersbedingt häufiger auftreten können:

- **Klasse 2 Medical:**
  - Bis zum vollendeten 40. Lebensjahr: gültig für 60 Monate
  - Bis zum vollendeten 50. Lebensjahr: gültig für 24 Monate
  - Nach dem 50. Lebensjahr: gültig für 12 Monate
- **LAPL Medical:**
  - Bis zum vollendeten 40. Lebensjahr: gültig für 60 Monate
  - Nach dem 40. Lebensjahr: gültig für 24 Monate

Warum unterschiedliche Medicals für verschiedene Flugdisziplinen?

Die Anforderungen an die medizinische Tauglichkeit unterscheiden sich, weil die Risiken und Belastungen in verschiedenen Flugdisziplinen unterschiedlich hoch sind. Ein kommerzieller Pilot, der im Linienverkehr tätig ist, muss strengere Anforderungen erfüllen als ein Hobbyflieger. Die FAA stellt sicher, dass Piloten in Bereichen mit höherem Risikopotential, wie der kommerziellen Fliegerei, nicht nur strenger kontrolliert werden, sondern auch regelmäßiger medizinisch überprüft werden.

Für Privatpiloten (PPL) ist ein Medical der Klasse 2 erforderlich, das auch für Flüge außerhalb der EASA-Staaten gültig ist. Diese Piloten müssen sicherstellen, dass ihre Gesundheit auch langfristige oder plötzliche Belastungen standhält, weshalb regelmäßige Kontrollen unumgänglich sind. Für LAPL-Piloten, wie Segelflieger und Ultraleichtpiloten, reicht das LAPL-Medical aus. Dieses hat weniger strenge Anforderungen, da die Risiken hier durch die geringere Flughöhe und Fluggeschwindigkeit geringer sind.

Der Einfluss des Alters auf die Häufigkeit der Untersuchungen

Mit zunehmendem Alter steigt das Risiko für altersbedingte Erkrankungen, wie

Herz-Kreislauf-Probleme, verminderte Sehkraft oder Hörverlust. Dies kann die Fähigkeit zur schnellen Reaktion und Entscheidungsfindung, die im Flugbetrieb erforderlich sind, beeinträchtigen. Ältere Piloten müssen daher häufiger medizinische Untersuchungen durchlaufen, um sicherzustellen, dass sie weiterhin den gesundheitlichen Anforderungen entsprechen und keine Risiken für sich und andere darstellen. Diese Untersuchungen überprüfen regelmäßig, ob Alterserscheinungen wie Sehschwächen, vermindertes Hörvermögen oder Reaktionsverzögerungen den sicheren Flugbetrieb beeinflussen könnten.
Folgende Aspekte werden dabei Medicals u. a. gecheckt:

Medizinische Checkliste für Privatpiloten:

1. **Allgemeiner Gesundheitszustand**
   - Körperliche Grunduntersuchung, die den allgemeinen Fitness- und Gesundheitszustand des Piloten bewertet.
   - Abfrage von Vorerkrankungen, Medikamenteneinnahme und gesundheitlichen Beeinträchtigungen.
2. **Kardiovaskuläre Gesundheit (Herz-Kreislauf-System)**
   - Messung des Blutdrucks und des Pulses.
   - Untersuchung des Herzrhythmus und der Funktionstüchtigkeit des Kreislaufs.
   - In bestimmten Fällen, je nach Alter und Gesundheitsgeschichte, kann ein EKG (Elektrokardiogramm) oder Belastungs-EKG verlangt werden.
3. **Lungenfunktion und Atmung**
   - Untersuchung der Lungenfunktion und Atmung.
   - Prüfung auf Atemwegserkrankungen wie Asthma oder COPD (chronisch obstruktive Lungenerkrankung), die während des Flugs zu Sauerstoffproblemen führen könnten.
4. **Sehvermögen**
   - Sehschärfeprüfung für Nah- und Fernsicht.
   - Überprüfung auf Farbtüchtigkeit (Farbsehtest), da eine korrekte Farbwahrnehmung für die Instrumentenablesung und Signallichter notwendig ist.
   - Prüfung des Gesichtsfelds und der Fähigkeit, bewegende Objekte klar zu erkennen.
5. **Gehör und Gleichgewicht**
   - Hörtest zur Sicherstellung, dass Piloten Funksprüche und Warnsignale klar wahrnehmen können.
   - Gleichgewichtstest, da Gleichgewichtsprobleme ein Anzeichen für potenzielle Schwierigkeiten beim Steuern des Flugzeugs darstellen können.
6. **Neurologische Untersuchung**
   - Überprüfung auf Anzeichen neurologischer Störungen, etwa Reflexe und Koordination.

  - Kontrolle des allgemeinen Nervensystems, um sicherzustellen, dass keine Krankheiten wie Epilepsie vorliegen.

7. **Psyche und kognitive Fähigkeiten**
  - Untersuchung des allgemeinen psychischen Zustands, etwa auf Anzeichen von Depressionen, Ängsten oder anderen psychischen Störungen.
  - Überprüfung der kognitiven Fähigkeiten, wie Konzentration und Aufmerksamkeit, da diese essenziell für das Situationsbewusstsein und die Reaktionsfähigkeit im Cockpit sind.
8. **Laboruntersuchungen**
  - Bluttests zur Überprüfung des allgemeinen Gesundheitszustands, falls nötig.
  - Urintest zur Feststellung bestimmter Krankheiten und Überprüfung auf Medikamenteneinnahme, falls dies im Zusammenhang mit der Sicherheit relevant sein könnte.
9. **Überprüfung auf Alkohol- und Medikamentenmissbrauch**
  - Screening auf potenziellen Alkohol- oder Drogenmissbrauch.
  - Kontrolle, ob Medikamente eingenommen werden, die die fliegerische Leistung beeinträchtigen könnten.

Die Rolle von körperlicher Fitness und Gesundheitszustand in Human Factors

Die körperliche Fitness und der allgemeine Gesundheitszustand sind fundamentale Komponenten im Bereich **Human Factors** und spielen eine zentrale Rolle für das menschliche Leistungsvermögen im Cockpit. Gute Gesundheit und Fitness ermöglichen dem Piloten, auch in anspruchsvollen Situationen ruhig und leistungsfähig zu bleiben, schnelle Entscheidungen zu treffen und die Konzentration über längere Zeiträume aufrechtzuerhalten.

1. **Konzentration und Aufmerksamkeit**
   Ein gesunder und fitter Körper stellt die Versorgung des Gehirns mit Sauerstoff sicher und trägt zur Aufrechterhaltung der Konzentration bei. Müdigkeit, Übergewicht oder kardiovaskuläre Probleme können die Aufmerksamkeit beeinträchtigen, was zu Fehlentscheidungen führen kann.
2. **Stressresistenz und Reaktionsfähigkeit**
   Eine gute physische Verfassung wirkt sich direkt auf die Stressbewältigung aus. Körperliche Fitness reduziert das Risiko von stressbedingten Fehlern und hilft dem Piloten, in kritischen Momenten ruhig und fokussiert zu bleiben. Ein stabiler Kreislauf und eine gute Atmungsfähigkeit sind essenziell, um auch bei plötzlichen Herausforderungen schnell zu reagieren.
3. **Psychische Belastbarkeit**
   Ein stabiler Gesundheitszustand unterstützt auch die mentale Stärke. Psychi-

sche Probleme oder unbehandelte gesundheitliche Einschränkungen können das Selbstvertrauen und die Entscheidungssicherheit beeinträchtigen, was das Unfallrisiko im Cockpit erhöht. Ein bewusster Umgang mit der eigenen Gesundheit trägt dazu bei, psychischen Belastungen standzuhalten und stressfreie Entscheidungen zu treffen.

4. **Situationsbewusstsein und Wahrnehmung**
   Die physische und psychische Gesundheit beeinflussen das Situationsbewusstsein eines Piloten. Seh- und Hörprobleme oder Gleichgewichtsstörungen können die Wahrnehmung und das Reaktionsvermögen reduzieren, was die Sicherheit im Flug beeinträchtigen kann. Ein gutes Situationsbewusstsein setzt voraus, dass der Pilot all seine Sinne uneingeschränkt nutzen kann, um die Umgebung und potenzielle Risiken frühzeitig zu erkennen.

Die regelmäßige fliegerärztliche Untersuchung stellt sicher, dass der Pilot in der Lage ist, den Herausforderungen des Fliegens gewachsen zu sein und die besten Entscheidungen zu treffen – für sich selbst und für alle, die vom sicheren Flug abhängig sind.

Bedeutung der medizinischen Tauglichkeit im Kontext von Human Factors

Die körperliche Fitness und der Gesundheitszustand sind zentrale Elemente im Bereich der **Human Factors**. Sie stellen sicher, dass Piloten ihr volles Leistungspotential ausschöpfen können und keine Einschränkungen auftreten, die die Flugsicherheit gefährden könnten. Besonders bei Stresssituationen oder länger andauernden Flügen sind ein stabiler Kreislauf, eine gute Sauerstoffversorgung und ein klares Situationsbewusstsein entscheidend. Eine regelmäßige Überprüfung hilft Piloten dabei, sich ihrer physischen und mentalen Grenzen bewusst zu sein und ihre Fähigkeiten realistisch einzuschätzen.

Zusammengefasst zeigt sich, dass die medizinische Flugtauglichkeit und die spezifischen Anforderungen in verschiedenen Flugdisziplinen dazu beitragen, die Risiken für Piloten und die allgemeine Flugsicherheit zu reduzieren. Die erhöhten Untersuchungsfrequenzen im Alter sind dabei ein entscheidender Schutzmechanismus, um auch mit zunehmendem Alter sicher fliegen zu können.

Menschliches Leistungsvermögen in der Privatfliegerei: Körperliche Aspekte und ihre Bedeutung

Das menschliche Leistungsvermögen in der Luftfahrt hängt maßgeblich von der körperlichen und mentalen Fitness ab. Für Privatpiloten sind diese Faktoren besonders entscheidend, da sie oft allein fliegen und auf ihre physischen und kognitiven Fähigkeiten angewiesen sind, um sichere Entscheidungen zu treffen. Im folgenden Kapitel wird detailliert auf die medizinischen Anforderungen an Piloten eingegangen und die Untersuchungsergebnisse erläutert, wie sie in augenärztlichen und HNO-ärztlichen Untersuchungen zusammengefasst sind. Diese Untersuchungen umfassen unter anderem die Bereiche Atmung und Kreislauf, Gleichgewichtssinn und Lageempfindung sowie Sehkraft und sind grundlegende Voraussetzungen für das sichere Fliegen.

Atmung, Kreislauf und Sauerstoffversorgung

Der Kreislauf und die Atmung sind für die Sauerstoffversorgung des Körpers und insbesondere des Gehirns verantwortlich. In Höhenlagen nimmt der Sauerstoffgehalt in der Luft ab, und der Körper muss mehr arbeiten, um Sauerstoff in die Zellen zu transportieren. Bereits ab einer Höhe von etwa 3000 Metern kann es zu ersten Anzeichen von Hypoxie (Sauerstoffmangel) kommen, was die Reaktionsgeschwindigkeit und das Entscheidungsvermögen erheblich beeinträchtigen kann. Hypoxie führt zu Symptomen wie Schwindel, Müdigkeit und Konzentrationsstörungen. Für Privatpiloten ist es daher essenziell, mögliche Anzeichen frühzeitig zu erkennen und Maßnahmen wie eine Höhenanpassung oder, bei Flügen in größeren Höhen, den Einsatz von Sauerstoffgeräten zu nutzen.
Hypoxie bezeichnet den Zustand des Sauerstoffmangels im Körper und ist eine ernsthafte Gefahr für Piloten, da sie schleichend auftritt und die kognitiven Fähigkeiten sowie das physische Leistungsvermögen erheblich beeinträchtigt. Sie tritt auf, wenn der Körper in Höhenlagen weniger Sauerstoff erhält, da die Sauerstoffkonzentration in der Atmosphäre mit steigender Höhe abnimmt. Besonders für Privatpiloten, die oft in Höhen bis 3.000 Metern fliegen, ist das Verständnis von Hypoxie und ihren Symptomen wichtig, um frühzeitig reagieren zu können.

Subjektive und objektive Anzeichen von Hypoxie

- Subjektive Anzeichen:
  - Schläfrigkeit, Müdigkeit, Konzentrationsschwierigkeiten
  - Kopfschmerzen, Schwindel und Übelkeit
  - Euphorie oder unangebrachte Gelassenheit
  - Taubheitsgefühl in Fingern und Lippen, Atemnot
- Objektive Anzeichen:
  - Blaue Lippen oder Finger (Zyanose)
  - Unregelmäßiger Atem und erhöhter Puls
  - Verzögerte Reaktionszeiten und gestörte Bewegungskoordination
  - Sprachstörungen und unklare Kommunikation

Veränderung der Hypoxiegefahr in Relation zur Flughöhe

Mit zunehmender Flughöhe nimmt die Verfügbarkeit von Sauerstoff in der Atemluft ab. Dies wirkt sich wie folgt aus:

Flughöhe (ca. Meter)	Flughöhe (ca. Fuß)	Sauerstoff-sättigung (%)	Symptome und Gefahren
0	0	98–100	Normale Sauerstoffversorgung, keine Symptome
1500	5000	95–97	Geringer Leistungsabfall, kaum Symptome
2500	8000	90–94	Leichte Müdigkeit, beginnende Konzentrationsprobleme
3000	10.000	85–90	Müdigkeit, leichte Schwindelgefühle, nachlassende Entscheidungsfähigkeit
4000	13.000	75–80	Zunehmende Verwirrtheit, Kopfschmerzen, Sprachprobleme
5500	18.000	< 70	Starke Hypoxie, schwere motorische und kognitive Störungen, Bewusstlosigkeit möglich

Vorbeugende Maßnahmen für Privatpiloten

- **Bewusste Selbstbeobachtung:** Frühzeitige Wahrnehmung der Symptome von Hypoxie und die Fähigkeit, die eigene Sauerstoffversorgung realistisch einzuschätzen.
- **Zusätzlicher Sauerstoff:** In Höhen ab 3000 Metern empfiehlt sich die Nutzung von Sauerstoffgeräten, um die Leistungsfähigkeit und Sicherheit zu erhalten.
- **Flughöhenlimit einhalten:** Ohne Sauerstoffgeräte sollte man, falls möglich, unterhalb von 3000 Metern bleiben, da hier die Hypoxie-Gefahr gering ist.

Je nach Wohnort ist der Aspekt der Höhenkrankheit bzw. der Hypotoxie natürlich unterschiedlich. So sind Personen, die an der Nordsee wohnen (also quasi fast auf Meereshöhe) anders akklimatisiert, als jemand der im Allgäu wohnt und regelmäßig auf den Bergen wandert oder Ski fährt.

Hypoxie ist also nicht nur ein physiologisches, sondern auch ein psychologisches Risiko, da sie oft mit einer falschen Wahrnehmung der eigenen Fähigkeiten einhergeht. Daher ist das Wissen um die Höhenabhängigkeit der Sauerstoffversorgung ein wesentliches Sicherheitsprinzip in der Privatfliegerei.

Regelmäßige sportliche Aktivität verbessert den Kreislauf und die Lungenkapazität, was die Sauerstoffversorgung optimiert und somit auch die Reaktionszeit und das Konzentrationsvermögen im Cockpit erhöht. Untersuchungen zeigen, dass körperlich fitte Piloten bis zu 30 % bessere Sauerstoffsättigungswerte erreichen, was ihnen in herausfordernden Situationen Vorteile verschafft.

Wenn die Luft dünn wird – Ein Gespräch über Hypoxie und Höhenanpassung

In der Welt der Fliegerei ist Hypoxie – der Sauerstoffmangel – eine der heimtückischsten Gefahren. Schleichend und oft unbemerkt reduziert sie die kognitive Leistungsfähigkeit und kann zu fatalen Fehlentscheidungen führen. Um die physiologischen Mechanismen des Sauerstoffmangels besser zu verstehen, suchte ich das Gespräch mit jemandem, der sich beruflich mit extremen Höhen auseinandersetzt: Thomas Lämmle, Sportwissenschaftler, Extrembergsteiger und einer der wenigen Menschen, die den Mount Everest ohne zusätzlichen Sauerstoff bezwungen haben. Er hat 11 Achttausender bezwungen.

Höhenbergsteiger und Sportwissenschaftler Thomas Lämmle, der auch passionierter Gleitschirmflieger war, im Gespräch mit Autor Rainer Krumm.
(Foto: Alexander Rottmaier)

Die Grenzen des menschlichen Körpers

Lämmle macht mir deutlich, dass Sauerstoffmangel keineswegs erst am Everest beginnt. Bereits ab 2500 Metern Höhe zeigen sich erste physiologische Veränderungen. Der Körper muss lernen, mit weniger Sauerstoff auszukommen – genau wie Piloten in nicht druckbelüfteten Cockpits oder bei einem Druckabfall.

Diese Parallele zwischen Höhenbergsteigen und der Fliegerei ist kein Zufall. Beide Bereiche konfrontieren den Menschen mit einer lebensfeindlichen Umgebung, in der jeder Atemzug überlebenswichtig wird. Lämmle erzählt von seinen Expeditionen, bei denen er als Bergführer Bergsteiger bei deren ersten Kilimanjaro-Aufstiegen begleitete und ihnen die physiologischen Prozesse der Höhenanpassung erklärte.

Eine revolutionäre Atemtechnik

Das Besondere an Lämmles Arbeit ist jedoch seine selbst entwickelte Atemtechnik, die er über Jahre hinweg erforscht und perfektioniert hat. Das Geheimnis liegt im kontrollierten Ausatmen, wie er mir erläutert. Indem beim Ausatmen ein größerer Druck in der Lunge erzeugt wird, kann der Körper deutlich mehr Kohlendioxid abatmen und gleichzeitig mehr Sauerstoff aufnehmen. Die Kunst liegt im druckhaften Ausatmen, denn dadurch wird die verbrauchte Luft herausgepresst und es entsteht Raum für neuen Sauerstoff. In der Höhe ist der Sauerstoffgehalt eben geringer – dadurch ist diese Technik umso wichtiger. Dabei simuliert er die erste Silbe von „Sch…“.

Die Wirkung dieser Technik ist messbar: Mit einem Sauerstoffsättigungsmessgerät demonstriert Lämmle, wie sich die Blutsauerstoffwerte durch die spezielle Atmung erheblich verbessern. Die Sauerstoffsättigung steigt beträchtlich an – das ist der Unterschied zwischen Leistungsfähigkeit und Erschöpfung in extremer Höhe.

Anwendung für die Luftfahrt

Für die Luftfahrt sind Lämmles Erkenntnisse hochrelevant. Seine Atemtechnik, mit der er Mount Everest, Makalu und Lhotse ohne zusätzlichen Sauerstoff bestieg, könnte Piloten helfen, bei Sauerstoffmangel-Situationen die entscheidenden Minuten zu gewinnen. Während technische Systeme ausfallen können, ist die richtige Atemtechnik immer verfügbar. Diese gilt es aber zuvor am Boden zu testen.

Lämmle betont zum Abschluss unseres Gesprächs, dass der Körper über erstaunliche Anpassungsmechanismen verfügt. Wir müssen nur lernen, sie richtig zu nutzen. In einer Welt, in der menschliche Faktoren über Leben und Tod entscheiden können, sind solche Techniken mehr als nur interessante Forschungsergebnisse – sie sind überlebenswichtige Fähigkeiten.

Das Fazit aus diesem Gespräch ist klar: Das Verständnis physiologischer Grenzen und die Beherrschung kompensatorischer Techniken sind essentiell für sicherheitskritische Bereiche. Lämmles Atemtechnik zeigt, dass der Mensch auch unter extremsten Bedingungen durch richtiges Training und Vorbereitung seine Leistungsfähigkeit erhalten kann.

Lageempfindung und Funktion des Gleichgewichtssinns

Der Gleichgewichtssinn, der hauptsächlich im Innenohr lokalisiert ist, hilft uns, die räumliche Lage unseres Körpers wahrzunehmen und Bewegungen zu koordinieren. In der Luftfahrt spielt der Gleichgewichtssinn eine zentrale Rolle, da Piloten oft auf ihr körperliches Empfinden angewiesen sind, um Fluglageveränderungen schnell zu erkennen. Besonders bei schlechten Sichtverhältnissen oder Nachtflügen kann der Gleichgewichtssinn irreführend wirken und Sinnestäuschungen verursachen. Beispiele für solche Illusionen sind der „Graveyard Spin" oder die „Coriolis-Illusion", bei der Piloten das Gefühl haben, sich in eine Richtung zu neigen, obwohl sie gerade fliegen.

Graveyard Spin und Coriolis-Illusion in der Privatfliegerei

Beide Begriffe beziehen sich auf Sinnestäuschungen, die Piloten aufgrund der Funktionsweise des menschlichen Gleichgewichtssinns und der Wahrnehmung erleben können. Sie sind besonders gefährlich, da sie oft in schlechten Sichtverhältnissen oder bei Instrumentenflugbedingungen auftreten und ohne Gegenmaßnahmen fatale Folgen haben können.

Graveyard Spin

- **Definition:** Eine *Graveyard Spin* tritt auf, wenn ein Pilot aus einer stabilisierten Drehbewegung (z. B. einer langen, unbemerkten Kurve) in den Geradeausflug übergeht. Der Gleichgewichtssinn interpretiert die fehlende Drehbeschleunigung fälschlicherweise als eine Drehung in die entgegengesetzte Richtung. Um dies zu korrigieren, neigt der Pilot das Flugzeug unbewusst wieder in die ursprüngliche Kurve, wodurch die Drehung erneut beginnt.
- **Gefahren:**
  - Die falsche Wahrnehmung führt dazu, dass der Pilot die Kurve wieder aufnimmt, obwohl er denkt, geradeaus zu fliegen.
  - Ohne eine visuelle Referenz oder die korrekte Interpretation der Instrumente kann diese Illusion schnell zu einem unbeabsichtigten Kontrollverlust führen.
- **Relevanz für die Privatfliegerei:**
  - Besonders gefährlich bei Nacht oder in Wolken, wenn keine sichtbaren Horizonte als Referenz vorhanden sind.
  - Das Vertrauen in die Instrumente (z. B. den künstlichen Horizont) ist entscheidend, um die Illusion zu erkennen und zu überwinden.

Coriolis-Illusion

- **Definition:** Die *Coriolis-Illusion* tritt auf, wenn ein Pilot den Kopf während einer Drehung schnell bewegt. Diese plötzliche Bewegung aktiviert die Bogengänge im Innenohr und erzeugt das Gefühl, dass das Flugzeug in eine andere Richtung kippt, dreht oder abtaucht, obwohl es sich in einer stabilen Lage befindet.
- **Gefahren:**
  - Der Pilot versucht, diese falsche Wahrnehmung zu korrigieren, indem er unabsichtlich Steuerbewegungen ausführt, die zu einem gefährlichen Flugzustand führen können.
  - Die Illusion wird oft durch schnelle Kopfbewegungen ausgelöst, etwa beim Wechsel der Blickrichtung zwischen Instrumenten und Außenwelt.

- **Relevanz für die Privatfliegerei:**
  - Besonders riskant in Instrumentenflugbedingungen (IMC), wenn Piloten auf die Instrumente schauen und plötzlich nach außen oder zu einem anderen Teil des Cockpits blicken.
  - Um die Illusion zu vermeiden, sollte der Kopf möglichst ruhig gehalten und schnelle Bewegungen vermieden werden.

Um solche Täuschungen zu minimieren, ist das Training der räumlichen Wahrnehmung sowie die regelmäßige HNO-Untersuchung des Gleichgewichtssinns essenziell. Ein guter Gleichgewichtssinn, den Piloten durch Übungen stärken können, reduziert die Gefahr, von solchen Illusionen abgelenkt zu werden. Zudem kann regelmäßiges Flugtraining helfen, sich auf die Instrumente im Cockpit zu verlassen und weniger auf subjektive Empfindungen.

Sehvermögen: Sehen, Erkennen und Reagieren

Das Sehvermögen ist für Piloten entscheidend, da das Auge die Hauptinformationsquelle im Cockpit ist. Untersuchungen umfassen Sehschärfe, Farbsehen und Gesichtsfeld. Eine Sehschärfe von 100 % ist essenziell, da schon leichte Abweichungen das Erkennen von Hindernissen oder Instrumenten erschweren können. Ebenso wichtig ist das Farbsehen, um Signalleuchten und Markierungen korrekt zu identifizieren. Im augenärztlichen Bericht werden u. a. Sehschärfe und Farberkennung dokumentiert.

Statistisch gesehen sinkt die Reaktionsgeschwindigkeit des Auges ab einem Alter von etwa 40 Jahren, was zu einer Verlangsamung der Reaktionsfähigkeit um bis zu 20 % führen kann. Dies ist ein wesentlicher Grund, warum regelmäßige augenärztliche Untersuchungen im Rahmen des Medicals vorgeschrieben sind, um sicherzustellen, dass die optische Leistungsfähigkeit erhalten bleibt. Privatpiloten können von einem Training der Augenmuskulatur profitieren, um die Reaktionsgeschwindigkeit zu verbessern und die Augen für wechselnde Lichtverhältnisse und Entfernungen zu schulen.

Gesundheit und Wohlbefinden: Auswirkungen von Krankheit, Medikamenten und Genussmitteln

Der allgemeine Gesundheitszustand und das Wohlbefinden eines Piloten sind ebenfalls ausschlaggebend für die Sicherheit im Flug. Krankheiten wie Grippe oder Erkältungen können die Konzentration und die Fähigkeit zur Reaktion beeinträchtigen. Medikamente, die zur Behandlung dieser Krankheiten eingenommen werden, können Nebenwirkungen wie Müdigkeit oder Schwindel auslösen und so die Flugfähigkeit einschränken.

Alkohol und Nikotin wirken sich ebenfalls negativ auf die Leistungsfähigkeit aus. Alkoholabbau benötigt je nach Menge bis zu 24 Stunden, und auch dann sind die kognitiven Fähigkeiten und die Reaktionsgeschwindigkeit meist noch eingeschränkt. Rauchen reduziert die Sauerstoffkapazität des Blutes, was in Kombination mit der dünneren Luft in höheren Fluglagen zu Hypoxie führen kann. Dies hat zur Folge, dass Raucher bereits in niedrigen Höhen Symptomen wie Konzentrationsverlust und Schwindel ausgesetzt sein können.

Bedeutung der körperlichen Fitness im Kontext von Human Factors

Ein guter Gesundheitszustand und die körperliche Fitness sind nicht nur Voraussetzungen für die medizinische Flugtauglichkeit, sondern tragen wesentlich zur Flugsicherheit bei. Die körperliche Leistungsfähigkeit beeinflusst maßgeblich, wie gut ein Pilot unter Stress reagieren und Entscheidungen treffen kann. Regelmäßige sportliche Betätigung, eine ausgewogene Ernährung und das Vermeiden von Genussmitteln wie Alkohol und Nikotin tragen zu einer stabilen Gesundheit und einem hohen Leistungsvermögen bei. Ein gesunder Lebensstil und regelmäßige medizinische Untersuchungen sind daher unverzichtbar für Privatpiloten, die sicher und verantwortungsbewusst fliegen möchten.

Einfluss von Fitness auf die Wahrnehmung, Reaktionsfähigkeit und Entscheidungsfindung

Körperliche und mentale Fitness beeinflussen entscheidend, wie gut Privatpiloten flugrelevante Informationen wahrnehmen, auf sie reagieren und Entscheidungen treffen können. In der Luftfahrt ist die Fähigkeit, auf komplexe Umgebungen zu reagieren und in unerwarteten Situationen richtige Entscheidungen zu treffen, besonders wichtig. **Körperliche Fitness** unterstützt dabei, die körperliche Belastung im Cockpit, wie etwa Ermüdung oder Beanspruchung durch G-Kräfte, besser zu bewältigen. Ein gesunder, fitter Körper trägt dazu bei, dass Piloten auch bei langen oder anstrengenden Flügen konzentriert und aufmerksam bleiben, was die Wahrnehmung schärft, und die Entscheidungsfindung erleichtert. **Mentale Fitness** wiederum ist entscheidend, um Stress und Drucksituationen zu bewältigen, ohne dass es zu Überlastungen oder Fehlentscheidungen kommt. Kognitive Fähigkeiten wie Konzentration, Aufmerksamkeit und Urteilsvermögen sind direkt mit der mentalen Verfassung eines Piloten verbunden.

Zusammenhänge und Einfluss auf die Dynamische Flugsicherheit

Wahrnehmung, Reaktionsfähigkeit und Entscheidungsfindung hängen eng miteinander zusammen und beeinflussen sich gegenseitig. **Wahrnehmung** ist die Fähigkeit, flugrelevante Informationen wie Instrumentenanzeigen, Wetterbedingungen und andere Luftfahrzeuge zu erfassen und korrekt zu interpretieren.

Eine hohe Konzentrationsfähigkeit unterstützt hierbei eine vollständige und genaue Wahrnehmung der Umgebung. Diese ist wiederum die Grundlage für **Reaktionsfähigkeit**: Ein Pilot, der Informationen klar wahrnimmt und versteht, kann schneller und präziser auf veränderte Bedingungen reagieren. Reaktionsschnelligkeit ist dabei oft entscheidend, wenn es um das Einleiten von Manövern in kritischen Situationen geht. Schließlich hängt eine gute **Entscheidungsfindung** von der Fähigkeit ab, die wahrgenommenen Informationen richtig zu verarbeiten und schnelle, fundierte Handlungen abzuleiten. Nur wenn Piloten physisch und mental fit sind, können sie die richtige Balance aus schnellen Reaktionen und reflektierter Entscheidungsfindung erreichen.

In der **dynamischen Flugsicherheit** spielt die enge Verzahnung dieser Fähigkeiten eine zentrale Rolle. Die dynamische Flugsicherheit bezieht sich auf die Fähigkeit eines Piloten, auch unter veränderlichen und potenziell gefährlichen Bedingungen im Cockpit schnell und sicher zu handeln. Ein körperlich und mental fitter Pilot ist in der Lage, seine Wahrnehmungs- und Entscheidungsfähigkeiten im Laufe eines Fluges konstant aufrechtzuerhalten. Dies reduziert das Risiko von Fehlentscheidungen, die durch Ermüdung, Stress oder mangelnde Fitness entstehen könnten. Für Privatpiloten, ist eine stabile Wahrnehmung, Reaktionsfähigkeit und Entscheidungsstärke daher entscheidend, um in dynamischen Situationen die Sicherheit von Flugzeug und Passagieren zu gewährleisten.

Das SHELL-Modell: Ursprung, Aussage und Anwendung in der Luftfahrt

Das **SHELL-Modell**, entwickelt von Elwyn Edwards und Frank Hawkins in den 1970er Jahren, ist ein zentrales Konzept der **Human Factors-Forschung** in der Luftfahrt. Es wurde ursprünglich entworfen, um die komplexen Interaktionen zwischen Menschen und seinen Arbeitsumgebungen in sicherheitskritischen Systemen wie der Luftfahrt zu analysieren. Der Name des Modells ist ein Akronym für die Schlüsselkomponenten, die die menschliche Leistungsfähigkeit und Sicherheit beeinflussen: **Software (S)**, **Hardware (H)**, **Environment (E)**, **Liveware (L)** und die **zentrale Liveware (L)** – der Mensch.

Ursprung und Entwicklung

- **Elwyn Edwards**, ein Pionier der Human Factors, begann in den 1960er Jahren mit der Erforschung der Schnittstellen zwischen Menschen und Technik. Er erkannte, dass menschliche Fehler oft nicht isoliert auftreten, sondern durch das Zusammenspiel von Systemen und Umgebungsfaktoren bedingt sind.
- **Frank Hawkins**, ein Luftfahrtexperte und Ingenieur, baute auf Edwards‘ Ar-

beit auf und entwickelte das SHELL-Modell weiter. Es wurde erstmals 1972 in einem ICAO-Bericht vorgestellt und gilt bis heute als Fundament der Sicherheitskultur in der kommerziellen Luftfahrt.

Die Aussage des SHELL-Modells

Das SHELL-Modell beschreibt die **Wechselwirkungen zwischen fünf Elementen**:

1. **Software (S)**: Verfahren, Checklisten, Regelwerke und Bedienungsanleitungen.
2. **Hardware (H)**: Physische Geräte wie Flugzeuge, Instrumente und Ausrüstung.
3. **Environment (E)**: Die Umgebung, in der der Mensch arbeitet, z. B. Wetter, Lärm, Beleuchtung oder Druckverhältnisse.
4. **Liveware (L)**: Andere Menschen, mit denen der zentrale Mensch interagiert (z. B. Crewmitglieder, Fluglotsen).
5. **Zentrale Liveware (L)**: Der Mensch selbst, mit all seinen kognitiven, physischen und emotionalen Eigenschaften.

Das Modell zeigt, dass **Sicherheit und Leistung** maßgeblich von der Qualität der Interaktionen zwischen diesen Elementen abhängen. Es verdeutlicht, dass Störungen oder Schwächen an einer Schnittstelle – z. B. ein schlecht gestaltetes Cockpitinstrument oder unklare Kommunikationsprozesse – die Wahrscheinlichkeit von Fehlern erhöhen.

Das SHELL-Modell im Video erklärt

Anwendung in der kommerziellen Luftfahrt

In der kommerziellen Luftfahrt wird das SHELL-Modell genutzt, um:

- **Schwachstellen zu identifizieren**: Zum Beispiel analysieren Flugunfalluntersuchungen oft die Interaktionen zwischen Mensch und Maschine (Liveware-Hardware-Schnittstelle).
- **Training zu verbessern**: Crew Resource Management (CRM) basiert auf den Prinzipien des Modells und schult Piloten in Kommunikation, Entscheidungsfindung und Teamarbeit.
- **Technologie zu gestalten**: Ergonomische Designs und intuitive Schnittstellen für Cockpits entstehen aus der Analyse von Mensch-Technik-Interaktionen.
- **Arbeitsumgebungen sicherer zu machen**: Der Einfluss von Stressoren wie Lärm oder Zeitdruck wird durch das Modell berücksichtigt.

Was Privatpiloten daraus lernen können

Für Privatpiloten bietet das SHELL-Modell wertvolle Einblicke in die **Grenzen des menschlichen Leistungsvermögens** und Möglichkeiten zur Verbesserung der Flugsicherheit:

- **Selbstreflexion**: Piloten sollten ihre eigenen Stärken und Schwächen erkennen

Jedes Flugzeug fliegt sich anders – daher ist das Vertrautmachen mit den Mustern extremst wichtig. *(Foto Rainer Krumm)*

(zentrale Liveware) und lernen, wie Stress, Müdigkeit oder emotionale Faktoren ihre Entscheidungen beeinflussen.

- **Checklisten und Verfahren (Software)**: Die korrekte Anwendung und regelmäßige Überprüfung von Prozeduren kann Fehler minimieren.
- **Technische Vertrautheit (Hardware)**: Ein tiefes Verständnis für die Bedienung und Limitierungen des Flugzeugs ist essenziell.
- **Umgang mit der Umgebung**: Piloten sollten die Wetterbedingungen und andere Umweltfaktoren stets in ihre Planung einbeziehen.
- **Kommunikation**: Auch im Privatflug sind klare und effektive Kommunikationsprozesse (z. B. mit Fluglotsen) entscheidend. Aber auch die klare Kommunikation mit Passagieren, wann diese bitte nicht einen Checkablauf stören sollten, oder nicht in Funk-Sprüche reinquatschen sollten, oder bei konzentrierten Landeanflügen ggf. einfach kurz ruhig sein mögen.Indem Privatpiloten das SHELL-Modell als Werkzeug nutzen, können sie potenzielle Gefahren frühzeitig erkennen, ihre Entscheidungsfindung verbessern und dadurch die Sicherheit ihrer Flüge erhöhen. Es erinnert daran, dass Flugsicherheit nicht allein vom Piloten abhängt, sondern von der harmonischen Abstimmung aller Elemente des Systems.

Selbsttest: Das SHELL-Modell in der privaten Fliegerei

Anleitung: Beantworte die folgenden Fragen ehrlich und ohne lange zu überlegen. Es gibt kein „richtig“ oder „falsch“ – dieser Test soll dir helfen, dein eigenes Verhalten und deine Umgebung als Pilotin und Pilot besser zu verstehen.

1. Software – Verfahren, Checklisten, Regelwerke

Wie oft überprüfst du deine Standard-Checklisten auf Aktualität oder persönliche Relevanz?

A) Regelmäßig, mindestens einmal im Quartal
B) Nur wenn sich etwas ändert oder ich darauf hingewiesen werde
C) Eigentlich nie – sie funktionieren doch
D) Ich verwende keine festen Checklisten

Offene Frage: Wann hast du zuletzt ein Verfahren oder eine Checkliste bewusst angepasst oder überarbeitet? Warum?

2. Hardware – Flugzeug, Instrumente, Ausstattung

Wie gut fühlst du dich mit dem Flugzeugtyp vertraut, den du am häufigsten fliegst?

A) Ich kenne jedes Detail, auch die technischen Limitationen
B) Ich kenne die wichtigsten Systeme und Abläufe
C) Ich fliege eher „nach Gefühl" – das klappt meistens
D) Ich fliege oft verschiedene Typen und verlasse mich auf Standardwissen

Offene Frage: Gab es in letzter Zeit eine Situation, in der du durch technische Unsicherheit ins Grübeln gekommen bist? Was hättest du im Nachhinein anders gemacht?

Wenn ein Pilot – wie hier 3 verschiedene Flugzeugtypen fliegt, davon ein Motorsegler und zwei Ultraleicht – dann ist das Kennen der Hardware essenziell, um sicher und souverän fliegen zu können. So kann es helfen, Cockpit-Fotos zuhause zu nutzen, um die Unterschiedlichkeit immer wieder in Erinnerung zu rufen. Gerade bei der Flugvorbereitung, wenn man ein Muster schon länger nicht mehr geflogen ist. *(Fotos Rainer Krumm)*

3. Environment – Umgebung, Wetter, Lärm, Licht

Wie gehst du mit unerwarteten Umweltbedingungen (z. B. plötzlich aufziehendes Wetter, Blendung, Turbulenz) um?

A) Ich habe immer einen Plan B und reagiere ruhig
B) Ich improvisiere situativ
C) Solche Dinge bringen mich schnell aus der Ruhe
D) Ich fliege nur bei besten Bedingungen – alles andere meide ich

Offene Frage: Wie beeinflusst die Umgebung (Wetter, Geräuschpegel, Hitze/Kälte) deine Konzentration beim Fliegen? Wie reagierst du darauf?

4. Liveware – Kommunikation mit anderen

Wie sicher fühlst du dich in der Kommunikation mit Fluglotsen oder anderen Piloten?

A) Sehr sicher – ich bleibe auch in Stresssituationen klar
B) Meistens gut, aber bei viel Verkehr werde ich nervös
C) Ich spreche ungern viel im Funk – das lenkt mich ab
D) Ich versuche, möglichst wenig zu funken

Offene Frage: Gab es schon einmal ein Missverständnis in der Kommunikation, das zu einer gefährlichen Situation geführt hat? Wie bist du damit umgegangen?

Aus der Praxis:

Vielfach haben Piloten den Eindruck, das gewisse Regeln „eh nichts bringen“, oder sie beispielsweise in TMZ ja eh noch nie angefunkt wurden. So zeigt aber dieses Bild extrem gut, wie relevant dies ist. Ein erfahrener Pilot wurde bei einem Flug in der TMZ von Friedrichshafen über Funk gebeten „Höhe und Kurs zu halten“. Regeln und Luftraumstrukturen sind extrem wichtig – auch bei kleinen lokalen Flügen. Verantwortungsübernahme und Selbstdisziplin sind die wichtigen Schlagwörter.

„Bitte Höhe und Kurs halten“
(Foto: Jakob Bosch)

5. Zentrale Liveware – Du selbst als Pilotin/Pilot

Wie oft reflektierst du nach dem Flug dein Verhalten im Cockpit (z. B. Entscheidungen, Fehler, Stimmung)?

A) Nach jedem Flug
B) Nur wenn etwas Außergewöhnliches passiert ist
C) Selten – wenn alles gut lief, sehe ich keinen Grund dazu
D) Eigentlich nie

Offene Frage: Welche persönlichen Faktoren (z. B. Müdigkeit, Stress, Ablenkung) könnten dein Verhalten im Cockpit beeinflussen – und wie gehst du damit um?

Abschluss-Reflexion

Was kannst du konkret tun, um als Privatpilotin/-pilot an mindestens einer der SHELL-Schnittstellen sicherer, bewusster oder reflektierter zu handeln?

Auswertung & Selbsteinschätzung

Zähle, wie oft du folgende Buchstaben bei den Multiple-Choice-Fragen angekreuzt hast und nutze die Skala zur Einschätzung:

A) Hohes Bewusstsein – Du reflektierst bereits gut und handelst sicherheitsorientiert.
B) Solides Grundverständnis – Mit gezielter Aufmerksamkeit kannst du deine Sicherheit weiter steigern.
C) Potenzielle Schwachstellen – Hier lohnt sich eine bewusste Auseinandersetzung.
D) Kritisch – Überprüfe, ob deine Vorgehensweise deine Sicherheit gefährdet.

Kapitel 3

Der Mensch als Leistungsträger im Cockpit

Das richtige Mindset in der Privatfliegerei – Der Schlüssel zur Flugsicherheit

In der Privatfliegerei hängt die Sicherheit nicht nur von technischen Fertigkeiten, Navigation oder Wetterkenntnissen ab – **das richtige Mindset** ist eine oft unterschätzte, aber essenzielle Komponente für sicheres und souveränes Fliegen. Es bestimmt, wie ein Pilot Risiken einschätzt, mit Fehlern umgeht und sich weiterentwickelt. Während das Thema „Mindset“ in vielen Bereichen populär ist, gibt es dazu viele Missverständnisse. Dieser Abschnitt beleuchtet, was ein gesundes Mindset für einen Piloten bedeutet, welche typischen Fehleinschätzungen es gibt und wie man aktiv daran arbeiten kann, um **sicherer und besser zu fliegen**.

1. Was bedeutet Mindset?

Der Begriff *Mindset* beschreibt die innere Haltung und Überzeugungen, die unser Denken und Handeln bestimmen. In der Fliegerei beeinflusst es alles – von der Entscheidung, ob ein geplanter Flug überhaupt angetreten werden sollte, über das Verhalten in kritischen Situationen bis hin zur Bereitschaft, aus Fehlern zu lernen.

Laut der Psychologin Carol Dweck gibt es zwei Hauptarten von Mindsets:

- **Fixed Mindset (statisches Mindset)**:
  - Piloten mit dieser Denkweise glauben, dass ihr Talent und ihre Fähigkeiten weitgehend festgelegt sind.
  - Sie vermeiden Fehler, weil sie Schwäche als Makel empfinden.
  - Kritik und Feedback werden oft abgeblockt.
  - Beispiel: *„Ich kann gut landen, also brauche ich keine weitere Schulung für Kurzpistenlandungen."*

- **Growth Mindset (dynamisches Mindset)**:
  - Piloten mit dieser Denkweise betrachten Lernen als fortlaufenden Prozess.
  - Fehler werden als Möglichkeit zur Verbesserung gesehen.
  - Feedback wird aktiv gesucht, um sich weiterzuentwickeln.
  - Beispiel: *„Meine letzten Landungen auf kurzen Pisten waren nicht optimal, also übe ich gezielt in schwierigen Bedingungen."*

Warum ist das wichtig?

Ein statisches Mindset kann dazu führen, dass ein Pilot sich selbst überschätzt, Sicherheitsmaßnahmen ignoriert oder Fehler wiederholt. Ein dynamisches Mindset hingegen fördert kontinuierliche Verbesserung und sorgt für bessere Entscheidungsfindung im Cockpit.

2. Häufige Missverständnisse über das Mindset in der Fliegerei

Obwohl „Mindset" ein wichtiger Faktor für die Sicherheit in der Luftfahrt ist, gibt es einige Missverständnisse:

1. **„Mindset bedeutet, sich gut zu fühlen oder einfach nur positiv zu denken."**
   - Falsch! Ein optimistisches Mindset ist wichtig, aber Fliegen erfordert auch realistische Einschätzung und Risikobewusstsein. Ein Pilot, der sich zu sicher fühlt, kann Gefahr laufen, Risiken zu unterschätzen.
2. **„Ein erfahrener Pilot hat automatisch ein gutes Mindset."**
   - Falsch! Erfahrung allein schützt nicht vor Fehleinschätzungen. Auch erfahrene Piloten können sich selbst überschätzen oder in gefährliche Routinen verfallen.
3. **„Ich brauche kein Mindset-Training – ich kann gut fliegen."**

Speziell beim Fliegen in den Bergen ist ein Growth Mindset extrem wichtig, um das Situationsbewusstsein und die Entscheidungsfindung stets neu zu durchlaufen *(Foto: Rainer Krumm)*

- Falsch! Gute Piloten reflektiren regelmäßig ihr Verhalten, holen sich Feedback ein und trainieren ihre Entscheidungsfindung aktiv.

3. Bedeutung des Mindsets für die Privatfliegerei

Das Mindset eines Piloten beeinflusst sein gesamtes Flugverhalten. Hier sind einige **konkrete Situationen**, in denen die Denkweise eines Piloten eine entscheidende Rolle spielt:

a) Sicherheitsbewusstsein vs. Selbstüberschätzung

Beispiel: Zwei Hobbyflieger planen einen Flug zu einem neuen Flugplatz in den Bergen.

- Pilot A sagt: *„Ich habe schon hunderte Flüge gemacht, das wird schon passen!"*
- Pilot B sagt: *„Ich habe wenig Erfahrung mit Berglandungen – ich werde mir vorher Tipps von erfahrenen Piloten holen."*

Pilot A hat ein *Fixed Mindset* – er glaubt, seine Erfahrung reicht aus und unterschätzt mögliche Herausforderungen.

Pilot B hat ein *Growth Mindset* – er reflektiert seine Grenzen und sucht nach Möglichkeiten, sich weiterzuentwickeln.

b) Entscheidungsfindung unter Druck

Beispiel: Ein Privatpilot bemerkt während eines Fluges, dass sich das Wetter verschlechtert.

- **Fixed Mindset**: „Ich habe es bisher immer geschafft, also fliege ich weiter."
- **Growth Mindset**: „Die Bedingungen ändern sich, also treffe ich eine rationale Entscheidung basierend auf Fakten und Alternativplänen."

Piloten mit einem statischen Mindset lassen sich oft von **Routine und Selbstüberschätzung** leiten, während dynamisch denkende Piloten sich flexibel an neue Situationen anpassen.

4. Verbindung von Mindset mit Good Airmanship und gefährlichen Grundhaltungen

Ein professionelles **Fliegermindset** ist eng mit dem Konzept des **Good Airmanship** verbunden. Good Airmanship beschreibt eine sicherheitsorientierte, professionelle und reflektierte Grundhaltung.

Gefährliche Grundhaltungen und ihre Verbindung zum Mindset

Die fünf gefährlichen Grundhaltungen von Piloten sind ein zentrales Konzept in der Luftfahrtpsychologie und werden häufig im Rahmen von Human-Factors-Schulungen thematisiert. Diese Grundhaltungen, auch als „hazardous attitudes" bezeichnet, umfassen:

1. **Antiautoritäre Haltung (Anti-Authority)**: Die Neigung, Regeln und Vorschriften zu ignorieren oder abzulehnen.
2. **Impulsivität (Impulsivity)**: Das Handeln ohne ausreichende Überlegung.
3. **Unverwundbarkeitsgefühl (Invulnerability):** Der Glaube, dass einem selbst nichts passieren kann.
4. **Macho-Haltung (Macho)**: Das Bedürfnis, sich selbst oder anderen etwas zu beweisen, oft verbunden mit riskantem Verhalten.
5. **Resignation (Resignation)**: Das Gefühl der Machtlosigkeit und die Neigung, in schwierigen Situationen aufzugeben.

Diese gefährlichen Grundhaltungen wurden in verschiedenen Studien und Veröffentlichungen untersucht. Eine detaillierte Beschreibung findet sich beispielsweise in der Publikation „Persönlichkeitsfaktoren als Risiko beim Fliegen" von Dr. Christian Husek, die die Auswirkungen dieser Einstellungen auf das Flugverhalten analysiert.

Zudem betont die Studie „Einfluss menschlicher Faktoren auf Unfälle in der verfahrenstechnischen Industrie" die Bedeutung menschlicher und organisatorischer Faktoren für die Sicherheit und diskutiert verschiedene Arten menschlicher Fehler sowie Methoden zur Bewertung von Sicherheitskulturen.

Diese Quellen unterstreichen die Relevanz der genannten gefährlichen Grundhaltungen und bieten fundierte Einblicke in die menschlichen Faktoren, die die Flugsicherheit beeinflussen.

Gefährliche Grundhaltung	Typische Aussage	Korrektur durch das richtige Mindset
Anti-Authority (Regeln ignorieren)	„Ich mache, was ich für richtig halte!"	Regeln sind nicht willkürlich – sie dienen der Sicherheit.
Impulsivität (zu schnelles Handeln)	„Ich reagiere sofort!"	Immer zuerst denken, dann handeln.
Macho-Mentalität (übermäßiges Selbstvertrauen)	„Ich kann das besser als andere!"	Fliegen ist Teamarbeit – Lernen ist nie abgeschlossen.
Resignation (Aufgeben in schwierigen Situationen)	„Ich kann nichts tun."	Es gibt immer Handlungsoptionen – eine rationale Einschätzung ist essenziell.
Unverwundbarkeit (Glaube, dass nichts passieren kann)	„Mir passiert schon nichts."	Jeder Pilot ist anfällig für Fehler – Sicherheit muss oberste Priorität haben.

5. Wie kann man aktiv an einem guten Flieger-Mindset arbeiten?

Ein gutes Mindset entwickelt sich nicht von selbst – es muss bewusst trainiert werden. Hier sind einige **konkrete Übungen**:

a) Selbstreflexion nach jedem Flug

Fragen nach der Landung:

- Was lief gut?
- Was hätte ich besser machen können?
- Was kann ich daraus für den nächsten Flug lernen?

b) Mentale Vorbereitung

- Vor jedem Flug mentale Durchgänge: „*Was tue ich, wenn meine geplante Landebahn gesperrt ist?*"
- Training in realistischen Szenarien, z. B. durch Flugsimulatoren.

c) Sicheren Entscheidungsprozess üben

- Entscheidungsmatrix anwenden: **DECIDE-Modell**
  - *Detect* (Problem erkennen)
  - *Estimate* (Optionen bewerten)

- *Choose* (beste Option wählen)
- *Identify* (Maßnahmen ergreifen)
- *Do* (Umsetzen)
- *Evaluate* (Ergebnis bewerten)

Das Decide-Modell im kurzen Video erklärt

d) Routinen zur Risikominimierung einbauen

- Checklisten IMMER verwenden, auch wenn man denkt, man kennt alle Schritte.
- Sich vor jedem Flug selbst fragen: **„Würde ich das tun, wenn meine Familie mit an Bord wäre?"**

6. Fazit: Mindset als Schlüssel zur Flugsicherheit

Ein dynamisches Mindset ist für Privatpiloten genauso wichtig wie technisches Können.

- Es hilft, Fehler zu vermeiden oder aus ihnen zu lernen.
- Es stärkt die Entscheidungsfähigkeit in stressigen Situationen.
- Es trägt zur kontinuierlichen Verbesserung bei.

Piloten mit dem richtigen Mindset fliegen sicherer, treffen bessere Entscheidungen und sind langfristig erfolgreicher in ihrer fliegerischen Entwicklung.

Aus der Praxis:

In regelmäßigen Abständen müssen Pilotinnen und Piloten einen einstündigen Checkflug mit einem Fluglehrer absolvieren. Je nach Mindset kann man diesen unterschiedlich gestalten. Entweder ich suche keine Herausforderung oder Übung und fliege mit dem Fluglehrer regelrecht spazieren, bis die Stunde abgelaufen ist, oder ich suche mir einen Fluglehrer oder eine Fluglehrerin, die mich herausfordert, mit dem/der ich Übungen fliege. Jeder Fluglehrer sieht andere Dinge, macht andere Übungen – das bringt einen selbst immer weiter – setzt aber ein Growth Mindset voraus.

Ein versierter Pilot und Vielflieger nutzte den obligatorischen Stundenflug mit dem Fluglehrer, um sich mit dem Spornrad-Thema und einem anderen Fluglehrer auseinanderzusetzen. *(Foto: Thomas Klenk)*

Physiologische Faktoren: Gesundheit, Ernährung und Bewegung

In der Privatfliegerei sind Pilotinnen oder Piloten häufig alleine unterwegs, oder haben „nur" Passagiere dabei, die keine fliegerischen Kompetenzen haben. Daher sind körperliche Fitness, Ernährung und Gesundheitsbewusstsein von wesentlicher Bedeutung. Da Privatpiloten für die Sicherheit des Fluges meist ausschließlich selbst verantwortlich sind, ist die persönliche Leistungsfähigkeit ein entscheidender Faktor. Dieses Kapitel beleuchtet die Auswirkungen von Gesundheit, Ernährung und Bewegung auf die physische und mentale Leistungsfähigkeit im Cockpit und zeigt auf, wie regelmäßige körperliche Aktivität, eine ausgewogene Ernährung und ein stabiler Flüssigkeitshaushalt das Fliegen sicherer und effizienter machen.

Auswirkungen von mangelnder Fitness auf Konzentration und Ausdauer

Mangelnde körperliche Fitness kann die Konzentrations- und Ausdauerfähigkeit von Piloten erheblich beeinträchtigen. Schon bei kurzen Flügen erfordert das Fliegen hohe Aufmerksamkeit und konstante Entscheidungsfähigkeit, während lange Flugzeiten die physische Belastung noch steigern. Körperlich untrainierte Piloten erleben häufiger Ermüdung, Verspannungen und Rückenprobleme, die ihre Konzentrationsfähigkeit negativ beeinflussen und zu mentaler Überlastung führen können. Auch die Fähigkeit, unter Druck oder in stressigen Situationen fokussiert zu bleiben, sinkt mit zunehmender körperlicher Erschöpfung.

Piloten mit einem hohen Fitnesslevel können hingegen sowohl physische als auch mentale Anforderungen besser bewältigen. Eine gute Grundausdauer erhöht nicht nur die Widerstandsfähigkeit gegen Müdigkeit, sondern unterstützt auch eine durchgehende Konzentrationsfähigkeit. Zudem fördert körperliche Aktivität die Sauerstoffzirkulation im Körper und damit die Gehirnaktivität – beides wichtig für Wachsamkeit und Reaktionsgeschwindigkeit im Cockpit. Ein regelmäßiges Training unterstützt also Privatpiloten dabei, auch bei langen oder anspruchsvollen Flügen fit und aufmerksam zu bleiben.

Einfluss von Ernährung und Flüssigkeitshaushalt auf die Leistungsfähigkeit

Eine ausgewogene Ernährung und ein stabiler Flüssigkeitshaushalt sind wesentliche Voraussetzungen, um die körperliche und mentale Leistungsfähigkeit zu unterstützen. Piloten, die vor dem Flug oder während des Flugtages eine ballaststoff- und nährstoffreiche Ernährung einhalten, stellen sicher, dass ihr Blut-

Sinnvolles Trinken vermeidet bei langen und heißen Flügen die Dehydration. *(Foto: Rainer Krumm)*

zuckerspiegel stabil bleibt und Energie gleichmäßig freigesetzt wird. Zu schwere oder zuckerreiche Mahlzeiten können den Blutzuckerspiegel stark schwanken lassen und zu Erschöpfung oder Konzentrationsverlust führen. Leichte, energiereiche Lebensmittel wie Nüsse, Obst und Vollkornprodukte eignen sich hervorragend, um den Energiebedarf über einen längeren Zeitraum konstant zu decken.

Der Flüssigkeitshaushalt ist besonders wichtig, da Dehydration zu Müdigkeit, Kopfschmerzen und verminderter Aufmerksamkeit führen kann. In der trockenen Luft des Cockpits neigen Piloten eher zu Flüssigkeitsverlust, was die Konzentrationsfähigkeit zusätzlich beeinträchtigen kann. Regelmäßiges Trinken ist daher entscheidend, um diesen Flüssigkeitsverlust auszugleichen. Ein gut hydrierter Körper unterstützt die Blutzirkulation, das Gehirn und die Muskelfunktion – alle Faktoren, die für eine sichere Flugleistung unverzichtbar sind.

Bedeutung von regelmäßiger körperlicher Betätigung und Ausdauertraining

Regelmäßige körperliche Aktivität und ein gezieltes Ausdauertraining sind für Privatpiloten von großem Vorteil. Ein Trainingsplan, der Ausdauer, Kraft und Flexibilität fördert, erhöht die physische Belastbarkeit und das allgemeine Wohlbefinden. Ausdauertraining wie Laufen, Radfahren oder Schwimmen stärkt das Herz-Kreislauf-System und hilft, die Sauerstoffversorgung des Körpers zu verbessern, was wiederum die Ausdauer und Konzentrationsfähigkeit im Cockpit unterstützt. Eine starke Herz-Kreislauf-Gesundheit stellt sicher, dass der Körper auch in stressigen Situationen ausreichend Sauerstoff erhält, was Reaktionsschnelligkeit und mentale Klarheit begünstigt.

Krafttraining kann ebenfalls von Nutzen sein, da es Muskeln und Gelenke stärkt und dazu beiträgt, körperliche Beschwerden wie Rückenschmerzen oder Verspannungen zu minimieren, die während langer Flugzeiten auftreten können. Ein beweglicher, kräftiger Körper kann die Sitzposition länger halten und Ermüdungserscheinungen besser vorbeugen. Flexibilitätstraining durch Dehnübungen oder Yoga hilft darüber hinaus, die Beweglichkeit und Körperkontrolle zu verbessern, was ebenfalls Verspannungen vorbeugt. Für Privatpiloten ist eine gut trainierte Grundfitness daher eine wertvolle Grundlage, um die Anforderungen des Cockpits komfortabel und sicher zu bewältigen. Zur Veranschaulichung kann man diesen Zusammenhang auch auf das lange Autofahren übertragen. Welche Person ist in welchem Alter, welcher Fahrpraxis und welchem Gesundheitszustand in der Lage welche Strecken bei welchen Bedingungen (Wetter/Verkehr) sicher zu bewerkstelligen?

Praktische Tipps für Privatpiloten

1. **Ernährungsplanung für Stabilität**: Achten Sie darauf, vor und während des Fluges leichte, energiereiche Lebensmittel zu sich zu nehmen. Vermeiden Sie zuckerhaltige oder fettreiche Mahlzeiten, um plötzliche Energieeinbrüche zu verhindern. Kleine Snacks wie Obst, Nüsse oder Vollkornriegel sind ideal, um während des Fluges Energie zu tanken.
2. **Flüssigkeitszufuhr im Fokus**: Trinken Sie regelmäßig Wasser, besonders in der trockenen Luft des Cockpits, um Dehydration und damit einhergehende Müdigkeit zu vermeiden. Eine Wasserflasche griffbereit zu haben, ist dabei eine einfache und effektive Maßnahme.
3. **Regelmäßiges Ausdauertraining**: Mindestens dreimal pro Woche Ausdauersport wie Laufen, Radfahren oder Schwimmen fördert das Herz-Kreislauf-System und steigert die Belastbarkeit. Diese Fitness steigert nicht nur die physische, sondern auch die mentale Ausdauer.
4. **Kraft- und Flexibilitätstraining**: Integrieren Sie gezieltes Kraft- und Flexibilitätstraining in Ihre Routine, um Muskelverspannungen und Ermüdung bei langen Flügen vorzubeugen. Besonders Übungen für die Rücken- und Rumpfmuskulatur unterstützen eine stabile Sitzposition im Cockpit.

Gesundheit, Ernährung und Bewegung für sicheres Fliegen

Eine ausgewogene Kombination aus Gesundheit, Ernährung und Bewegung bildet für Privatpiloten das Fundament einer sicheren und effizienten Flugleistung. Mangelnde Fitness kann die Konzentrationsfähigkeit und Ausdauer mindern, während eine gezielte Fitnessroutine die Belastbarkeit fördert und die

Bei Flugzeugen, bei denen die Crew sehr stark der Sonneneinstrahlung ausgesetzt sind ist die körperliche Fitness wegen der Hitze und körperlichen Belastung noch wichtiger. *(Foto: Rainer Krumm)*

Reaktionsfähigkeit verbessert. Ernährung und ausreichende Hydration stellen sicher, dass Piloten auch bei langen oder herausfordernden Flügen die notwendige Energie und Aufmerksamkeit aufrechterhalten können. Eine gute körperliche Verfassung hilft Piloten nicht nur, den Anforderungen des Cockpits besser gewachsen zu sein, sondern trägt auch maßgeblich zur Dynamischen Flugsicherheit bei – für einen Flug, der sicher, komfortabel und leistungsstark bleibt.

Psychologische Faktoren: Wahrnehmung, Aufmerksamkeit, Entscheidungsfindung

In der Luftfahrt sind die psychologischen Fähigkeiten eines Piloten genauso wichtig wie die technischen Fähigkeiten. Wahrnehmung, Aufmerksamkeit und Entscheidungsfindung sind Schlüsselkomponenten, die darüber entscheiden, ob ein Flug sicher und effizient verläuft. Psychologische Faktoren wie Wahrnehmungsverzerrungen, kognitive Überlastung und Stressbewältigung wirken sich dabei direkt auf das Situationsbewusstsein und die Entscheidungsfindung im Cockpit aus. Privatpiloten, die sich ihrer psychologischen Grenzen und Möglichkeiten bewusst sind, können Risiken minimieren und auch in anspruchsvollen Situationen sicher fliegen.

Wahrnehmungsverzerrungen: Visuelle Illusionen und ihre Gefahren

Definition und Bedeutung: Wahrnehmungsverzerrungen beschreiben die Fehleinschätzungen, die aufgrund der Art und Weise, wie unser Gehirn Informationen interpretiert, auftreten können. Eine besonders kritische Form in der Luftfahrt sind **visuelle Illusionen**, bei denen der Pilot falsche Eindrücke von Lage, Geschwindigkeit oder Entfernung gewinnt. Beispiele hierfür sind das „schwarze Loch"-Phänomen bei nächtlichen Anflügen ohne Orientierungspunkte oder das Gefühl des falschen Horizonts in bewölkten oder nebligen Umgebungen.

Relevanz in der Fliegerei

In der Luftfahrt kann eine verzerrte Wahrnehmung katastrophale Folgen haben, da der Pilot auf präzise visuelle Informationen angewiesen ist, um seine Position und die Fluglage sicher zu bestimmen. Falsche Lageeinschätzungen können dazu führen, dass ein Flugzeug unabsichtlich in einen gefährlichen Sinkflug gerät oder dass der Pilot die Distanz zum Boden falsch einschätzt.

Maßnahmen für Privatpiloten

Ein bewährtes Mittel gegen Wahrnehmungsverzerrungen ist das Vertrauen in die Instrumente im Cockpit, anstatt nur auf den eigenen Sinneseindruck zu setzen. Ein systematisches Scannen der Instrumente, insbesondere bei schlechten Sichtverhältnissen, kann helfen, Fehleinschätzungen zu vermeiden. Regelmäßige Übung unter simulierten Bedingungen und eine Auffrischung der theoretischen Grundlagen zu visuellen Illusionen helfen Privatpiloten, sich auf diese Phänomene vorzubereiten und sie frühzeitig zu erkennen.

Optische Täuschungen und ihre Bedeutung für Privatpiloten

Optische Täuschungen sind Phänomene, bei denen unsere visuelle Wahrnehmung von der Realität abweicht. Sie basieren auf der Funktionsweise unseres Gehirns, das versucht, Informationen effizient zu verarbeiten, indem es bekannte Muster und Erfahrungen anwendet. Während diese Mechanismen im Alltag oft hilfreich sind, können sie in der Luftfahrt zu gravierenden Fehlentscheidungen führen, wenn Piloten sich zu stark auf ihre Sinne verlassen. Ein Verständnis dieser Täuschungen und ihrer Auswirkungen ist daher für Privatpiloten unerlässlich, um sicher zu fliegen.

Rubin's Vase: Figur-Grund-Täuschung

Beschreibung:

Die Rubin'sche Vase, erstmals vom dänischen Psychologen Edgar Rubin beschrieben, zeigt, wie das Gehirn zwischen zwei Wahrnehmungen wechselt: Ent-

weder erkennt man eine Vase oder zwei Gesichter, die sich gegenüberstehen. Das Gehirn kann sich jedoch nicht auf beide Interpretationen gleichzeitig konzentrieren.

Bedeutung für die Luftfahrt:

Piloten müssen oft zwischen konkurrierenden Informationen entscheiden, z. B. bei der Interpretation von Cockpit-Instrumenten und dem Blick aus dem Fenster. Ein Beispiel: Beim Landeanflug in dunstigem Wetter können verschwommene Objekte wie Lichter auf der Landebahn schwer interpretiert werden. Ist es ein Fahrzeug auf der Bahn oder ein Licht, das zur Ausrichtung dient? Das Verständnis für Figur-Grund-Täuschungen hilft Piloten, ihre Wahrnehmung zu hinterfragen und zusätzliche Informationen einzuholen, bevor sie handeln.

Praxisbeispiel:

Ein Pilot fliegt bei Nacht einen Flughafen an, der von Straßenlichtern umgeben ist. Durch die Figur-Grund-Täuschung kann es passieren, dass die Landebahnlichter mit den umliegenden Lichtern verschwimmen, was zu einem falschen Eindruck der Landebahnposition führt. Dies könnte zu einem versetzten oder unstabilen Anflug führen, wenn der Pilot nicht aktiv die Instrumente nutzt, um den Anflug zu überprüfen.

Müller-Lyer-Illusion: Längentäuschung

Beschreibung:

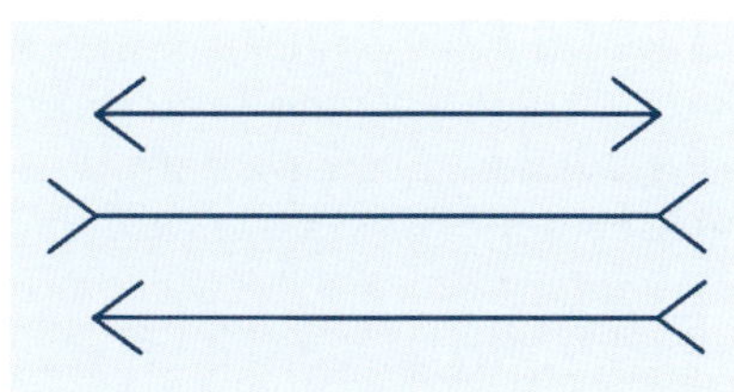

In der Müller-Lyer-Illusion erscheinen zwei gleich lange Linien unterschiedlich lang, weil sie von Pfeilspitzen oder abgewinkelten Linien umrahmt sind. Diese Illusion zeigt, wie Kontext die Wahrnehmung beeinflusst.

Bedeutung für die Luftfahrt:

Bei der Landung auf einer schmaleren oder kürzeren Landebahn als gewohnt kann ein Pilot die Höhe oder Entfernung falsch einschätzen. Eine schmalere

Bahn wird oft als weiter entfernt wahrgenommen, was dazu führen kann, dass der Pilot zu hoch anfliegt. Das Bewusstsein für diese Täuschung hilft Piloten, sich auf Instrumente wie das Höhenmessgerät zu verlassen, um eine sichere Landung zu gewährleisten.

Praxisbeispiel:

Ein Pilot fliegt auf einen ungewohnten Flugplatz mit einer kurzen Grasbahn zu. Ohne bewusste Korrektur kann die Illusion dazu führen, dass er die Geschwindigkeit und Sinkrate falsch anpasst. Eine gute Vorbereitung auf die spezifischen Bedingungen der Bahn kann solche Fehler minimieren.

Ebbinghaus-Illusion: Größenwahrnehmung

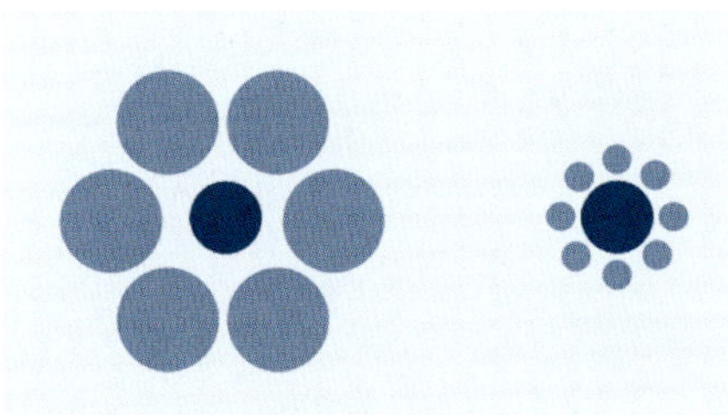

Beschreibung:

Diese Illusion zeigt, wie die Größe eines zentralen Objekts durch die Größe der es umgebenden Objekte beeinflusst wird. Ein Kreis wirkt kleiner, wenn er von größeren Kreisen umgeben ist, und größer, wenn kleinere Kreise ihn umgeben.

Bedeutung für die Luftfahrt:

Die Größenwahrnehmung kann beim Einschätzen von Abständen kritisch werden. Beispielsweise können größere Gebäude in der Nähe eines Landeplatzes die Landebahn kleiner wirken lassen. Dies kann zu falschen Einschätzungen von Flughöhe oder Geschwindigkeit führen.

Praxisbeispiel:

Ein Pilot, der eine Landebahn in einer urbanen Umgebung anfliegt, kann sich durch die umliegenden Gebäude oder Lichter täuschen lassen. Das Ergebnis könnte ein zu steiler oder zu flacher Anflug sein. Ein klares Verständnis dieser Täuschung ermutigt Piloten, Instrumente zur Unterstützung heranzuziehen.

Zollner-Illusion: Winkeltäuschung

Beschreibung:

Die Zollner-Illusion zeigt, wie parallele Linien durch diagonale Striche als schief wahrgenommen werden. Diese Illusion verdeutlicht, wie unser Gehirn die Ausrichtung von Objekten verzerrt interpretieren kann.

Bedeutung für die Luftfahrt:

Die Illusion spielt eine Rolle bei der Wahrnehmung der Fluglage. Besonders in Wolken oder bei Nacht kann es schwierig sein, die Orientierung des Flugzeugs relativ zum Horizont korrekt einzuschätzen. Ein scheinbar leicht geneigter Horizont kann das Gefühl einer falschen Fluglage hervorrufen.

Praxisbeispiel:

Ein Pilot, der ausschließlich nach außen blickt und nicht die künstliche Horizontanzeige nutzt, könnte in eine sogenannte „Graveyard Spiral" geraten, bei der die Wahrnehmung der Fluglage vollständig verzerrt ist. Die Instrumente im Cockpit dienen als Gegenmaßnahme zu diesen Wahrnehmungstäuschungen.

Optische Täuschungen hinterfragen

Die Fähigkeit, optische Täuschungen zu erkennen und deren Einfluss zu minimieren, ist ein essenzieller Bestandteil des sicheren Fliegens. Piloten müssen sich darüber im Klaren sein, dass ihre Sinne nicht immer zuverlässig sind und daher die Verifizierung durch Instrumente und Checklisten von entscheidender Bedeutung ist. Einige wichtige Ansätze:

1. **Instrumente nutzen**: Visuelle Wahrnehmungen sollten stets durch Cockpit-Instrumente ergänzt werden, insbesondere bei schwierigen Sichtbedingungen.
2. **Training und Simulation**: Regelmäßige Übungen im Flugsimulator helfen Piloten, Wahrnehmungstäuschungen zu erkennen und zu bewältigen.
3. **Checklisten einhalten**: Standardisierte Verfahren reduzieren die Wahrscheinlichkeit, dass optische Täuschungen zu Fehlern führen.
4. **Bewusst bleiben**: Sich der Möglichkeit von Täuschungen bewusst zu sein, ist der erste Schritt, um ihre Auswirkungen zu mindern.

Optische Täuschungen wie die Rubin'sche Vase, die Müller-Lyer-Illusion, die Ebbinghaus-Illusion und die Zollner-Illusion bieten wertvolle Lektionen für die Luftfahrt. Sie erinnern Piloten daran, dass sich die Sinne täuschen lassen und dass eine Kombination aus visueller Wahrnehmung, Instrumenten und erlerntem Verhalten notwendig ist, um sichere Entscheidungen zu treffen. Letztendlich ist das Bewusstsein für diese Täuschungen ein wichtiger Bestandteil, um die Herausforderungen des Fliegens erfolgreich zu meistern.

Die Rolle der Sinneskanäle in der Wahrnehmung für die Hobbyfliegerei

In der Hobbyfliegerei spielt die effektive Nutzung der menschlichen Sinne eine entscheidende Rolle für die Wahrnehmung und das Situationsbewusstsein. Die fünf primären Sinne – auditiv (hören), visuell (sehen), kinästhetisch (fühlen), olfaktorisch (riechen) und gustatorisch (schmecken) – tragen auf unterschiedliche Weise zur Sicherheit und Effizienz eines Flugs bei. Die Fähigkeit, verschiedene Sinneskanäle bewusst zu nutzen, kann dazu beitragen, die Entscheidungsfindung zu verbessern und potenzielle Risiken frühzeitig zu erkennen. Im Folgenden wird die Bedeutung der einzelnen Sinne für die Fliegerei erläutert.

1. Visueller Sinn (Sehen)

Der visuelle Sinn ist der wichtigste Wahrnehmungskanal in der Fliegerei. Rund 80 % der Informationen, die Piloten während des Flugs aufnehmen, erfolgen über das Sehen. Das Auge liefert entscheidende Daten zu Instrumentenanzeigen, der Außenwelt, anderen Flugzeugen und dem Wetter. Studien der FAA zeigen, dass eine gute visuelle Wahrnehmung und schnelle Erkennung von Änderungen im Blickfeld die Wahrscheinlichkeit von Zwischenfällen um 60 % reduzieren kann (FAA, 2020). Eine klare Sicht und das bewusste Scannen des Himmels sind entscheidend für die Vermeidung von Kollisionen und das Einhalten sicherer Flugrouten.

Praktische Relevanz:

- Piloten sollten regelmäßig Übungen zur peripheren Wahrnehmung durchführen und Techniken wie das systematische „Schachbrett-Scannen" anwenden, um den Luftraum in Abschnitten zu kontrollieren.
- Die Sehstärke muss stimmen oder über Brillen korrigiert werden. Piloten, die Lesebrillen brauchen sind oft bei starker Sonne im Nachteil, da viele keine Sonnenbrille mit Lesebrillenfunktion haben.

2. Auditiver Sinn (Hören)

Das Hören spielt eine wesentliche Rolle bei der Kommunikation mit der Flugsicherung und der Wahrnehmung von Geräuschen, die auf potenzielle technische Probleme hinweisen könnten. Ein plötzliches Geräusch, wie ein veränderter Motorensound, kann ein frühes Warnzeichen für einen technischen Defekt sein. Eine Studie der National Aeronautics and Space Administration (NASA) aus dem Jahr 2017 zeigte, dass Piloten, die ein gutes auditives Bewusstsein hatten, potenzielle Fehlfunktionen um bis zu 30 % schneller erkannten.

Praktische Relevanz:

- Hobbyflieger sollten ihr Gehör durch gezieltes Hinhören trainieren und sicherstellen, dass sie auch in lauten Cockpits mit Lärmschutz klare Funkkommunikation wahrnehmen können.
- Einige Headsets ermöglichen es, Musik zu hören oder zu telefonieren. Damit wird aber automatisch die auditive Wahrnehmung für das Flugzeug eingeschränkt.

3. Kinästhetischer Sinn (Fühlen)

Der kinästhetische Sinn, also das Fühlen und die Körperwahrnehmung, ist besonders wichtig, um den Flugzustand zu beurteilen. Durch das Fühlen der Bewegungen des Flugzeugs, wie Scherkräfte oder Turbulenzen, können Piloten zusätzliche Informationen gewinnen, die über Instrumente nicht direkt verfügbar sind. Dies ist insbesondere im Kurvenflug oder bei starkem Wind von Bedeutung. Ein Gefühl für das Gleichgewicht und die Lage des Flugzeugs im Raum trägt zur besseren Handhabung und Steuerung bei.

Praktische Relevanz:

- Piloten sollten sich bewusst auf ihr „Gefühl für das Flugzeug" verlassen und regelmäßig Trainingsflüge bei unterschiedlichen Wetterbedingungen durchführen, um die kinästhetische Wahrnehmung zu stärken.
- Segelflieger trainieren regelrecht den „Popo-Meter", um die Thermik schneller über das Hinterteil zu spüren, noch bevor das Variometer ausschlägt.

4. Olfaktorischer Sinn (Riechen)

Der olfaktorische Sinn ist für die Wahrnehmung in der Fliegerei weniger prominent, kann aber eine wichtige Rolle in bestimmten Situationen spielen. Ungewöhnliche Gerüche wie verbranntes Öl, Kraftstoff oder elektrische Schmorgerüche sind frühe Warnzeichen für technische Probleme oder Brände. Eine Untersuchung der International Air Transport Association (IATA) fand heraus, dass in 12 % der Fälle, in denen Rauch oder Gerüche wahrgenommen wurden, eine rechtzeitige Reaktion dazu beitrug, größere Schäden zu verhindern.

Praktische Relevanz:

- Hobbyflieger sollten darauf achten, ungewöhnliche Gerüche sofort zu analysieren und entsprechende Maßnahmen wie das Checken der Instrumente oder die Vorbereitung einer Notlandung einzuleiten.
- Auch während des Fliegens, ist es oft hilfreich sich der Gerüche bewusst zu werden und diese zu interpretieren.
- Gleitschirmflieger und Drachenflieger können durch das offene Fliegen oft Thermik riechen, die durch trockene Heuwiesen entsteht.

Bei offenen Fluggeräten spielt die Sinneswahrnehmung nochmals eine intensivere Rolle. Gleitschirmflieger berichten immer wieder, man könne Thermik riechen (durch aufsteigende erwärmte Luft über Wäldern oder Heuwiesen). *(Foto: Rainer Krumm)*

5. Gustatorischer Sinn (Schmecken)

Der gustatorische Sinn ist in der Fliegerei der am wenigsten genutzte Sinn und hat für die Wahrnehmung und Entscheidungsfindung nur eine untergeordnete Bedeutung. Er kann jedoch indirekt auf die allgemeine Gesundheit hinweisen. Ein ungewöhnlicher Geschmack im Mund kann zum Beispiel ein Hinweis auf Dehydration oder Sauerstoffmangel sein, die sich negativ auf die Reaktionsfähigkeit und kognitive Leistung auswirken können.

Praktische Relevanz:

- Auch wenn der Geschmackssinn nicht aktiv zur Flugsicherheit beiträgt, sollten Piloten auf Anzeichen wie trockenen Mund oder Geschmacklosigkeit achten, um gesundheitliche Probleme frühzeitig zu erkennen und Gegenmaßnahmen zu ergreifen.

Zusammenfassung der Rolle der Sinne für die Flugsicherheit

Die bewusste Nutzung und das Training der Sinneskanäle sind entscheidend für das menschliche Leistungsvermögen in der Fliegerei. Eine klare visuelle Wahrnehmung, ein gutes Gehör und ein ausgeprägter kinästhetischer Sinn können den Unterschied zwischen einer sicheren und einer riskanten Situation ausmachen. Für Hobbyflieger bedeutet dies, sich der verschiedenen Sinne bewusst zu sein, diese zu schulen und zu wissen, wie sie in bestimmten Situationen angewendet werden sollten. Piloten, die ihre Wahrnehmung umfassend trainieren, sind besser gerüstet, um frühzeitig auf potenzielle Gefahren zu reagieren und die Sicherheit ihres Flugs zu gewährleisten.

Selbsttest & Übungen: Wahrnehmung durch Sinneskanäle in der Fliegerei

Anleitung:

Dieser Selbsttest hilft dir dabei, deine Sinneswahrnehmung im Cockpit bewusster zu reflektieren und gezielt zu verbessern. Beantworte die Fragen offen und ehrlich. Anschließend findest du kleine praktische Übungen, mit denen du jeden Sinn gezielt trainieren kannst.

1. Visueller Sinn (Sehen)

Reflexionsfragen:

- Wie bewusst nutzt du visuelle Informationen beim Fliegen?
- Hast du feste visuelle Scanmuster, z. B. beim Blick auf die Instrumente oder beim Aus-dem-Fenster-Schauen?
- Gab es Situationen, in denen du wichtige visuelle Hinweise übersehen hast?

Trainingseinheit:

Übung: Führe bei deinem nächsten Flug das sogenannte ‹Schachbrett-Scanning› durch – teile den Himmel gedanklich in Zonen auf und überprüfe jede Zone systematisch alle paar Sekunden. Übe das Erkennen kleiner Details in der Peripherie, z. B. Flugzeuge oder Landmarken.

2. Auditiver Sinn (Hören)

Reflexionsfragen:

- Wie sicher fühlst du dich bei der Interpretation von Funksprüchen, besonders bei hohem Lärmpegel?
- Erkennst du ungewöhnliche Geräusche deines Flugzeugs sofort?
- Wie gut kannst du zwischen wichtigen und unwichtigen akustischen Reizen unterscheiden?

Trainingseinheit:

Übung: Spiele dir typische Funksprüche in steigender Hintergrundlautstärke ab (z. B. mit einer App) und übe, diese korrekt zu verstehen. Notiere kleine Veränderungen von Motorgeräuschen beim Rollen, Start, Steigflug und im Reiseflug.

3. Kinästhetischer Sinn (Fühlen)

Reflexionsfragen:

- Spürst du Veränderungen in der Fluglage (z. B. Neigung, G-Kräfte), bevor du sie auf den Instrumenten siehst?
- Wie gut kannst du das Flugzeug bei Turbulenzen oder Seitenwind „fühlen“ und ausgleichen?
- Vertraust du deinem Körpergefühl oder verlässt du dich ausschließlich auf die Instrumente?

Trainingseinheit:
Übung: Fliege gezielt bei leichtem Wind oder Turbulenz (ggf. mit Fluglehrer) und achte bewusst auf die körperlichen Rückmeldungen (Druck, Beschleunigung, Lagegefühl). Schließe für kurze Zeit die Augen (unter Anleitung) und versuche, Lageänderungen nur über dein Körpergefühl wahrzunehmen.

4. Olfaktorischer Sinn (Riechen)

Reflexionsfragen:
- Wie aufmerksam bist du für ungewöhnliche Gerüche im Cockpit?
- Hast du bereits Erfahrungen mit Gerüchen gemacht, die auf ein technisches Problem hindeuteten?
- Wie schnell würdest du auf einen fremden Geruch reagieren und was wären deine ersten Maßnahmen?

Trainingseinheit:
Übung: Nimm dir bewusst Zeit vor dem Flug, den Innenraum deines Cockpits mit dem Geruchssinn wahrzunehmen. Notiere dir typische Gerüche. Trainiere deine Reaktionskette bei plötzlichem Auftreten eines ungewohnten Geruchs: Nase – Instrumente – Checkliste – Handlungsentscheidung.

5. Gustatorischer Sinn (Schmecken)

Reflexionsfragen:
- Hast du schon einmal während des Fliegens ungewöhnliche Geschmäcker im Mund wahrgenommen?
- Achtest du bewusst auf Anzeichen von Dehydration oder Sauerstoffmangel, wie trockener Mund oder Geschmacklosigkeit?
- Trinkst du vor oder während eines Flugs ausreichend Wasser?

Trainingseinheit:
Übung: Beobachte vor dem Flug deinen Flüssigkeitshaushalt. Trinke bewusst 0,5 – 1 Liter Wasser eine Stunde vor dem Start. Achte während des Flugs auf Veränderungen des Geschmacksinns als Indikator für körperliche Veränderungen.

Kognitive Überlastung und Multitasking

Definition und Bedeutung: Kognitive Überlastung tritt auf, wenn das Gehirn durch zu viele Informationen oder Aufgaben gleichzeitig überfordert ist und die Leistungsfähigkeit rapide sinkt. In der Luftfahrt bedeutet dies, dass der Pilot möglicherweise nicht in der Lage ist, alle Aufgaben effektiv zu erledigen oder wichtige Informationen wahrzunehmen. Multitasking beschreibt die Fähigkeit, mehrere Aufgaben gleichzeitig zu erledigen, und ist in der Luftfahrt begrenzt. Da unser Gehirn nur eine begrenzte Kapazität hat, führt Multitasking oft zu Fehlentscheidungen oder Missverständnissen.

Hier greift auch das Single-Pilot-Ressourcenmanagement. Es ist definiert als die Kunst, alle Ressourcen zu verwalten, die einem Single-Piloten zur Verfügung stehen, um sicherzustellen, dass der erfolgreiche Ausgang des Fluges niemals in Frage gestellt wird. Darauf bin ich im Buch „Dynamische Flugsicherheit in der Privatfliegerei" eingegangen.

Relevanz in der Fliegerei: In stressigen Situationen, etwa bei unerwarteten Änderungen oder Notfällen, kann kognitive Überlastung dazu führen, dass der Pilot wichtige Informationen übersieht oder falsche Entscheidungen trifft. Das Cockpit erfordert die Koordination zahlreicher Aufgaben wie Navigation, Kommunikation und Fluglagenkontrolle – eine Überforderung in diesem Bereich kann daher schnell zu einem Kontrollverlust führen.

Maßnahmen für Privatpiloten: Die Planung und Priorisierung von Aufgaben hilft, die kognitive Last zu reduzieren. Privatpiloten sollten Checklisten und klare Abläufe verwenden, um ihre Aufgaben zu strukturieren und kritische Schritte zu priorisieren. Auch mentale Trainings, bei denen schwierige Situationen geübt werden, sowie das Einhalten einer „Sterile Cockpit"-Regel in stressigen Flugphasen, etwa bei Start und Landung, können helfen, die Aufmerksamkeit auf die wichtigsten Aufgaben zu lenken und die kognitive Last zu kontrollieren.

Umgang mit Müdigkeit und Stress

Definition und Bedeutung: Müdigkeit beschreibt den Zustand körperlicher und geistiger Erschöpfung, der zu reduzierter Leistungsfähigkeit führt. Stress ist eine psychische und physiologische Reaktion auf Belastungen, die ebenfalls die Leistungsfähigkeit und Entscheidungsfindung beeinträchtigt. Beide Zustände können die Aufmerksamkeit und das Situationsbewusstsein verringern und die Fehleranfälligkeit erhöhen.

Relevanz in der Fliegerei: In der Luftfahrt können Müdigkeit und Stress schnell gefährlich werden. Sie beeinträchtigen nicht nur die Konzentration und das Reaktionsvermögen, sondern auch die Entscheidungsfähigkeit. Piloten, die unter diesen Bedingungen fliegen, laufen Gefahr, Situationen falsch einzuschätzen oder notwendige Informationen zu übersehen.

Maßnahmen für Privatpiloten: Die beste Strategie gegen Müdigkeit ist eine gründliche Vorbereitung: ausreichend Schlaf vor dem Flug und regelmäßige Pausen bei langen Flugzeiten. Um Stress zu reduzieren, können Entspannungstechniken wie Atemübungen helfen. Ein wesentlicher Ansatz ist auch die Planung: Wer potenzielle Stressquellen identifiziert und Maßnahmen vorbereitet, bleibt in belastenden Situationen ruhiger und handlungsfähiger. Zudem sollten Privatpiloten wachsam auf Anzeichen von Müdigkeit und Stress achten und im Zweifelsfall eine Pause einlegen oder den Flug abbrechen, um sich selbst und ihre Passagiere zu schützen.

© Joachim Schreiber

Kapitel 4

Das SAFER Modell: Sicherheit im Zusammenhang von Situationsbewusstsein und Entscheidungsfindung

Im folgenden Kapitel möchte ich ein von mir entwickeltes Model vorstellen, das zwei elementare Aspekte des menschlichen Leistungsvermögens in Kombination bringt.

Das **SAFER-Modell** ist ein praxisnahes Werkzeug zur Selbstreflexion und Entscheidungsunterstützung im Cockpit. **SAFER** steht für: **Situational Awareness & Flight Evaluation and Reasoning**:

- **Situational Awareness** = **Situationsbewusstsein**: Die Fähigkeit des Piloten, die Flugsituation vollständig wahrzunehmen, zu verstehen und deren Entwicklung vorherzusehen
- **Flight Evaluation** = **Flug-Bewertung/Lagebeurteilung**: Die Einschätzung und Analyse der aktuellen Flugsituation, der Bedingungen und verfügbaren Handlungsoptionen
- **Reasoning** = **Schlussfolgerung/Urteilsbildung**: Der kognitive Prozess, aus den bewerteten Informationen logische Schlüsse zu ziehen und fundierte Entscheidungen zu treffen

Es beschreibt das Zusammenspiel von Wahrnehmung, Analyse und zielgerichteter Entscheidungsfindung im Flug. Während das Situationsbewusstsein (*Situational Awareness*) die Grundlage bildet – also das Erfassen und Verstehen der aktuellen Lage –, geht es im zweiten Teil um die Bewertung der Lage und das rationale Ableiten von Handlungen (*Flight Evaluation and Reasoning*).

SAFER beschreibt den zweistufigen Prozess: Erst die **Wahrnehmung und das Verstehen** der Situation (SA), dann die **Bewertung und Entscheidungsfindung** (FER) - also genau die beiden Dimensionen meines Modells.

Das Modell unterstützt Pilotinnen und Piloten dabei, auch in komplexen oder dynamischen Situationen ruhig, strukturiert und sicher zu handeln – egal ob im Alleinflug, im Verein oder in der Ausbildung.

Situationsbewusstsein bezeichnet das Verständnis der aktuellen Umgebung und der eigenen Position darin. Es ist die Grundlage für fundierte Entscheidungen im Cockpit. Eine korrekte Wahrnehmung und Erfassung der Situation über die Sinneskanäle hilft Piloten, Risiken frühzeitig zu erkennen und angemessen zu reagieren.

Die **Entscheidungsfindung** wiederum ist der Prozess, aus dem die gesammelten Informationen verarbeiten und in Handlungen abgeleitet werden. Situationsbewusstsein und Entscheidungsfindung sind eng miteinander verbunden, da nur Piloten, die die Situation vollständig erfassen, in der Lage sind, passende Entscheidungen zu treffen.

Die SAFER-Grafik ist an die bekannte GAFOR-Grafik des Deutschen Wetterdienstes angelehnt, welche die Bodensicht und die Wolkenuntergrenze in Relation bringt.

Beim SAFER-Modell steht die X-Achse für die Qualität der Entscheidungsfindung, die Y-Achse für die Qualität des Situationsbewusstseins. Die Kombination dieser beiden Dimensionen ergibt 13 Zonen, die farblich nach dem GAFOR-System kategorisiert sind.

Die bekannte GAFOR-Grafik des DWD *(Grafik: © DWD)*

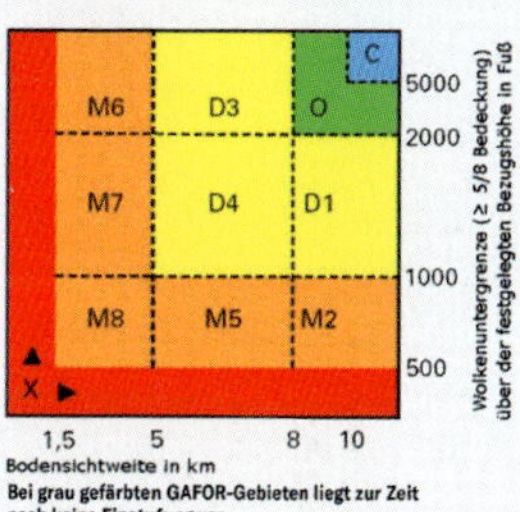

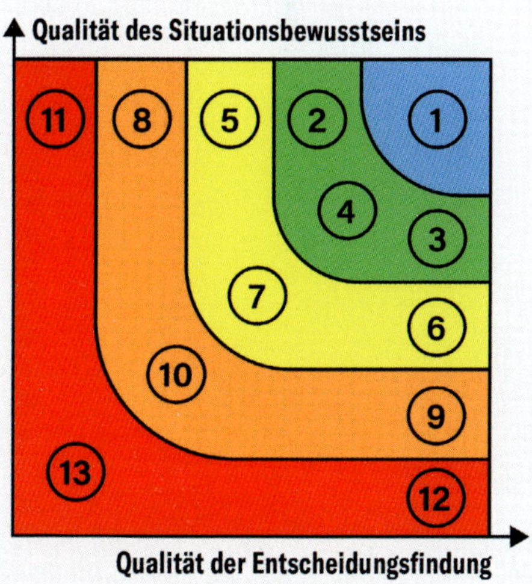

Zone	Farbe	Situationsbewusstsein	Entscheidungsfindung	Beschreibung	Praxisbeispiel
1	Blau	Hoch	Exzellent	Exzellentes Situationsbewusstsein trifft auf exzellente Entscheidungsfindung. Die ideale Kombination für sichere und vorausschauende Flugführung.	Erfahrener Überlandpilot: Erkennt steigenden Treibstoffverbrauch und Wetterverschlechterung am Ziel. Entscheidet sofort für Ausweichplatz mit Reserve.
2	Grün	Hoch	Gut	Sehr gutes Situationsbewusstsein und sehr gute Entscheidungen führen zu einem souveränen Flugverhalten.	Aufmerksamer Vereinspilot: Bemerkt ungewöhnliche Motorgeräusche bei normalen Anzeigen. Kehrt vorsichtig zum Platz zurück.
3	Grün	Mittel	Gut	Sehr gute Entscheidungen werden getroffen, obwohl das Situationsbewusstsein nicht vollständig ist.	Vorsichtiger Gelegenheitspilot: Unsicher bei Grenzwetter (niedrige Wolken). Entscheidet konservativ gegen Überlandflug.
4	Grün	Mittel	Mittel	Solides Situationsbewusstsein und solide Entscheidungen führen zu einem sicheren, wenn auch nicht perfekten Flug.	Routinepilot: Übersieht NOTAM über Sperrgebiet, fliegt aber instinktiv andere Route.
5	Gelb	Hoch	Mittel	Ein hohes Maß an Situationsbewusstsein ist vorhanden, aber es mangelt an konsequenter Entscheidungsfindung.	Fluglehrer unter Druck: Erkennt grenzwertigen Wind für Erstsoloflug, lässt ihn trotz Bedenken zu.
6	Gelb	Niedrig	Mittel	Das Situationsbewusstsein ist begrenzt, die Entscheidung fällt jedoch angemessen aus den vorhandenen Informationen.	Abgelenkter Pilot: Bemerkt Wetteränderung nur teilweise, verkürzt Route aus Bauchgefühl.

Zone	Farbe	Situations-bewusst-sein	Ent-schei-dungs-findung	Beschreibung	Praxisbeispiel
7	Gelb	Mittel	Niedrig	Beide Bereiche – Situationsbewusstsein und Entscheidungsfindung – sind nur mittelmäßig ausgeprägt.	Unentschlossener Pilot: Sieht Wetterverschlechterung, zögert mit Entscheidung und fliegt weiter „um zu schauen".
8	Orange	Hoch	Schlecht	Das Situationsbewusstsein ist gut, aber es wird eine falsche oder zögerliche Entscheidung getroffen.	Risikofreudiger Experte: Erkennt Gewitter im Anflug, startet trotzdem mit „Das schaffe ich noch!".
9	Orange	Niedrig	Schlecht	Gute Entscheidungen werden getroffen, jedoch fehlt der vollständige Überblick über die Situation.	Überförderter Neuling: Verliert Orientierung beim ersten Überlandflug, fliegt weiter in der Hoffnung, das Ziel zu finden.
10	Orange	Mittel	Schlecht	Situationsbewusstsein und Entscheidungen sind schwach – das Risiko steigt stark an.	Müder Heimkehrer: Bemerkt nachlassende Konzentration, fliegt trotzdem weiter statt Pause einzulegen.
11	Rot	Hoch	Völlig ungeeignet	Das Situationsbewusstsein ist sehr gut, aber es werden keine oder falsche Entscheidungen getroffen.	Selbstüberschätzer: Erkennt Wetter unter Minimums mit Vereisungsgefahr, startet trotzdem mit „Bin ja IFR-berechtigt".
12	Rot	Niedrig	Völlig ungeeignet	Eine scheinbar gute Entscheidung basiert auf einem völlig falschen Lagebild.	Sorgloser Pilot: Nach Alkoholkonsum beim Vereinsfest, will „nur schnell einen Rundflug" machen.
13	Rot	Niedrig	Völlig ungeeignet	Weder Situationsbewusstsein noch Entscheidungsfindung sind vorhanden – es herrscht völlige Überforderung.	Emotional aufgewühlter Pilot: Nach privaten Problemen, übersieht wichtige Checks und Hinweise, startet trotz ungeeigneter Verfassung.

Wenn sich bei einem Sonnenaufgangsflug, wie hier im August, dieser Blick aus dem Cockpit ergibt, ist ein gutes Situationsbewusstsein wichtig. Wie ist die ganzheitliche Wetterlage und die Wettersituation entlang der Flugstrecke – um dann ein gute und zeitnahe Entscheidung zu treffen, die einen sicheren und schönen Flug ermöglicht. Hier führte die Flugstrecke nur entlang der Westallgäuer Alpen, nicht in die Alpen hinein. Im Alpenvorland war die Wolkenbasis auch deutlich höher. *(Foto: Rainer Krumm)*

Das SAFER-Modell kurz im Video erklärt

Ziel dieses SAFER Modells ist es, Privatpiloten ein Instrument zur kognitiven Selbstreflexion an die Hand zu geben: Nicht nur das Wetter bestimmt die Flugtauglichkeit, sondern auch die „mentalen Bedingungen im Cockpit".

Dieses Modell eignet sich hervorragend für Selbstreflexion vor, während und nach dem Flug. Die zentrale Frage lautet: Wo befinde ich mich gerade im Raster? Privatpiloten können ihre mentale Flugtauglichkeit aktiv bewerten und entsprechend gegensteuern

Wie bei GAFOR gilt: **Grün/Blau = Go**, **Gelb = Vorsicht**, **Orange = Kritisch**, **Rot = No-Go**

Praktischer Hinweis: Vor dem Abflug kann ein kognitiver Check helfen. Frage dich: „Bin ich heute eher in Feld 1, 4 oder 10?" – und triff dann bewusst Maßnahmen zur Erhöhung deines Situationsbewusstseins oder zur Verbesserung deiner Entscheidungsprozesse.

Anwendung des SAFER Modells auf eine Autobahnsituation

Zur vertiefenden Erklärung des Modells, hier der Transfer in den Straßenverkehr – zum Beispiel auf der Autobahn, da dies sehr verständlich und nachvollziehbar ist. Im folgenden Beispiel sitzt man selbst im blauen Auto, das sich auf der rechten Spur einer Autobahn befindet und ein roter Sportwagen ist auf der Auffahrt zum Beschleunigungsstreifen. Die Frage ist: Wie unterscheiden sich die 3 Situationen und wie könnten die Situationen unterschiedlich wahrgenommen

(Situationsbewusstsein) sich unterscheiden und wie sollte die Entscheidungsfindung der Person im blauen Auto sein, wenn es unfallfrei von statten gehen sollte?

Situation 1

Situationsbewusstsein

In dieser Szene sollte die Person im blauen Auto erkennen:

- Der rote Sportwagen nähert sich zügig auf dem Beschleunigungsstreifen – ein Spurwechsel ist wahrscheinlich.
- Noch befindet sich kein weiteres Fahrzeug auf der rechten Spur, der Einfädelbereich ist frei.
- Die ganz linke Spur wäre frei.
- Die eigene Geschwindigkeit reicht eventuell aus, um dem Sportwagen zuvorzukommen.
- Der Camperbus vorne auf der rechten Spur entfernt sich langsam und stellt keine akute Einschränkung dar.

Entscheidungsfindung

- Ist es sinnvoll, durch leichtes Beschleunigen vor dem roten Wagen zu bleiben?
- Oder sollte durch bewusstes Zurücknehmen der Geschwindigkeit Platz gemacht werden?
- Sollte man auf die linke Spur wechseln, um dem Sportwagen die rechte Spur freizumachen?
- Gibt es einen psychologischen Druck („ich bin schon da, der muss warten") – oder entscheidet man rational und sicher?

Situation 2

Situationsbewusstsein

In dieser Situation verschärft sich das Lagebild:

- Der rote Sportwagen befindet sich weiterhin auf dem Beschleunigungstreifen und scheint zur Übernahme anzusetzen.
- Gleichzeitig ist ein LKW bereits davor auf die rechten Spur zu wechseln – er könnte den roten Wagen zum Ausweichen nach ganz links zwingen.
- Der Abstand zum Camperbus ist geringer, was den Handlungsspielraum einschränkt.
- Der Einfädelbereich ist kürzer – Entscheidungen müssen zügiger getroffen werden.

Entscheidungsfindung

- Sollte das blaue Auto leicht abbremsen, um dem roten Sportwagen das Einfädeln zwischen LKW und sich zu ermöglichen?
- Besteht die Möglichkeit, frühzeitig nach links zu wechseln – vorausgesetzt, die linke Spur ist frei?
- Wie viel Puffer bleibt, bis der LKW zur Behinderung wird – ist eine schnelle Entscheidung nötig?

Situation 3

Situationsbewusstsein

In dieser komplexeren Lage kommen mehrere Elemente zusammen:

- Der rote Sportwagen hat sehr begrenzten Platz zwischen LKW und blauem Auto – ein riskantes Manöver ist möglich.
- Der LKW könnte ebenfalls auf die mittlere Spur ausweichen wollen.
- Links hinter dem blauen Auto befindet sich ein Motorrad – ein sofortiger Spurwechsel ist riskant. Die Geschwindigkeit eines Motorrades im Rückspiegel einzuschätzen ist sehr schwierig.
- Die Verkehrsdichte ist erhöht – der Handlungsspielraum nimmt ab.

Entscheidungsfindung

- Ist es sinnvoll, den roten Sportwagen aktiv hereinzulassen – durch sanftes Bremsen?

- Ist ein schneller Blick in den Spiegel auf das Motorrad notwendig – wäre ein Spurwechsel überhaupt vertretbar?
- Wie kann das blaue Auto durch vorausschauendes Handeln die Gefahr minimieren – auch wenn andere Verkehrsteilnehmer unberechenbar agieren?

Man stelle sich nun verschiedene Personen am Lenkrad des blauen PKWs vor:
a) Ein Führerscheinneuling, mit kaum Fahrpraxis und Erfahrung
b) Eine Person, die beruflich jährlich 40.000 km auf der Autobahn verbringt
c) Eine Person mit 85 Jahren, eingeschränktem Sehfeld, steifem Hals und langsamer Reaktionszeit
Jede dieser Personen hat vermutlich ein komplett unterschiedliches Situationsbewusstsein und eine andere Entscheidungsfindung.

Modell-Zuordnung anhand der Situation 3

Das Verhalten in dieser Szene lässt sich sehr gut mit dem Modell einordnen:

- Feld 1 (Blau): Der Fahrer erkennt rechtzeitig die Absicht des roten Sportwagens, den LKW und das Motorrad, und trifft eine souveräne Entscheidung – z. B. leichtes Bremsen oder sicheres Beschleunigen.
- Feld 5 (Gelb): Der Fahrer sieht, was passiert, reagiert aber zu spät – der rote Sportwagen zwingt zum abrupten Bremsen.
- Feld 12 (Rot): Es wird zwar entschieden, z. B. Gas zu geben, aber die tatsächliche Verkehrslage wurde falsch eingeschätzt – etwa durch Nichtbeachten des Spurwechsels des Sportwagens.
- Feld 13 (Rot): Es erfolgt keine klare Wahrnehmung oder Entscheidung – der Fahrer ist überfordert, was zu einer gefährlichen Situation führen kann.

Das Modell zeigt eindrucksvoll, wie stark die Qualität der Entscheidungen von der Qualität des Situationsbewusstseins abhängt. Nur wenn beides zusammenkommt, entstehen Sicherheit, Souveränität und Vorausschau – auf der Straße ebenso wie in der Luft.
Aus der Segelflugpraxis: Die Untersuchung eines französischen Sportpsychologen, hat das Entscheidungsverhalten der Piloten getestet. Dabei ist er in einem Doppelsitzer mitgeflogen und hat sich alles berichten lassen, was die Piloten in den nachfolgenden Situationen zu tun gedenken. Er hat einen französischen Meister mit mehreren Mittelklassepiloten verglichen. Er kam zu einem Gesamtentscheidungsverhältnis von 1 : 15. d. h. der französische Meister hat fünfzehnmal mehr Entscheidungen getroffen als sein Kollege, der weniger erfolgreich fliegt.
Auswirkungen auf die Sicherheit: Fehler im Situationsbewusstsein oder in der Entscheidungsfindung können schwerwiegende Folgen haben. Ein Pilot, der beispielsweise eine Wetteränderung oder eine Annäherung an eine Flugverbotszo-

ne nicht wahrnimmt, könnte ohne angemessene Reaktion weiterfliegen und sich oder andere in Gefahr bringen. Eine falsche Entscheidung – etwa bei der Wahl des Flugpfads oder der Flughöhe – kann ebenfalls schwerwiegende Konsequenzen haben.

Maßnahmen für Privatpiloten: Privatpiloten können ihr Situationsbewusstsein durch regelmäßige Trainings verbessern, die das Wahrnehmen und Bewerten von Flug- und Umgebungsbedingungen simulieren. Eine gründliche Vorbereitung, bei der sowohl das Wetter als auch mögliche Flugroute-Alternativen geprüft werden, hilft ebenfalls, auf Veränderungen vorbereitet zu sein. Entscheidungsfindungsstrategien wie das ABCD-Schema (Awareness, Brainstorm, Choose, Do) unterstützen dabei, die verfügbaren Informationen strukturiert zu nutzen und ruhig eine Entscheidung zu treffen. Situationsbewusstsein und Entscheidungsfindung lassen sich also durch präventive Maßnahmen trainieren und verbessern.

Fazit: Psychologische Fitness für sicheres Fliegen

Wahrnehmungsverzerrungen, kognitive Überlastung, Stress und Müdigkeit sind psychologische Faktoren, die Privatpiloten direkt betreffen und ihre Flugsicherheit erheblich beeinflussen können. Ein klares Situationsbewusstsein und eine gut trainierte Entscheidungsfindung sind essenziell, um in anspruchsvollen Si-

Situationsbewusstsein ist beim Segelflug noch komplexer durch die Notwendigkeit der Thermiknutzung. *(Foto:Joachim Schreiber)*

Aus der Praxis

Bei einem Ziellandewettbewerb war ein Ultraleicht im Endanflug, als vor der Landebahn ein Traktor kreuzte. Der Pilot erkannte den Traktor (hohes Situationsbewusstsein – entscheid sich aber nicht fürs Durchstarten (was bei dem Wettbewerb möglich gewesen wäre, ohne Minuspunkte zu bekommen), sondern machte nur einen kleinen Heber und versuchte zu landen. Dabei ist leider das Bugrad weggebrochen und das Flugzeug kam bei der Landung auch von der Bahn ab.

Kaputtes Bugrad nach einer missglückten Landung.
(Foto: Rainer Krumm)

tuationen sicher zu fliegen. Privatpiloten, die sich ihrer psychologischen Grenzen bewusst sind und Maßnahmen ergreifen, um diese zu minimieren, sind besser gerüstet, um ihre Aufgaben im Cockpit zuverlässig zu erfüllen. Ein gezieltes mentales Training, Checklisten, Priorisierung und eine gute Flugvorbereitung tragen entscheidend dazu bei, die Sicherheit in der Privatfliegerei zu gewährleisten und die Risiken psychologischer Beeinflussung zu minimieren.

Training für Situationsbewusstsein und Entscheidungsfindung

Situationsbewusstsein und Entscheidungsfindung sind mentale Fähigkeiten, die wie Muskeln trainiert und verbessert werden können. Gerade in der Privatfliegerei – wo Routineflüge dominieren – schleichen sich oft Wahrnehmungslücken oder Entscheidungsträgheit ein. Dieses Kapitel zeigt, wie Pilotinnen und Piloten ihr mentales Leistungsvermögen gezielt und praxisnah stärken können – alleine oder gemeinsam im Verein.

1. Training für Situationsbewusstsein

Allein-Übungen

3-Wahrnehmungstechnik (3-W-Methode):

Stelle dir regelmäßig die Frage:
a) Was sehe ich?
b) Was bedeutet das?
c) Was könnte als Nächstes passieren?
Anwendbar bei ATIS, Positionsreports, Cockpit-Scan.

Flug-Nachbesprechung mit Wahrnehmungs-Fokus:
Nach jedem Flug notieren:

a) Welche Infos habe ich nicht gesehen/gehört?
b) Was habe ich zu spät oder falsch interpretiert?
c) Wodurch wurde ich abgelenkt?
Mental-Foto-Übung: 10 Sekunden auf ein komplexes Bild (z. B. Cockpit oder Wetterkarte) schauen, dann rekonstruieren.

- Fördert bewusstes Wahrnehmen unter Zeitdruck.

Teamübungen im Verein

Situationsbild-Raten:
Einer beschreibt eine Szene, die anderen rekonstruieren sie.
Fördert aktives Zuhören und Lageverständnis.
Flugplan-Rückwärts: Einer präsentiert eine Route, andere rekonstruieren Entscheidungsverläufe.
Reflektiert Entscheidungen im Nachhinein.

2. Training für Entscheidungsfindung

Allein-Übungen

7-Sekunden-Regel: In Entscheidungsphasen bewusst innehalten:

- Was ist das Problem?
- Was sind meine Optionen?
- Was passiert, wenn ich nichts tue?

Was-wäre-wenn-Tagebuch: Nach jedem Flug hypothetische Szenarien notieren.
Schärft Reflexion und Entscheidungsflexibilität.

Teamübungen im Verein

Entscheidungsszenarien: Echte Flugvorfälle durchspielen und analysieren. Identifikation von Schlüsselentscheidungen und Fehleinschätzungen.
Rollenwechsel-Spiel: Zwei simulieren ein Cockpit. Einer entscheidet, der andere beobachtet. Nach 10 Minuten wird getauscht – mit neuen Infos.
Trainiert Anpassung und Reaktionsgeschwindigkeit.

Ein gutes Situationsbewusstsein ist die Grundlage jeder guten Entscheidung. Durch regelmäßiges Training im Verein oder allein wird das mentale „Flughandwerk“ geschärft – genau wie das fliegerische.

Trainiere nicht nur deine Landungen –
trainiere deine Denkweise.

Das Fliegen in Formation wie bei einem air-to-air-Fotoshooting bedarf einer klaren Absprache und Selbstdisziplin aller Beteiligten – und trainiert das Situationsbewusstsein und die Entscheidungsfindung. Wie schnell ist man im Vergleich zu den anderen, wie kann ich das korrigieren, wie ist die Höhe etc.? *(Foto: Rainer Krumm)*

Emotionale Faktoren: Umgang mit Angst und Selbstüberschätzung

Emotionale Faktoren wie Angst und Selbstüberschätzung haben einen erheblichen Einfluss auf die Sicherheit und das Wohlbefinden eines Piloten. Während Angst die Entscheidungsfähigkeit beeinträchtigen und zu zögerlichen oder fehlerhaften Handlungen führen kann, birgt Selbstüberschätzung die Gefahr, Risiken zu ignorieren oder sich und andere zu überschätzen – und damit das Situationsbewusstsein zu verschlechtern. Im Cockpit ist es entscheidend, beide Extreme zu erkennen und zu kontrollieren, um die eigene Leistungsfähigkeit und Sicherheit zu maximieren. Dieser Abschnitt geht auf die Bedeutung eines ausgeglichenen emotionalen Zustands ein und beleuchtet, was „Good Airmanship“ ausmacht – die Fähigkeit, selbstbewusst, aber besonnen zu handeln.

Umgang mit Angst: Sicherheit durch Selbstreflexion und Vorbereitung

Definition und Bedeutung: Angst ist eine natürliche Reaktion auf potenziell gefährliche oder stressige Situationen und kann dazu führen, dass der Pilot sich unsicher oder überfordert fühlt. In der Fliegerei, wo Entscheidungen oft unter Zeitdruck getroffen werden müssen, kann Angst die kognitive und motorische Leistung beeinträchtigen und zu einem angespannten Flugerlebnis führen. Insbesondere bei unerfahrenen Piloten tritt Flugangst häufiger auf, zum Beispiel bei schlechten Wetterbedingungen, Turbulenzen oder unerwarteten technischen Herausforderungen.

Relevanz in der Fliegerei: Während ein gewisses Maß an Respekt vor dem Fliegen und den Herausforderungen des Cockpits gesund ist, kann übermäßige Angst die Entscheidungsfindung und die Fähigkeit, klare Handlungen durchzuführen, beeinträchtigen. Ein ängstlicher Pilot zögert möglicherweise, wichtige Manöver einzuleiten oder vermeidet schwierige, aber notwendige Entscheidungen. Das kann zu gefährlichen Situationen führen, wenn die Angst die Kontrolle übernimmt und die Handlungsfähigkeit einschränkt.

Maßnahmen für Privatpiloten: Der Schlüssel zum Umgang mit Angst im Cockpit liegt in Vorbereitung und Übung. Privatpiloten können ihre Angst durch eine gründliche Flugvorbereitung, eine präzise Checklistenarbeit und durch Wiederholungsübungen für verschiedene Szenarien kontrollieren. Mentale Vorbereitung – etwa durch Visualisierungstechniken und das Durchspielen schwieriger Flugphasen – kann dabei helfen, sich auf mögliche Stresssituationen einzustellen und so das Selbstvertrauen zu stärken. Zudem kann der Austausch mit erfahrenen Piloten Ängste reduzieren, indem sie von deren Erfahrungen lernen und ein tieferes Verständnis für kritische Situationen entwickeln.

Selbstüberschätzung: Gefahr durch unrealistische Selbsteinschätzung

Definition und Bedeutung: Selbstüberschätzung beschreibt die Tendenz, die eigenen Fähigkeiten und Kenntnisse höher einzuschätzen, als sie tatsächlich sind. Piloten, die unter Selbstüberschätzung leiden, fühlen sich in der Regel sicherer und kompetenter als es ihrer tatsächlichen Erfahrung und ihrem Wissen entspricht. Dies kann zu riskanten Entscheidungen führen, weil der Pilot möglicherweise glaubt, jede Herausforderung ohne die nötige Vorsicht oder Vorbereitung meistern zu können.

Relevanz in der Fliegerei: Selbstüberschätzung ist in der Luftfahrt eine der gefährlichsten emotionalen Faktoren. Sie kann dazu führen, dass ein Pilot seine persönlichen und fliegerischen Grenzen überschreitet, beispielsweise durch das Ignorieren von Checklisten, das Übersehen schlechter Wetterbedingungen oder das bewusste Ignorieren von Warnsignalen im Cockpit. Solche Entscheidungen gefährden nicht nur den Piloten selbst, sondern auch seine Passagiere und andere Menschen am Boden. Piloten, die sich selbst überschätzen, setzen sich oft bewusst unnötigen Risiken aus, ohne die möglichen Konsequenzen vollständig abzuwägen.

Maßnahmen für Privatpiloten: Selbstüberschätzung kann durch regelmäßige Selbstreflexion und das Einholen von Feedback kontrolliert werden. Ein Pilot sollte sich stets seiner aktuellen Fähigkeiten und Erfahrungen bewusst sein und regelmäßig kritisch reflektieren, ob seine Entscheidungen sicher und fundiert sind. Das Einhalten von Checklisten, das Wiederholen von Flugübungen und das konsequente Annehmen von Feedback – auch nach Routineflügen – helfen dabei, realistisch einzuschätzen, welche Herausforderungen bereits sicher bewältigt werden können und welche noch Übung und Erfahrung erfordern. Der Austausch mit erfahreneren Piloten oder ein Mentor, der bei der Selbstreflexion unterstützt, kann ebenfalls helfen, eine gesunde Einschätzung der eigenen Fähigkeiten zu fördern.

Good Airmanship: Die Kunst des verantwortungsbewussten Fliegens

Definition und Bedeutung: „Good Airmanship" bezeichnet eine Haltung und ein Verhalten, das den Piloten dazu anleitet, stets sicher, professionell und respektvoll gegenüber den Herausforderungen der Fliegerei zu agieren. Es ist die Fähigkeit, sich selbst, das Flugzeug, die Wetterbedingungen und die Flugumgebung richtig einzuschätzen und verantwortungsbewusst zu handeln. Good Airmanship setzt sich aus vielen Elementen zusammen, darunter Demut, Respekt, Disziplin und ein gesundes Maß an Selbstvertrauen.

Zusammenhang mit Angst und Selbstüberschätzung: Good Airmanship hilft Piloten, einen emotionalen Mittelweg zu finden, bei dem weder Angst noch Selbstüberschätzung die Kontrolle übernehmen. Ein guter Pilot weiß, wann es Zeit ist, eine Entscheidung zu überdenken oder zu pausieren, und erkennt, wann er sich zurückziehen oder Unterstützung anfordern sollte. Angst wird durch gute Vorbereitung und Erfahrung kontrolliert, während Selbstüberschätzung durch regelmäßige Selbstreflexion und Bescheidenheit begrenzt wird.

Gefahr durch fehlendes Airmanship: Ein Mangel an Good Airmanship führt oft dazu, dass Piloten unnötige Risiken eingehen. Ein Pilot, der beispielsweise seine Fähigkeiten überschätzt, könnte bei schlechtem Wetter starten, das über seine Fähigkeiten hinausgeht, oder sich zu stark auf seine vermeintliche Intuition verlassen, anstatt Instrumenten und bewährten Verfahren zu vertrauen. Fehlendes Airmanship kann also dazu führen, dass ein Pilot Warnzeichen ignoriert oder auf unsichere Entscheidungen zurückgreift, was gravierende Folgen für die Flugsicherheit haben kann.

Emotionale Fitness für Privatpiloten: Selbstreflexion und Verantwortung

Für Privatpiloten ist es entscheidend, sich der eigenen Emotionen und emotionalen Neigungen bewusst zu sein. Angst und Selbstüberschätzung sind natürliche Reaktionen, die bei jedem Menschen in gewisser Weise vorhanden sind.

Good Airmanship und gute Grundeinstellungen sind auch beim Bewegen des Flugzeuges am Boden wichtig. *(Foto: Tim Krauss)*

Doch im Cockpit muss der Pilot in der Lage sein, diese Gefühle zu kontrollieren, um sicher und professionell zu fliegen. Hierzu sind regelmäßige Selbstreflexion und das Sammeln von Erfahrungen unerlässlich. Die Fähigkeit, Ängste zu erkennen und zu akzeptieren, kann Piloten dazu veranlassen, gezielt daran zu arbeiten, während eine realistische Einschätzung der eigenen Fähigkeiten durch kritisches Feedback und den Austausch mit anderen Piloten gestärkt wird.

Good Airmanship ist dabei der goldene Standard, der durch kontinuierliche Arbeit an sich selbst und an den eigenen fliegerischen Fähigkeiten erreicht wird. Ein verantwortungsbewusster Umgang mit den eigenen Fähigkeiten und Grenzen sorgt dafür, dass der Pilot stets sicherheitsorientiert handelt und nicht durch Emotionen beeinflusst wird, die zu unbedachten Entscheidungen führen könnten. Ein Pilot, der Good Airmanship lebt, setzt die Sicherheit an erste Stelle und ist sich bewusst, dass Respekt, Demut und Disziplin die Schlüssel zu einem sicheren und verantwortungsvollen Fliegen sind.

Das SAFER Modell in der Realität

Das SAFER-Modell wird in der Realität erst dann wirklich prüfbar, wenn es darauf ankommt - in einer echten Notsituation. Der folgende Gastartikel von Michael Wohlstein zeigt eindrucksvoll, wie ein Pilot unter Stress reagiert und welche kognitiven Prozesse ablaufen, wenn plötzlich aus einem entspannten Vereinsflug ein echter Notfall wird.

Michael Wohlstein beschreibt seine Notlandung mit einer SD-1 Minisport zwischen Ehingen und Laupheim mit einer erfrischenden Mischung aus Selbstironie, fliegerischer Präzision und ehrlicher Selbstreflexion. Seine Schilderung ist dabei weit entfernt von typischen „Heldenstorys" - stattdessen führt er uns durch seine Gedankenwelt während der kritischen Minuten, zeigt seine Zweifel und Überlegungen auf und scheut sich nicht, auch eigene Fehleinschätzungen zu benennen.

Besonders wertvoll macht seinen Bericht die schonungslose Analyse im Nachgang: Was lief gut? Was hätte besser laufen können? Welche Entscheidungen waren richtig, welche diskutabel? Diese Ehrlichkeit macht den Text zu einem lehrreichen Dokument über menschliche Faktoren in kritischen Flugsituationen.

Lass uns seinen Erfahrungsbericht aus der Perspektive des SAFER-Modells betrachten und sehen, wie sich Situationsbewusstsein und Entscheidungsfindung unter Stress entwickeln können.

Gastartikel von Michael Wohlstein: **Hohes Korn und tiefer Frust**

Eine Notlandung zwischen Ehingen und Laupheim; zwischen Drama, Anekdoten, Heldenstory und Selbstkritik

„Also wenn Sie mich jetzt nicht mehr brauchen, dann mache ich mal weiter." Eine erstaunlich entspannte Reaktion des Bauern, denke ich mir, schließlich hat er mir noch vor ein paar Minuten aus meinem überschlagenen Flugzeugwrack

Michael grüßt zum Abschied vom Fly In. *(Foto: Rainer Krumm)*

Die D-MUPO hebt ab zum Flug, der gleich sehr ereignisreich sein wird,… *(Foto: Rainer Krumm)*

geholfen. Aber offensichtlich macht sich die landwirtschaftliche Arbeit nicht von selbst, und so war er wieder dahin, setzte sich auf seinen Traktor und bearbeitete das Feld nebenan weiter. Hätte er doch dieses hier lieber mal schon abgeerntet gehabt, denke ich mir, es wäre eine Notlandung wie aus dem Bilderbuch geworden. Aber es ist ja nicht einmal sein Feld, sondern das vom Nachbarn, und hätte, hätte, Fahrradkette. Aber von vorn. Es ist der 12. Juli 2025. Ein Samstag. Was soeben auf einem Acker genau in der nordwestlichen Ecke der Kontrollzone Laupheim so unerwartet endete, begann etwa eine halbe Stunde zuvor zunächst sehr idyllisch im wunderschönen Bad Waldsee. Gruß an den „Pilot Alex“ an dieser Stelle.

Es sollte der Rückflug zu meinem Heimatflugplatz Heubach werden. Ich hatte die Flieger Bad Waldsee besucht. Fly-in zum 75-jährigen Bestehen des dortigen Vereins. Und wie eigentlich immer, wenn ich in meiner kleinen SD-1 Minisport, der „Mupo“ (Kennzeichen D-MUPO), irgendwo auftauche, muss ich mich recht zügig ans Erklären dieses niedlichen Fliegerchens machen. Dass man damit so weit herumreisen kann, überrascht wohl immer wieder, aber die Länderflaggen links hinter dem Cockpit kommen ja nicht von irgendwo her. Das Ding ist Fun pur! Seit etwa zwei Jahren bin ich sehr fleißig damit unterwegs, mehr als 200 Stunden insgesamt, und nach wie vor entzückt, wie man aus etwas Holz und ein paar Schrauben ein so wunderbares Ultraleicht bauen kann. Der Erklärmarathon inklusive obligatorischer „Motorshow“ des 33 PS „starken“ modifizierten Briggs&Stratton ist irgendwann beendet, die Cowling wieder aufgesetzt und die Camlocks ordentlich verriegelt. Das Triebwerk ist soweit absolut unauffällig, das ist an dieser Stelle nicht ganz unwichtig. Ich sitze im Cockpit, winke gut gelaunt ein paar Besuchern zu und rolle hinter einer anderen Maschine gemütlich zum Rollhalt der Piste 32 in Bad Waldsee. Die „Checkliste am Rollhalt“ ist abgearbeitet und die andere Maschine bereits in der Luft. Ich rolle auf die Bahn, lege den Hebel auf den Tisch, wie man so schön sagt, und bin zum Glück vor dem Querweg auf Bahnmitte schon in der Luft. Alles fühlt sich gut an, ich folge der Platzrunde in den Querabflug und melde mich mit einem herzlichen Dank an den Turm Bad Waldsee in Richtung Norden ab. „Servus, bis zum nächsten Mal“, Ziel Heubach.

Das Wetter heute ist ein Traum für Segelflieger,
denke ich mir und erinnere mich an mein erstes Fliegerleben, das im zarten Alter von 13 Jahren in meiner alten Heimat Mühldorf am Inn begann. Und dieser Traum für Segelflieger erklärt auch, warum es mich in meiner maximal 240 kg Abfluggewicht leichten SD-1 recht ordentlich herumschüttelt. Das wird gleich auch nicht ganz unwichtig sein. Die FIS-Lotsen sind hörbar dauerbeschäftigt und so braucht es ein bisschen, bis ich Squawk, QNH und Zusage Verkehrsinfos bekomme. Meine Reiseflughöhe von 3500 Fuß MSL nach Halbkreis-Flugregeln hatte ich da schon erreicht. Bei so einem Wetter bleibe ich ganz gerne etwas weiter unten, so kommen einem auf der Schwäbischen Alb deutlich weniger Segelflieger in die Quere. Bzw. ich ihnen. Auch diese Entscheidung wird gleich eine gewisse Bedeutung erhalten. Etwa 15 Minuten vergehen, als ich dann doch etwas Größeres vor und etwas über mir kreisen sehe. Wieso ich nicht frühzeitig eine akustische Verkehrswarnung auf mein Headset bekomme, erklärt sich mit einer seltsamerweise nicht bestehenden Bluetooth- Verbindung. Ärgerlich, denke ich mir. Also opfere ich, anstatt jetzt einen Haken nach links oder rechts zu schlagen, 500 Fuß, passiere den wunderschönen Segler mit großzügigem Abstand unterhalb und klettere danach wieder auf meine 3.500 Fuß Reiseflughöhe. Bis hierhin noch nichts Besonderes. Das aber ändert sich schlagartig. Ich hätte gerne meinen blöden Gesichtsausdruck gesehen, als ich die knallrote, sehr helle und wirklich penetrant leuchtende Öldruckwarnlampe realisiere, die da wie aus dem Nichts oben links aus meinem Panel strahlt. Instinktiv nehme ich etwas Gas raus und schalte die elektrische Ölpumpe dazu, aber das Ding leuchtet einfach weiter. „Shit“, denke ich mir. Nicht gut, aber die Kiste fliegt ja noch. Also erstmal orientieren. Ich bin etwa 2 Kilometer östlich von Ehingen (Donau). Halbkreis links. Blick nach unten. Okay, hier sind auf jeden Fall Felder, sollte sich das Ding jetzt gleich verabschieden. Schon mal gut. Da hinten westlich ist irgendwo ein Segelfluggelände, welches ich aber nicht kenne. Ist mir nur vom Hinflug in Erinnerung, weil ich es da laut Handy-Navi-Karte (SkyDemon) eigentlich hätte sehen müssen, es aber optisch nicht identifizieren konnte. In dieser Höhe, mittlerwei-

le nur noch ca. 3.000 Fuß MSL und damit nur gut 1.000 Fuß über Grund, dann quasi „IFR", nur nach Navi und direkt über die Stadt Ehingen mit roter Öldruckwarnleuchte ein mir unbekanntes Fluggelände relativ niedrig anzufliegen, ist mir zu riskant. Was, wenn der Quirl kurz nach der Entscheidung und dann direkt über Ehingen ausgeht? Dann kann ich wohl nur noch die Rettung ziehen. Also rechts herum, da hinten ist Laupheim. Etwas weiter weg, aber das Gelände ist in östlicher Richtung ins Donautal leicht abfallend, sehr flach, und sollte es nicht bis zum Flugplatz reichen (Flugzeit ca. 5 Minuten), würde es schon genügend schöne Felder geben, um die Kiste sicher runterzubringen. Offensichtlich eine Fehleinschätzung, wie sich noch zeigen wird. Ich melde mich – erstaunlich ruhig wie ich finde – mit PANPAN bei Langen und sage, dass ich aufgrund Öldruckwarnanzeige nach Laupheim ausweiche. Die dortige Frequenz bekomme ich von Langen leider nicht mehr, es ist einfach zu viel los, und so fummle ich bei dem ganzen thermisch-böigem Gewackel leicht genervt in SkyDemon rum, bis ich endlich die 122,100 für „Lima Tower" herausfinde.

Die Go-to-nearest-Funktion hätte man auf dem Sofa ja einfach mal üben können,

denke ich mir: „Lima Tower, Delta Mike Uniform Papa Oskar, PANPAN PANPAN PANPAN". Es folgt eine sofortige Reaktion, meine kurze Situationsbeschreibung und die Info, dass die 27 in Betrieb wäre. „Das ist mir in meiner Situation, bei 1,5 km Bahnlänge und kaum Wind, völlig egal", denke ich mir noch, als es einen spürbaren Drehzahlabfall gibt, der Gashebel in meiner linken Hand keine ernsthafte Reaktion mehr hervorruft und kurz darauf die Latte hinter dem Spinner keine Lust mehr hat, sich zu drehen. Das ganze Öl ist offensichtlich raus und zum Glück bin ich jetzt nicht über Ehingen, denn das ging echt schnell. „Delta Papa Oskar, jetzt MAYDAY, Motor steht." – „Äh, ja, viel Glück!", kommt es ganz trocken zurück auf mein Headset. Kein Witz. Ich bedanke mich mit leichter Ironie in der Stimme, aber doch herzlich, und sage noch: „Kein Problem, hier sind überall große Felder, ich rufe Euch gleich an." Das habe ich übrigens nicht getan, was aber nur daran liegt, dass ich keine veröffentlichte Telefonnummer des Laupheimer Turms gefunden habe. Dann halt an dieser Stelle beste Grüße an den mitfühlenden Lotsen, es geht mir ganz hervorragend. Blick nach rechts unten. Alles recht kleinteilig und überraschenderweise ziemlich wellig. Blick nach links unten, alles großräumig und flach. Also lieber links halten. Da sind ein paar kleinere Wiesen, aber durch Zäune getrennt (nicht gut), dort ist hoher Mais (auch nicht gut), aber dieses Kornfeld da wird funktionieren. Riesig, absolut flach, freier Anflug, den Umständen entsprechend also prima. (Anmerkung des Verfassers: Dass sich meine realen Optionen durch den kontinuierlichen Höhenverlust in Wahrheit merklich reduziert hatten, wurde mir erst im Nachgang bewusst. Ich hatte vielleicht noch 600 Fuß über Grund, als die Mupo tatsächlich ein reines Segelflugzeug wurde.) Auch jetzt erlebe ich mich erstaunlich ruhig. Und definitiv weniger irritiert als ein paar Minuten zuvor beim Aufleuchten der roten Warnlampe. „Mit Motorstillstand rechnen" steht wohl nicht nur im Handbuch der SD-1. Das habe ich definitiv getan, und Ziellandeübungen nach simuliertem Motorausfall habe ich mit meiner Mupo oft genug gemacht. Alleine in dieser Flugsaison bestimmt 10-mal, inklusive wirklichem „dead stick", also dann tatsächlich im reinen Segelflug. Damit wollte mich mein UL-Prüfer übrigens auch während des Prüfungsfluges ärgern. Hat nicht so geklappt. „Damit kann man einen Segelflieger nicht erschrecken, gell?", meinte er nur. „Nein, nicht wirklich." Ein Segelflieger im Herzen mag ohnehin eigentlich keinen Quirl. Leichte Linkskurve, ich bin bereits im Queranflug und weiß genau, wo ich den Flieger hinhaben möchte. Etwas weiter vorne Richtung Ende des Feldes, damit wir dann nicht so weit zum Hänger schleppen müssen. (Anmerkung des Verfassers: Zum Hänger werden wir dann dennoch sehr ordentlich schleppen, aber dazu gleich mehr.) Ich setze die Klappen auf Stufe 1, Geschwindigkeit knappe 100, perfekt. Eindrehen Endanflug, Geschwindigkeit knappe 100, perfekt, Endanflug, Klappen in Landestellung, ich reduziere auf 90 und erinnere mich kurz an meine Segelflug-Außenlandungen. Gefühl irgendwie nicht ganz unbekannt, wenngleich jetzt schon ... intensiver. Sieht alles gut aus. Ich freue mich schon – auch kein Witz – über eine perfekte Außenlandung. Bis hierhin hatte ja alles wunderbar geklappt. Ich beginne den Abfangbogen, peile lehrbuchmäßig die Oberseite der Ähren an und wirklich erst in diesem Moment wird mir bewusst, dass der Bewuchs doch deutlich höher ist, als zunächst eingeschätzt. Der Knüppel ist am Bauch und ich denke mir noch „das kann jetzt ordentlich bremsen", als ich irgendwie unbeteiligt merke, wie es mich nach vorne in die zum Glück straff gezogenen Gurte pfeffert. Als ich die Augen wieder aufmache, traue ich diesen zunächst nicht.

Ich blicke nach oben und sehe nicht den erwarteten weiß-blauen Himmel,
sondern orangefarbene Ähren. Dass es mich überschlagen habe, checke ich sofort. Dass ich in meinem Flugzeug eingeklemmt bin, erst ein paar Augenblicke später. Die SD-1 ist ein Tiefdecker mit seitlich öffnender Haube. Das ist jetzt doof. „Bitte brenn nicht, was für ein Kack-Tod hier auf dem Acker", ist mein erster bewusster Gedanke. Ein auch heute noch gruseliger Gedanke. Aber es riecht nicht komisch, es läuft offensichtlich auch nichts aus, der Brandhahn ist zu, die Schalter alle unten und damit würde das Leben offensichtlich weitergehen. Zumindest, wenn ich hier irgendwie rauskomme. Ich löse die Gurte, bemerke die zersplitterte Haube und versuche zunächst, durch diese irgendwie hindurch zu kriechen. Mit dem Kopf schon halb draußen beschließe ich aber den Rückzug.

Die überschlagene D-MUPO nach der Landung *(Foto: Michael Wohlstein)*

Sich jetzt noch die Halsschlagader aufzuschneiden, ist auch kein tolles Ende, denke ich mir. Und recht lange kann der Bauer ja nicht brauchen, den ich mit seinem Traktor im Endanflug vor mir auf dem anderen Feld gesehen hatte. Mein Handy habe ich mittlerweile gefunden und auch meinen PLB-Notsender (Personal Locator Beacon) habe ich schon in der Hand. Ich hätte nie gedacht, dass ich den mal kopfüber in einem Kornfeld bei Laupheim als dankbare letzte Möglichkeit ansehen würde.

Als auch die Versuche, den Rumpf mit dem Buckel nach oben zu schieben und damit die Haube zu öffnen, scheiterten – bitte nicht lachen – die Mupo wiegt leer ja nur 120 kg, beschließen ich, zunächst einmal akustisch auf mich aufmerksam zu machen. Ein „Hilfe" will ich nicht rufen. Ich doch nicht, das ist unter meiner Fliegerwürde. Also entscheide ich mich für ein suchendes „Hallooo?!" – „Haaallo?!" kommt es sehr zaghaft zurück. „Da ist er ja endlich", denke ich mir. Keine Ahnung, wie lange er da schon stand. Ist ihm beim Anblick der Maschine auch nicht zu verdenken. Er musste mit dem Schlimmsten rechnen. Dass aus diesem Wrack noch jemand „Hallo" rausruft, hatte ihn offensichtlich überrascht. „Könnten Sie bitte die Tragfläche etwas anheben?", frage ich höflich, und diese Herausforderung ist für einen waschechten Landwirt natürlich überhaupt keine. Mit seiner Hilfe schaffe ich es heraus, stehe auf, schüttele mir ungläubig die Körner von der Kleidung, schnaufe einmal kräftig durch und blicke in verdutzte Gesichter. Der Bauer hat offensichtlich auch eine Bäuerin. „Ja, Scheiße!", sage ich nur. Aber soweit ich das beurteilen kann, fehlt mir überhaupt nichts. Über meine Mupo kann man das nicht sagen. Das Bugfahrwerk total verbogen, weil ordentlich eingeschlagen, der Rumpf unten (also jetzt oben) beschädigt, die rechte Tragfläche an der Wurzel angerissen. Das T-Höhenleitwerk (jetzt unten auf dem Boden) hat offensichtlich gehalten und den Überschlag abgefangen. Insgesamt sind es, dem Schaden im Feld nach zu urteilen, vielleicht 10 – 12 Meter Lande„roll"strecke. Persönlicher Rekord. Ich blicke auf mein Handy. Rainer Krumm hat mir wunderschöne Bilder von meinem Start in Bad Waldsee geschickt. „Schön, dass Du da warst" steht dabei. Die Fotos von meiner Landung sind hingegen nicht ganz so schön, denke ich mir. Dann folgt ein Anruf bei der Polizei und ein Telefonat mit dem AIS in Langen. Die sind froh, dass ich mich selber melden kann, bin ich ihnen schließlich unerwartet vom Radarschirm verschwunden. Dass die ganze Maschinerie auch ohne Flugplan sehr schnell reagiert, wird mir dann beim Telefonat mit meinem Zielflugplatz bewusst. Der ist schon informiert, dass die „DeltaMUPO irgendwo vor Heubach runtergefallen“ ist. Vielleicht braucht die FIS höher auflösende Radare, denn Laupheim ist definitiv nicht kurz vor Heubach, liebe FIS. Entschuldigung meinerseits an Niklas (den Betriebsleiter in Heubach) für die Aufregung und Lessons Learned für uns alle: Mit FIS in Verbindung stehen, muss niemals schaden. Die BFU interessiert sich nicht wirklich für meine Notlandung. „UL, nicht in der Luft zerlegt und niemand gestorben – da kümmern wir uns nicht weiter drum.“ Und so bleibt es bei der mündlichen Unfallmeldung. Die Polizei macht ihrem Ruf als Freund und Helfer alle Ehre. Ich erzähle meine Story und gemeinsam wird mit Vorgesetztenhilfe versucht, die Lage vorschriftsmäßig abzuarbeiten. „So etwas hatten wir noch nicht“, spricht der Herr Polizeioberkommissar. „Ich auch nicht“, erwidere ich nur. Ich darf dankenswerterweise mein Handy laden und versuche währenddessen, den Sicherungssplint für das Rettungssystem wieder in Position zu bringen, damit wir den Flieger gefahrlos an den Rand des Feldes schleppen können.

Kaum auszudenken, wäre die Rakete auf dem Rücken liegend mit mir noch im Cockpit losgegangen. Das Korn ist wirklich verdammt trocken. Das mit dem

Die Polizei – Dein Freund und Helfer. Michael Wohlstein in der Mitte seiner Helfer. *(Foto. Michael Wohlstein)*

Sicherungssplint ist aufgrund der „Lageänderung“ der Mupo zunächst gar nicht so einfach, klappt dann aber zum Glück doch. Zurück am Polizeiauto fällt mir von außerhalb auf, dass man die kleine Maschine in dem hohen Bewuchs überhaupt nicht sieht. Was, wenn der Bauer mich doch nicht bemerkt hätte? Einen Notsender für Österreich und die Alpenüberquerung, okay. Aber für das Donautal in Oberschwaben? Ich bin irritiert und bemerke, wie ich leicht den Kopf schüttele. Die Polizisten, inklusive der nun eingetroffenen Verstärkung, laufen mir im Gänsemarsch hinterher zum Wrack. Irgendwie ist die ganze Szene surreal. Ich bin kein religiöser Mensch, aber als die Polizisten die Einzelteile so zusammensuchen, durchfährt es mich ganz kurz und ich überlege, ob ich in das Ding vielleicht doch als Geist verlassen habe und mir die ganze Sache jetzt von außerhalb ansehen darf. So wie im Film. „Quatsch“, schimpfe ich mich selber, die reden ja mit mir. Also geht es wohl im Diesseits weiter. Dass eine Tragfläche nur knappe 13 Kilogramm wiegt, nehmen die Polizisten erfreut zur Kenntnis. Die Freude währt aber nur kurz, die restlichen knapp 100 Kilogramm an Masse sind offensichtlich alle im Rumpf versteckt. Aber mit vereinten Kräften schaffen wir die Mupo in all ihren großen und kleinen Einzelteilen an den Rand des leider doch zu hohen Feldes. Fliegerkamerad Sascha ist bereits mit dem Hänger unterwegs, die Polizei beendet die Lage und will noch ein heute ikonisches Foto mit ihnen, mir und der am Feldrand abgelegten Maschine. Der hilfsbereite Bauer fährt weiter Traktor und ein Mitarbeiter des tatsächlichen Landbesitzers bekommt meine Kontaktdaten. Ich setze mich gemütlich auf eine nahe Bank im Schatten und überlege, was vor mittlerweile ein paar Stunden offensichtlich gut – ich bin nach einer Notlandung de facto unverletzt – und was nicht gut – mein Flugzeug fliegt erst einmal nicht mehr – gelaufen ist.

Hätte ich doch etwas risikofreudiger versuchen sollen,
das mir unbekannte Segelfluggelände hinter Ehingen zu erreichen? Wozu habe ich denn GPS? Habe ich zu lange mit der Entscheidungsfindung für Laupheim gebraucht? War meine Situational Awareness nicht gut genug? Es ist mit Sicherheit wertvolle Zeit vergangen, bis ich mir völlig darüber im Klaren war, was nun zu tun ist. Ist es doch besser, in größerer Höhe den vielen Segelfliegern ausweichen zu müssen, als unten, ohne viel Reserve, im Fall der Fälle weniger Optionen zu haben? Wieso habe ich den Höhenverlust während der Orientierungsphase der beiden Halbkreise nicht klar bemerkt? Wäre es besser gewesen, sich in den verbleibenden Minuten nach der roten Warnleuchte noch möglichst weit nach oben zu schrauben und/oder sich gleich ein wirklich schönes Feld zu suchen und dort eine Sicherheitslandung zu machen? Blöd nur, wenn man den Flieger dann zerschmeißt und der Motor noch funktioniert, denke ich mir. Müsste man im Juni/Juli – und damit vor der Erntezeit – nicht immer 2.000 Fuß höher

fliegen als sonst? Wie kann man sich so im Bewuchs verschätzen? Hätte ich an irgendeiner Stelle – aber an welcher – lieber die Rettung ziehen sollen? Während des gesamten Notfalls kam mir dieser Gedanke überhaupt nicht, ich war bis zum Schluss davon überzeugt, dass ich genug wunderbare Landeoptionen habe und das Feld da soweit prima ist. Tja. Viele Fragen auf jeden Fall, die mir in den Sinn kommen. Dass ich nach einem echten Luftnotfall nun unversehrt auf einer Bank sitzen darf, ist mir momentan egal. Ich bin ziemlich frustriert und „narzisstisch gekränkt", dass meine fliegerischen Fähigkeiten offensichtlich nicht gut genug sind, mich und meine Maschine in wirklich jeder Situation zu retten. Erfahrungsgemäß sind es aber genau diese narzisstischen Kränkungen, die einen als Persönlichkeit reifen lassen. Der Personalentwickler in mir spricht. Ein schwacher Trost, aber immerhin einer. Ein paar überfällige Telefonate mit der Familie lenken mich zum Glück ab, Luc Skywalk will laut WhatsApp eine Kerze für mich anzünden, und dann biegt auch schon der Sascha mit dem Hänger um die Ecke und ich bekomme endlich etwas zu trinken. Danke, Sascha! Als wir die Mupo verladen, kommt die hilfsbereite Bäuerin nochmal zu uns und will von mir wissen, ob ich jemals wieder in ein Flugzeug steigen werde. Sascha und ich blicken uns ungläubig an. Diese Frage verstehen wir irgendwie beide nicht.

Kurze Nachbetrachtung

Augenscheinliche Ursache für den rapiden Ölverlust war ein gelöster Verbindungsschlauch zum Ölkühler. Das ging dann wie bei einer geöffneten Hauptschlagader. Zu dem Segelfluggelände im Westen hätte es mit den vier, fünf Minuten Motor-Restlaufzeit, die es dann faktisch waren, wahrscheinlich gereicht. Nach Laupheim – auch bei noch früherer Entscheidung – definitiv nicht mehr. Ich wäre auf jeden Fall vor dem Flugplatzgelände irgendwo gesessen. Wann es für mich im Jenseits weitergeht, liegt in den Händen Gottes. Wie es fliegerisch weitergeht, in denen meiner Frau. Ihre erste Reaktion zu Hause: „Dann baust dir halt jetzt ne Neue." Zumindest in dieser Hinsicht habe ich offensichtlich alles richtig gemacht!

Michael Wohlstein

SAFER-Analyse: Was Michael Wohlstein richtig gemacht hat

Michael Wohlsteins Notlandung ist aus Sicht des SAFER-Modells ein faszinierendes Beispiel dafür, wie ein Pilot unter extremem Stress trotz einiger Unsicherheiten letztendlich die richtigen Entscheidungen trifft. Seine ehrliche Selbstreflexion ermöglicht es uns, die kognitiven Prozesse während eines echten Notfalls zu analysieren.

Situationsbewusstsein: Von Rot zu Grün

Positive Aspekte:

- **Sofortige Gefahrenerkennung**: Wohlstein erkannte die rote Öldruckwarnleuchte umgehend als kritisches Signal und leitete sofort erste Maßnahmen ein.
- **Kontinuierliche Lagebeurteilung**: Er behielt während der gesamten Situation den Überblick über Terrain, Wetter und verfügbare Optionen.
- **Realistische Risikoeinschätzung:** Die Entscheidung gegen das unbekannte Segelfluggelände bei niedriger Höhe über der Stadt Ehingen war situationsangemessen und verantwortungsbewusst.

Entwicklungspotential:

- **Höhenverlust-Monitoring**: Wie er selbst kritisch anmerkt, unterschätzte er den kontinuierlichen Höhenverlust während der Orientierungsphase.
- **Feldbeurteilung**: Die Einschätzung der Kornhöhe erfolgte erst spät im Anflug – ein klassisches Problem bei Außenlandungen.

Entscheidungsfindung: Strukturiert unter Druck

Exzellente Entscheidungen:

- Prioritätensetzung: Wohlstein folgte der bewährten Regel „Aviate, Navigate, Communicate" – erst fliegen, dann navigieren, dann funken.
- Ausweichplatz-Wahl: Die Entscheidung für Laupheim statt des unbekannten Segelfluggeländes war bei den gegebenen Umständen (niedrige Höhe, Stadt darunter) richtig.
- Anflugplanung: Trotz Stress führte er eine strukturierte Platzrunde mit korrekter Geschwindigkeits- und Klappensteuerung durch.
- Notfunk-Verhalten: Professionelle Kommunikation mit PANPAN und später MAYDAY, klare Situationsbeschreibung.

Bemerkenswerte Ruhe: Seine Gelassenheit während des gesamten Notfalls - von der ersten Warnung bis zur Landung – zeigt die Qualität seiner fliegerischen Ausbildung und mentalen Vorbereitung.

SAFER-Einordnung: Zone 2 – 4 (Grün)

Wohlsteins Verhalten lässt sich größtenteils in den grünen Bereich des SAFER-Modells einordnen:

- **Hohes bis mittleres Situationsbewusstsein** kombiniert mit **guter bis sehr guter Entscheidungsfindung**
- Trotz einzelner Unsicherheiten (Höhenverlust, Feldbeurteilung) blieb er in der sicheren Zone des Modells
- Seine Selbstkritik zeigt gesunde Selbstreflexion – ein Zeichen für reife fliegerische Persönlichkeit

Die wertvollste Lektion

Am beeindruckendsten ist Wohlsteins mentale Vorbereitung: Er hatte Notlandungen regelmäßig trainiert, war mit seinem Flugzeug vertraut und kannte seine Grenzen. Als es darauf ankam, griffen diese Automatismen. Seine Segelflug-Erfahrung half ihm, das motorlose Fliegen nicht als Katastrophe, sondern als normale (wenn auch ungewollte) Flugphase zu betrachten.

Fazit: Michael Wohlstein hat bewiesen, dass gute Vorbereitung, regelmäßiges Training und ehrliche Selbstreflexion die besten Voraussetzungen für sicheres Fliegen sind – auch und gerade in Notsituationen. Seine Geschichte zeigt: Nicht die perfekte Landung macht einen guten Piloten aus, sondern die Fähigkeit, unter Druck die richtigen Entscheidungen zu treffen und hinterher ehrlich zu analysieren, was verbessert werden kann.

Seine Frau hatte übrigens recht: „Dann baust dir halt jetzt ne Neue.“ Manchmal ist die einfachste Lösung die beste – und das Leben geht weiter, idealerweise mit noch mehr Erfahrung im Cockpit.

© Joachim Schreiber

Kapitel 5

Menschliches Leistungsvermögen in der Pilotenausbildung

Aktuelle Inhalte der Pilotenausbildung im Bereich „Human Factors“

Die Schulung im Bereich „Human Factors“ und „Menschliches Leistungsvermögen“ ist ein zentraler Bestandteil der Pilotenausbildung. Sie zielt darauf ab, Piloten für die psychologischen, physiologischen und sozialen Aspekte des Fliegens zu sensibilisieren und ihnen Werkzeuge an die Hand zu geben, um sicherheitsrelevante Herausforderungen erfolgreich zu meistern. In Deutschland, Österreich und der Schweiz hat sich die Ausbildung in diesem Bereich in den letzten Jahren weiterentwickelt, wobei insbesondere in der kommerziellen Luftfahrt ein hoher Standard erreicht wurde. In der Privatfliegerei hingegen sind Human Factors und Menschliches Leistungsvermögen oft weniger intensiver Bestandteil der Ausbildung.

Vermittelte Inhalte: Was wird derzeit gelehrt?

Im Bereich „Human Factors“ lernen Piloten in Deutschland, Österreich und der Schweiz die psychologischen und physiologischen Grundlagen menschlicher Leistungsfähigkeit, Wahrnehmungsverzerrungen, Stress- und Müdigkeitsbewältigung sowie den Einfluss sozialer Dynamiken im Cockpit. Diese Themen umfassen unter anderem:

- **Wahrnehmungsverzerrungen und visuelle Illusionen**: Piloten lernen, wie Wahrnehmung und Realität im Cockpit auseinanderdriften können, und werden in Strategien geschult, um diesen Illusionen entgegenzuwirken.
- **Stressmanagement und Müdigkeitsbewältigung**: Diese Schulung umfasst Techniken zur Reduzierung und Prävention von Stress und Müdigkeit, da diese Faktoren die Konzentrations- und Entscheidungsfähigkeit des Piloten erheblich beeinträchtigen können.
- **Kommunikation und Crew Resource Management (CRM)**: Besonders in der kommerziellen Luftfahrt wird Wert auf die soziale Dynamik im Cockpit gelegt. Piloten lernen, wie sie Informationen klar und präzise kommunizieren und ihre Crew-Ressourcen effizient nutzen.
- **Situationsbewusstsein und Entscheidungsfindung**: Piloten lernen, wie sie ein gutes Situationsbewusstsein aufrechterhalten und unter Stress klare und durchdachte Entscheidungen treffen können.

Die Inhalte zielen darauf ab, Piloten zu vermitteln, dass menschliche Fehler die größte Sicherheitsgefahr in der Luftfahrt darstellen. Sie werden für ihre eigenen Grenzen sensibilisiert und geschult, wie sie diese durch Disziplin, Routine und eine strukturierte Vorgehensweise im Cockpit kontrollieren können.

Umsetzung und Defizite: Wie wird die Schulung durchgeführt?

Die Schulung im Bereich Human Factors und Menschliches Leistungsvermögen wird meist als Kombination aus Theorieunterricht und praktischen Anwendungen vermittelt. In der **kommerziellen Luftfahrt** ist das Training besonders strukturiert und besteht aus mehreren Komponenten:

1. **Theorieunterricht**: Zunächst wird das Wissen in Lehrbüchern und Unterrichtseinheiten vermittelt. Piloten lernen die Grundlagen der Human Factors und verstehen, wie psychologische und physiologische Faktoren im Cockpit wirken.
2. **Simulatortraining**: Viele Schulen integrieren Simulatortraining, in dem Piloten unter realistischen Bedingungen lernen, wie sie auf Stress, technische Herausforderungen und unvorhergesehene Situationen reagieren können.

3. **Crew Resource Management (CRM) und Situationsübungen**: In der kommerziellen Ausbildung wird ein großer Wert auf CRM und die Zusammenarbeit zwischen den Cockpitmitgliedern gelegt. Szenarien werden durchgespielt, um die Kommunikationsfähigkeiten und das Teamwork zu stärken und die Sicherheit im Cockpit zu fördern.

Defizite gibt es jedoch, insbesondere in der Ausbildung für die Privatfliegerei. Hier sind Human Factors und Menschliches Leistungsvermögen weniger strukturiert und oft nur in kurzen Theorieeinheiten behandelt. In vielen Privatpilotenschulungen fehlt es an praktischem Training im Simulator oder an Übungen, die gezielt auf die Entwicklung der sozialen und psychologischen Fähigkeiten eines Piloten abzielen. Notsituationen und Sondersituationen sollten viel häufiger geübt werden, um im Fall der Fälle eine schnelle und richtige Entscheidung herbeiführen zu können. Die Inhalte werden zwar vermittelt, jedoch ohne die Tiefe und Praxisnähe der kommerziellen Ausbildung.

Umfang der Ausbildung im Vergleich: Privatfliegerei vs. kommerzielle Luftfahrt

Der Umfang der Ausbildung im Bereich Human Factors und Menschliches Leistungsvermögen ist in der **kommerziellen Luftfahrt** erheblich umfassender als in der Privatfliegerei. In der kommerziellen Luftfahrt nimmt die Schulung zu diesen Themen einen festen Platz im Ausbildungsplan ein. Inhalte wie Situationsbewusstsein, CRM und Stressbewältigung werden regelmäßig aktualisiert und weiterentwickelt. Die Piloten erhalten zudem regelmäßige Auffrischungskurse und Simulationen, um sicherzustellen, dass diese Fähigkeiten im Ernstfall abrufbar sind.

In der **Privatfliegerei** hingegen ist der Umfang weitaus begrenzter. Hier sind Human Factors meist Teil der theoretischen Ausbildung, jedoch ohne die intensiven praktischen Trainings, die in der kommerziellen Ausbildung obligatorisch sind. Während kommerzielle Piloten auf komplexe Szenarien vorbereitet werden, die von technischen Herausforderungen bis hin zu psychologischen Stresssituationen reichen, ist das Training für Privatpiloten oft auf Grundlagen beschränkt. Dies kann dazu führen, dass Privatpiloten weniger auf psychologische Herausforderungen im Cockpit vorbereitet sind und weniger Strategien zur Bewältigung von Stress, Müdigkeit oder Situationsdruck erlernt haben.

Verbesserungsmöglichkeiten und Ausblick

Um das Sicherheitsniveau in der Privatfliegerei weiter zu steigern, wäre eine verstärkte Schulung in Human Factors und Menschlichem Leistungsvermögen sinnvoll. Ein intensiverer Einsatz von Simulatoren, in denen Privatpiloten Stresssituationen und psychologische Herausforderungen bewältigen lernen, könnte die

Gerade bei Formationen oder Fotoshootings ist das Crew Resource Management mit dem Piloten des anderen Flugzeuges und auch der Passagiere wichtig und sicherheitsrelevant.
(Foto: Rainer Krumm)

Flugsicherheit langfristig erhöhen. Auch gezielte Auffrischungskurse zu Themen wie Stressbewältigung und Wahrnehmungsverzerrungen wären hilfreich, um das Wissen der Privatpiloten auf dem neuesten Stand zu halten und ihnen eine professionelle, sicherheitsbewusste Haltung zu vermitteln.

In Deutschland, Österreich und der Schweiz ist die Umsetzung einer solchen erweiterten Ausbildung bereits in der Diskussion, und erste Fliegerschulen haben begonnen, Elemente wie Simulationen und CRM-Training in ihre Privatpilotenausbildung zu integrieren. Diese Entwicklung ist ein Schritt in Richtung einer umfassenderen und praxisorientierteren Ausbildung, die Piloten aller Lizenzen dabei unterstützen soll, ihre Fähigkeiten im Bereich Human Factors und Menschliches Leistungsvermögen stetig zu verbessern.

Spannende Erkenntnisse über die 15 CRM-Prinzipien und die 12 Dirty Dozen Prinzipien

Die 15 CRM-Prinzipien bieten Privatpiloten eine strukturierte Methode zur Selbstführung, Entscheidungsfindung und Sicherheit im Alleinflug. Ursprünglich für Teamarbeit im Cockpit entwickelt, lassen sie sich auf die Privatfliegerei übertragen, indem die „Crew“ aus Technik, Checklisten, Umweltfaktoren und der eigenen Selbstreflexion besteht. Zentrale Elemente sind vorausschauende

Planung, effektive Kommunikation, konsequente Nutzung aller Ressourcen und regelmäßige Selbstüberprüfung. Die Prinzipien fördern situatives Bewusstsein, mentale Disziplin und eine dynamische Priorisierung in komplexen oder kritischen Situationen.
Das „Dreckige Dutzend" beschreibt hingegen die 12 häufigsten menschlichen Fehlverhalten, die die Flugsicherheit gefährden. Diese beinhalten u.a. Druck, Erschöpfung, Ablenkung, mangelnde Kommunikation, Selbstgefälligkeit und unzureichende Teamarbeit. Sie basieren auf realen Unfällen und sollen das Bewusstsein für persönliche Schwächen schärfen. Für Privatpiloten bedeutet das: Wer diese Fehlerquellen erkennt und aktiv gegensteuert – z. B. durch sorgfältige Vorbereitung, klare Kommunikation, gesunden Selbstzweifel und konsequente Regelbefolgung – kann die eigene Sicherheit und Entscheidungsqualität maßgeblich verbessern.

CRM zeigt *wie* man richtig handelt, das Dirty Dozen *wovor* man sich schützen muss. Gemeinsam bilden sie die Grundlage für verantwortungsvolles, sicheres und reflektiertes Fliegen.

Diese 15 CRM Prinzipien und das „dreckige Duzend" wird in den folgenden Abschnitten vorgestellt.

Lernen aus den 15 CRM-Prinzipien: Crew Resource Management für Privatpiloten

Einführung in Crew Resource Management (CRM)

Das Crew Resource Management (CRM) wurde ursprünglich in der Luftfahrt entwickelt, um die Sicherheit und Effizienz im Cockpit durch optimale Nutzung aller verfügbaren Ressourcen – seien es technische Hilfsmittel oder zwischenmenschliche Fähigkeiten – zu fördern. Die 15 CRM-Prinzipien, wie sie von Rall und Gaba entwickelt wurden, bieten eine strukturierte Herangehensweise, um im Team unter anspruchsvollen Bedingungen richtig zu handeln. Obwohl CRM für die Zusammenarbeit in Teams konzipiert ist, können die Prinzipien für Privatpiloten im Alleinflug übertragen werden, indem sie ihre „Crew" in eine Kombination aus Technik, Checklisten, Umweltfaktoren und ihrer eigenen Selbstreflexion integrieren.

Hier sind die 15 CRM-Prinzipien und ihre Übertragung auf die Privatfliegerei:

1. Kenne deine Arbeitsumgebung

Privatpiloten sollten sich gründlich mit ihrem Cockpit und allen Instrumenten vertraut machen. Auch wenn das Flugzeug und die Ausstattung bekannt erscheinen,

Beim Fliegen in den Alpen ist die Vorausplanung noch wichtiger als im Flachland, weil die Geländeeigenschaften komplizierter sind und damit die meteorologischen Aspekte komplexer sind. *(Foto: Rainer Krumm)*

hilft es, regelmäßig alle Funktionen zu überprüfen und auf dem neuesten Stand zu bleiben, insbesondere bei neuen technischen Geräten wie Tablets oder Flug-Apps.

Wer verschiedene Flugzeugmuster fliegt, sollte sich stets mit den Unterschiedlichkeiten auseinandersetzen. So hat beispielsweis ein Flugsportverein zwei Ultraleicht-Flugzeuge: eine C42 und eine Bristell Classic – bei der Bristell wird der Knüppel mit links bedient und das Gas mit der rechten Hand – bei der C42 ist das genau umgekehrt. Hier muss sich jeder Pilot immer wieder neu einstellen.

2. Antizipiere und plane voraus

Vorflugplanung ist für Privatpiloten unerlässlich. Dazu gehört, alle möglichen Szenarien, etwa Wetterumschwünge oder technische Probleme, vorab zu berücksichtigen und Pläne für alternative Routen oder Notlandungen zu erstellen.

Plan B ist immer gut und auch der Kraftstoffvorrat sollte so antizipiert werden, dass es ggf. Reserve hat, um einen anderen Flugplatz anzufliegen als geplant.

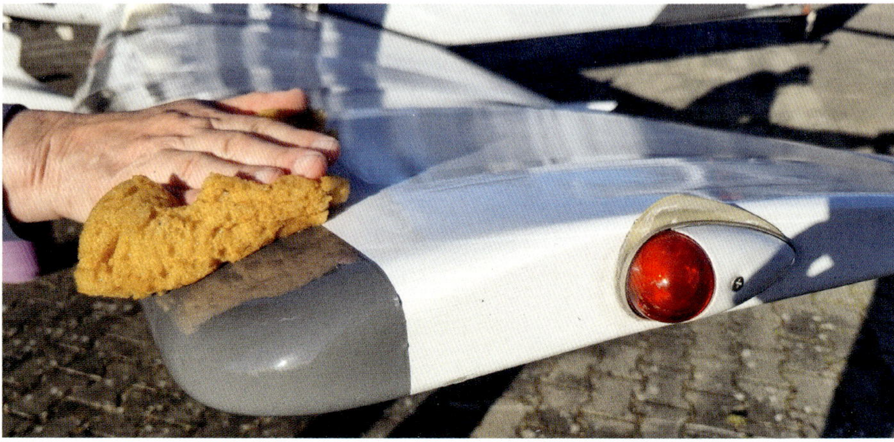

Auch das gründliche Reinigen eines Flugzeugs kann als Check genutzt werden, um eventuelle Beschädigungen zu bemerken – setzt voraus man tut dies mit Selbstdisziplin *(Foto: Rainer Krumm)*

3. Hilfe anfordern, lieber früher als später

Auch allein fliegende Privatpiloten sollten sich frühzeitig Unterstützung suchen, wenn sie unsicher sind. Die Kommunikation mit der Flugsicherung oder, falls verfügbar, mit einem Copiloten bei komplexeren Flügen, kann Risiken minimieren. Im Zweifel sollte man nicht zögern, um Rat zu bitten oder eine Zwischenlandung einzulegen.

Unterstützung im Vorfeld durch eine Zweitmeinung einer Fliegerkollegin einzuholen, gibt Sicherheit, oder mit Unterstützung der FIS bei weiteren Flügen zu fliegen ist meist eine sehr hilfreiche Idee.

4. Übernimm die Führungsrolle – mit Selbstdisziplin

Auch ohne direkte Teammitglieder ist es wichtig, klare Entscheidungen zu treffen und sich auf die Aufgaben zu fokussieren. Privatpiloten sollten Selbstdisziplin und Durchhaltevermögen zeigen, indem sie an Checklisten und Routinen festhalten, selbst wenn diese als „unnötig" erscheinen.

Die Grundeinstellung „als ob mein eigenes Kind an Bord wäre" hilft manchen Fliegern, um konsequenter und disziplinierter zu denken und zu handeln.

5. Verteile die Arbeitsbelastung

Im Cockpit ist Multitasking oft unvermeidlich, aber die Priorisierung von Aufgaben ist entscheidend. Piloten sollten sich daran erinnern, dass nicht alles sofort erledigt werden muss. Kritische Aufgaben haben Vorrang, und unkritische Aufgaben können verschoben werden, um die Arbeitslast zu reduzieren.

„First fly the plane!" ist eine wichtige Grundeinstellung. Hin und wieder sind Piloten gerade im Funken überfordert. Die erste Priorität hat das Fliegen, dann das Funken.

6. Mobilisiere alle verfügbaren Ressourcen

Privatpiloten haben Zugriff auf viele Ressourcen, etwa technische Hilfsmittel, Flug-Apps und die Unterstützung der Flugsicherung. Alle verfügbaren Informationen und Hilfsmittel sollten bestmöglich genutzt werden, um den Überblick zu behalten und Risiken zu minimieren.

Der Austausch mit anderen Fliegenden über deren Erfahrungen mit Apps, Informationsquellen ist wichtig. Oder sich mit erfahrenen Pilotinnen und Piloten auszutauschen, die ggf. an dem Zielflugplatz bereits waren. Wer heute einen fremden Platz anfliegt und diesen nicht zuvor bei Google Maps angeschaut hat oder über andere Luftbildaufnahmen – der verpasst schon eine sehr wichtige Ressource. Viele VFR Plätze haben ja auch auf ihren Homepages tolle Fotos vom Anflug auf die jeweiligen Pisten. Ein schönes Beispiel ist dazu die Seite des Fliegerclubs Traunsee am Flugplatz LOLU Gmunden-Laakirchen: https://www.fliegerclub-traunsee.at/pilots/ dort wird speziell auf die Geländeformation vor der Piste hingewiesen.

7. Kommuniziere sicher und effektiv

Klare und präzise Kommunikation mit der Flugsicherung und, falls vorhanden, mit einem Copiloten oder Passagieren ist wichtig. Privatpiloten sollten sich nicht scheuen, ihre Entscheidungen laut zu reflektieren, da dies dabei hilft, die nächsten Schritte klar zu strukturieren.

Selbstgespräche im Cockpit machen zur Selbstreflexion durchaus Sinn, oder einem Passagier zu sagen, er möge doch jetzt im Endanflug kurz ruhig sein und seine Fragen später stellen.

8. Beachte und verwende alle vorhandenen Informationen

Piloten sollten alle verfügbaren Informationen – Wetterberichte, Funkkommunikation, Instrumentendaten – kontinuierlich im Blick behalten. Diese Daten helfen, die Gesamtsituation besser zu verstehen und fundierte Entscheidungen zu treffen.

Fliegen ist komplex, daher ist das Verarbeiten von komplexen Informationen wichtig. Bei Navigationswettbewerben kann man dies übrigens hervorragend üben.

9. Verhindere und erkenne Fixierungsfehler

Es ist leicht, sich auf ein Problem zu fixieren und das große Ganze zu übersehen. Privatpiloten sollten darauf achten, nicht an einer Sache „festzuhängen", sondern die Gesamtsituation regelmäßig zu prüfen und zu hinterfragen.

Wie nimmt ein Pilot die Wolkenformationen wahr, wie interpretiert er die Lentis und welche Rückschlüsse haben diese Formationen auf das Fliegen in den Bergen? Föhnwolken können in den Nordalpen massive Abwinde und Wellen verursachen *(Foto: Rainer Krumm)*

Getroffene Entscheidungen, oder gefällte Wettereinschätzungen gilt es immer wieder in Frage zu stellen, um diese neu zu bewerten. Oder bei Problemen mit einer Anzeige (z.B. der Öltemperatur), nicht die anderen Anzeigen vergessen, vor lauter Problemlösung.

10. Habe Zweifel und überprüfe genau („double check")

Egal, wie erfahren der Pilot ist, es ist immer ratsam, jeden Schritt doppelt zu überprüfen. Beispielsweise sollten Checklisten konsequent angewendet werden, um sicherzustellen, dass keine wichtigen Schritte übersehen werden.

Checklisten können Schritt für Schritt abgearbeitet werden, oder im sogenannten Flow-Up, d.h. es wird erst ausgeführt und dann mit der Liste gegengecheckt ob alles in der richtigen Reihenfolge absolviert wurde.

11. Verwende Merkhilfen und schlage nach

Es kann hilfreich sein, Merkzettel oder Notizen im Cockpit zu haben, die an wichtige Schritte erinnern. Dies gilt besonders für selten genutzte Abläufe oder Notfallprozeduren, die unter Stress schwer abzurufen sind.

Vor jedem Start sollte ein Notfallverfahren durchgesprochen werden – aber Hand aufs Herz – das machen leider nur wenige. Im Fall der Fälle ist es aber lebensrettend.

12. Reevaluiere die Situation immer wieder

Das sogenannte „10-Sekunden-für-10-Minuten"-Prinzip hilft, regelmäßig den Überblick zu behalten und die eigene Position zu überprüfen. Privatpiloten sollten sich Zeit nehmen, um sich zu vergewissern, dass ihre Entscheidungen und Flugbedingungen noch zur aktuellen Situation passen.

Nicht nur die Selbstreflexion nach einem Flug ist wichtig – auch die Reflexion während des Fluges. Sich selbst die Frage zu stellen – bin ich fit, habe ich alles im Griff, wie ist die Situation, treffe ich die richtigen Entscheidungen. Gerade bei langen Flügen, die wenig Navigation erfordern, ist die Gefahr des Tagträumens groß.

13. Achte auf gute „Teamarbeit" – auch im Alleinflug

Selbst wenn ein Privatpilot allein im Cockpit ist, kann das Konzept der „Teamarbeit" auf die Zusammenarbeit mit der Flugsicherung oder die Einbeziehung technischer Hilfsmittel übertragen werden. Zu wissen, wann und wie Unterstützung in Anspruch genommen wird, ist ein zentraler Faktor der Sicherheit.

Dieser Punkt ähnelt Punkt 3, doch auch das eigene innere Team spielt hier eine Rolle (Siehe Mentales Training für Piloten). Also welche inneren Stimmen und Teamplayer habe ich selbst in mir?

14. Lenke deine Aufmerksamkeit bewusst

Privatpiloten sollten sich bewusst auf die jeweils wichtigen Aufgaben konzentrieren und versuchen, Ablenkungen zu minimieren. Dies umfasst auch das gezielte Management von physischen Bedürfnissen (Trinken, Essen) und mentaler Fokussierung.

Routinen helfen hier, um sich regelmäßig in Frage zu stellen und alles zu überprüfen. So wie das Umschalten vom einen auf den anderen Tag relevant sein kann, sollte man auch andere Themen stets reflektieren.

15. Setze Prioritäten dynamisch

Da sich die Flugumgebung ständig ändern kann, ist es wichtig, Prioritäten flexibel anzupassen. Privatpiloten müssen in der Lage sein, die Situation zu erfassen und Prioritäten so anzupassen, dass die Sicherheit an erster Stelle steht, selbst wenn das bedeutet, ursprüngliche Pläne zu ändern.

What-if-Szenarien helfen, nämlich wie der berühmte Plan B, der aber nur hilft, wenn man ihn hat. So sollte man die Prioritäten stets neu bewerten.

Lernen aus CRM für Privatpiloten

Die 15 CRM-Prinzipien, obwohl für die Teamarbeit im Cockpit entwickelt, bieten wertvolle Lektionen für Privatpiloten, die allein fliegen. Die „Crew" im Cockpit eines Privatpiloten besteht aus Checklisten, Instrumenten, der Flugsicherung und den eigenen Fähigkeiten zur Selbstreflexion. Das CRM-Konzept vermittelt eine strukturierte Herangehensweise an die Selbstorganisation, das Situationsbewusstsein und die Entscheidungsfindung – alles Aspekte, die das menschliche Leistungsvermögen erheblich verbessern und die Sicherheit beim Fliegen erhöhen können.

Selbstreflexion: Kleine Fragen – große Wirkung

Beantworte für dich selbst – am besten nach dem nächsten Flug oder in einer ruhigen Minute:

1. **Arbeitsumgebung**:
   Habe ich mich heute sicher und strukturiert im Cockpit bewegt? Gab es technische Unsicherheiten?
2. **Vorausschau**:
   Hatte ich Alternativen im Kopf? Oder habe ich „auf Sicht“ improvisiert?
3. **Unterstützung**:
   Hätte ich früher mit FIS, Tower oder jemand anderem sprechen sollen?
4. **Selbstführung**:
   Habe ich meine Routinen befolgt – auch wenn niemand zuschaut?
5. **Belastung**:
   Habe ich mich in einer Phase überfordert gefühlt? Welche Aufgaben hätte ich verschieben können?
6. **Ressourcennutzung**:
   Habe ich alle Hilfsmittel sinnvoll eingesetzt (Apps, Karten, ATIS, Tablet)?
7. **Kommunikation**:
   War meine Kommunikation klar, präzise, ruhig?
8. **Informationsverarbeitung**:
   Habe ich alle relevanten Infos aufgenommen und richtig eingeordnet?
9. **Fixierung**:
   Gab es einen Moment, in dem ich mich auf ein Detail versteift habe?
10. **Doppelt geprüft?**:
    Habe ich wichtige Schritte oder Konfigurationen bewusst nochmals gecheckt?
11. **Merkhilfen genutzt?**:
    Hätte mir ein kleiner Spickzettel geholfen?
12. **Neu bewertet?**:
    Habe ich zwischendurch bewusst „Stopp“ gesagt und neu überlegt?
13. **Teamgefühl**:
    Habe ich mich als Teil eines größeren Systems erlebt – oder als Einzelkämpfer?
14. **Aufmerksamkeitssteuerung**:
    Konnte ich mich auf die wesentlichen Dinge konzentrieren?
15. **Prioritäten**:
    Habe ich das Richtige zur richtigen Zeit getan – auch wenn’s anders geplant war?

Das dreckige Dutzend im Bereich Human Factors

Das „Dreckige Dutzend" in der Luftfahrt – Ursprung, Anwendung und Bedeutung für die Privatfliegerei

Das „Dreckige Dutzend" – englisch „Dirty Dozen" – ist ein Konzept aus der kommerziellen Luftfahrt und wurde ursprünglich in den 1990er Jahren von dem kanadischen Luftfahrtexperten Gordon Dupont entwickelt. Es beschreibt die zwölf häufigsten menschlichen Faktoren, die zu Sicherheitsrisiken und Unfällen in der Luftfahrt führen können. Diese Faktoren umfassen menschliche Schwächen und Verhaltensweisen, die insbesondere in stressigen, komplexen und arbeitsintensiven Umgebungen auftreten und das Risiko für Fehlentscheidungen erhöhen. Die Erkenntnisse aus dem „Dreckigen Dutzend" haben die Luftfahrt nachhaltig geprägt und sind heute fester Bestandteil der Schulungen bei großen Unternehmen wie Lufthansa und Airbus.

Gordon Dupont, eine Schlüsselfigur im Bereich der Luftfahrtsicherheit, hat über 50 Jahre in der Luftfahrtindustrie gearbeitet und sich intensiv mit dem Thema Human Factors auseinandergesetzt. Seine Karriere war geprägt von der Konfrontation mit den verheerenden Folgen menschlicher Fehler in der Luftfahrt – Erfahrungen, die ihn tief bewegten und die ihn antrieben, präventive Lösungen für sicherheitsrelevante Probleme zu finden. Ein prägender Moment für Dupont war ein tödlicher Unfall am 7. April 1971 in Papua-Neuguinea, bei dem acht Menschen aufgrund einer simplen Wartungsfehlleistung ums Leben kamen – eine lose Treibstoffleitung führte zu einem fatalen Absturz. Besonders erschütternd für Dupont war der Anblick eines verunglückten Kindes, das ihn an seinen eigenen Sohn erinnerte. Dieser Unfall brachte ihn zu der Einsicht, dass jeder, auch er selbst, Fehler mit tragischen Konsequenzen begehen könnte.

Diese Erlebnisse führten Dupont zu seiner Überzeugung, dass Human Factors-Schulungen eines der effektivsten Werkzeuge zur Vermeidung menschlicher Fehler sind. Ziel seiner Arbeit ist es, Menschen präventiv zu schulen, um Fehler zu vermeiden, die niemand absichtlich macht, und ein Sicherheitsbewusstsein zu schaffen, das jeden Einzelnen stärkt. Für Dupont ist „Safety" ein Begriff, der immer großgeschrieben werden sollte, weil er lebensrettende Maßnahmen umfasst, die das Leben vieler Menschen schützen. Sein Leitsatz lautet: „Was immer du tust, sei gut darin" – ein Motto, das auf die Wichtigkeit der sorgfältigen und bewussten Ausführung jeder Handlung hinweist, um sicherheitsrelevante Fehler zu vermeiden.

Duponts Mission ist es, den Luftfahrtsektor – und mittlerweile auch andere sicherheitskritische Bereiche – zu unterstützen, die bestmöglichen Sicherheitsstrategien zu entwickeln. Er sieht es als seine Aufgabe, den Menschen zu helfen, die „furchtbaren Preise eines Fehlers" zu vermeiden und die Luftfahrt sicherer zu machen.

Das Konzept der Dirty Dozen wird sowohl im kommerziellen Flugverkehr als auch bei der Flugzeugwartung eingesetzt und soll durch gezielte Schulungen das Bewusstsein für diese Fehlerquellen stärken und geeignete Gegenmaßnahmen aufzeigen. Lufthansa Technik, etwa, nutzt das Modell als Dialogbild und führt regelmäßige Trainings durch, in denen die Mitarbeitenden diese zwölf Fehlerquellen erkennen und mit ihren eigenen Erfahrungen abgleichen sollen.

Die zwölf Grundsätze des „Dreckigen Dutzend" lauten:

1. **Druck**:
   Zeitdruck und psychischer Druck können zu übereilten Entscheidungen führen.
2. **Selbstgefälligkeit**:
   Übermäßiges Vertrauen in die eigenen Fähigkeiten kann Fehler fördern.
3. **Mangel an Kommunikation**:
   Fehlende oder missverständliche Kommunikation erhöht das Risiko für Missverständnisse.
4. **Mangel an Aufmerksamkeit**:
   Konzentrationslücken und Unaufmerksamkeit sind oft unterschätzte Fehlerquellen.
5. **Erschöpfung**:
   Müdigkeit und Überlastung reduzieren die Konzentrationsfähigkeit.
6. **Mangel an Teamwork**:
   Geringe Zusammenarbeit erschwert den Informationsaustausch und die Koordination.
7. **Mangel an Wissen**:
   Fehlendes Fachwissen kann zu ineffizienten oder unsicheren Entscheidungen führen.
8. **Mangel an Durchsetzungsvermögen**:
   Unsicherheit und Zurückhaltung bei Entscheidungen können gefährliche Situationen begünstigen.
9. **Ablenkung**:
   Externe Einflüsse, die die Aufmerksamkeit stören, erhöhen das Fehlerrisiko.
10. **Mangel an Ressourcen**:
    Fehlende Werkzeuge oder Unterstützung führen oft zu improvisierten Lösungen.
11. **Soziale Normen und Vorschriften**:
    Wenn informelle Regeln wichtiger als Sicherheitsrichtlinien werden, erhöht sich das Unfallrisiko.
12. **Stress**:
    Hoher Stress führt zu eingeschränkter Entscheidungsfähigkeit und reduziert die Wahrnehmung.

Wenn an Flugplätzen viel Verkehr ist, wie hier in Zell am See, dann fühlen sich manche Pilotinnen und Piloten unter Druck – was eine gefährliche Basis sein kann. *(Foto: Rainer Krumm)*

Diese zwölf Prinzipien sind eng miteinander verbunden und beeinflussen sich häufig gegenseitig. Ein Pilot, der unter Zeitdruck steht (Druck), könnte dazu neigen, auf wichtige Kontrollen zu verzichten (Mangel an Aufmerksamkeit) oder Unterstützung abzulehnen (Mangel an Teamwork). In der Luftfahrt hat sich deshalb gezeigt, dass eine präventive Auseinandersetzung mit dem „Dreckigen Dutzend“ dazu beiträgt, die Fehlerquote zu senken und die Sicherheit zu steigern. Unternehmen wie Airbus und Lufthansa setzen diese Schulungen ein, um sowohl technische als auch administrative Mitarbeiter regelmäßig für die „Human Factors“ zu sensibilisieren.

In den kommenden Abschnitten werden wir die zwölf Faktoren des „Dreckigen Dutzend“ genauer betrachten und analysieren, wie sie in der Privatfliegerei angewendet werden können. Auch wenn Privatpiloten meist allein im Cockpit sind, sind sie dennoch den Einflüssen und Herausforderungen des „Dreckigen Dutzend“ ausgesetzt. Daher ist es entscheidend, diese Grundsätze zu kennen und gezielt Präventionsmaßnahmen zu ergreifen, um das eigene Leistungsvermögen und die Flugsicherheit zu optimieren.

1. Druck

Bedeutung und Risiko

„Druck“ bezieht sich auf die Belastungen und Anforderungen, die auf Piloten einwirken und häufig zu überstürztem Handeln führen. Dieser Druck kann durch externe Faktoren wie Zeitpläne, Wetterbedingungen, Erwartungen von Passagieren oder durch den Wunsch, den Flug wie geplant durchzuführen, entstehen. Auch selbst auferlegter Druck, beispielsweise durch die Erwartung, ohne Verzögerung am Ziel anzukommen, ist häufig. In der Luftfahrt stellt Druck eine erhebliche Gefahr dar, da er die Konzentration und Entscheidungsfähigkeit eines Piloten beeinträchtigen und zu einer Reihe von Fehlern führen kann.

Beispiel aus der Luftfahrt

Ein klassisches Beispiel für die Folgen von Druck ist der **Absturz des Avianca-Fluges 52** im Jahr 1990. Die Piloten dieses Flugs gerieten in den Anflug auf New York und standen aufgrund eines sinkenden Treibstoffvorrats und einer verzögerten Freigabe zur Landung durch die Flugsicherung unter enormem Druck. Trotz dieser kritischen Situation kommunizierten die Piloten ihre Lage nicht präzise genug, und der Druck führte zu einem Absturz, der das Leben vieler Menschen kostete. Dieser Fall zeigte, wie fatal der Einfluss von Druck auf die Entscheidungsfindung sein kann.

Bedeutung für die Privatfliegerei

Für Privatpiloten sind Drucksituationen oft subtiler, aber dennoch gefährlich. Der Wunsch, einen Termin oder eine Verabredung pünktlich zu erreichen, kann dazu

Viele Piloten sind es nicht gewohnt an stark frequentierten Plätzen zu fliegen und geraten so unter Druck. Dies gilt es zu üben, um so auch den eigenen fliegerischen Horizont zu erweitern. *(Foto: Joachim Schreiber)*

führen, dass Piloten wichtige Sicherheitschecks verkürzen oder bei schlechten Wetterbedingungen fliegen, um den geplanten Flug durchzuführen. Der psychische Druck, „durchzuhalten“, kann insbesondere für Piloten, die allein fliegen, eine kritische Rolle spielen.

Tipps zur Vermeidung von Drucksituationen

1. **Flexible Planung**: Erstellen Sie einen Flugplan, der Flexibilität ermöglicht und alternative Routen oder Landeplätze vorsieht. Eine Pufferzeit für unvorhergesehene Verzögerungen kann den Druck erheblich verringern.
2. **Klares Zeitmanagement**: Setzen Sie für sich selbst klare Zeitlimits, ab denen Sie entscheiden, den Flug abzubrechen oder umzukehren, anstatt Zeitdruck durch die Erwartungen anderer entstehen zu lassen.
3. **Kommunikation über Zeitpläne**: Besprechen Sie mit Passagieren oder Begleitpersonen die Wichtigkeit der Sicherheit und betonen Sie, dass Sie den Zeitplan anpassen, wenn Sicherheitsgründe dies erforderlich machen.

2. Selbstgefälligkeit

Bedeutung und Risiko

Selbstgefälligkeit tritt auf, wenn Piloten sich zu sehr auf ihre Routine und Fähigkeiten verlassen und dadurch nachlässig werden. Es ist besonders gefährlich, da es oft unbewusst geschieht und zu Fehlern führt, die leicht hätten vermieden werden können. In der Luftfahrt können selbst kleine Abweichungen von Prozeduren bei komplexen Aufgaben zu fatalen Folgen führen.

Beispiel aus der Luftfahrt

Der Absturz von **Eastern Airlines Flug 401** im Jahr 1972 ist ein markantes Beispiel für die Risiken von Selbstgefälligkeit. Die Crew konzentrierte sich auf eine ausgefallene Glühbirne der Fahrwerkanzeige und vernachlässigte dabei den Autopiloten und die Sinkrate. Dies führte zu einem unbemerkten Höhenverlust und schließlich zum Absturz des Flugzeugs. Der Unfall zeigt, wie gefährlich es ist, sich zu sehr auf die eigene Routine zu verlassen und abweichende Zeichen zu ignorieren .

Bedeutung für die Privatfliegerei

Selbstgefälligkeit kann bei Privatpiloten leicht in Form von „Routineblindheit“ auftreten, besonders bei wiederholten Flügen auf vertrauten Strecken. Diese Routine führt oft dazu, dass Piloten Sicherheitskontrollen oberflächlich durchführen oder wichtige Details übersehen. Auch das Vertrauen in gute Wetterverhältnisse oder in die eigene Erfahrung kann dazu führen, dass Piloten auf Kontrollmechanismen verzichten.

Tipps zur Vermeidung von Selbstgefälligkeit

1. **Bewusste Checklisten-Nutzung**: Verwenden Sie Checklisten, auch wenn Sie die Schritte kennen, um jede Handlung bewusst auszuführen.
2. **Achtsamkeit und Selbstreflexion**: Setzen Sie sich selbst Checkpoints während des Fluges, um Ihre Aufmerksamkeit zu stärken und Routinehandlungen kritisch zu hinterfragen.
3. **Feedback und Nachbesprechung**: Tauschen Sie sich nach dem Flug mit anderen Piloten aus oder führen Sie ein Flugtagebuch, um Verbesserungspotenziale zu erkennen und Selbstgefälligkeit zu vermeiden.

3. Mangel an Kommunikation

Bedeutung und Risiko

„Mangel an Kommunikation" bezieht sich auf das Fehlen klarer und präziser Kommunikation, insbesondere im Cockpit, aber auch mit der Flugsicherung oder anderen Piloten. Fehlkommunikation kann zu Missverständnissen und fehlerhaften Annahmen führen, was in kritischen Situationen die Reaktionszeit verkürzt und das Risiko für schwerwiegende Fehler erhöht.

Beispiel aus der Luftfahrt

Ein tragisches Beispiel für fehlerhafte Kommunikation ist der **Absturz des Überland-Flugs KLM 4805 und Pan Am 1736** auf Teneriffa im Jahr 1977. Aufgrund von Missverständnissen und Kommunikationsfehlern zwischen der KLM-Crew und dem Flugverkehrskontrollturm kollidierten die beiden Flugzeuge auf der Startbahn. Diese Katastrophe gilt als einer der folgenschwersten Unfälle in der Luftfahrtgeschichte und verdeutlicht, wie entscheidend klare Kommunikation für die Sicherheit ist .

Bedeutung für die Privatfliegerei

Für Privatpiloten kann der Mangel an Kommunikation ebenfalls schwerwiegende Folgen haben, besonders in komplexen Lufträumen oder bei unerwarteten Wetteränderungen. Wenn Piloten die Flugsicherung nicht rechtzeitig über ihren Standort oder mögliche Schwierigkeiten informieren, erhöht dies das Risiko von Kollisionen und Missverständnissen.

Tipps zur Vermeidung von Kommunikationsmängeln

1. **Regelmäßige Funkdisziplin**: Nutzen Sie regelmäßig die Kommunikation mit der Flugsicherung und anderen Luftverkehrsteilnehmern, auch wenn Sie alleine fliegen.
2. **Sicherheitsbestätigungen**: Wiederholen Sie wichtige Anweisungen oder Positionen, um sicherzustellen, dass alle Informationen korrekt verstanden wurden.

3. **Fragen statt Annahmen**: Fragen Sie im Zweifel nach, wenn Informationen unklar sind, um Fehler und Missverständnisse zu vermeiden.

4. Mangel an Aufmerksamkeit

Bedeutung und Risiko

Der „Mangel an Aufmerksamkeit" beschreibt die Gefahr, dass Piloten in entscheidenden Momenten unaufmerksam werden und dadurch kritische Informationen übersehen. Besonders in stressigen oder sehr routinierten Situationen kann die Aufmerksamkeit schnell nachlassen. In der Luftfahrt kann selbst eine kleine Ablenkung fatale Konsequenzen haben, wenn wesentliche Flugparameter nicht kontinuierlich überwacht werden.

Beispiel aus der Luftfahrt

Ein Beispiel für die Folgen von Aufmerksamkeitsmangel ist der **Absturz des PSA Fluges 182** im Jahr 1978. Die Crew verlor in der Endanflugphase aufgrund von Ablenkungen den visuellen Kontakt zu einer anderen Maschine und ignorierte die Signale des Flugkontrollsystems. Der Zusammenstoß führte zu einem der schlimmsten Unfälle in der amerikanischen Luftfahrt und machte deutlich, wie wichtig die konsequente Aufmerksamkeit ist.

Bedeutung für die Privatfliegerei

Privatpiloten fliegen oft allein und haben dadurch keine direkte Kontrolle durch eine Crew, was die Gefahr von Aufmerksamkeitsmangel verstärkt. Selbst kleine Ablenkungen, wie das Einstellen von Navigationsinstrumenten oder das Antworten auf Funksprüche, können die Aufmerksamkeit vom Fluggeschehen ablenken und das Risiko für Fehler erhöhen.

Tipps zur Vermeidung von Aufmerksamkeitsmangel

1. **Fokus-Routinen etablieren**: Planen Sie regelmäßige „Aufmerksamkeits-Checkpoints" während des Fluges ein, um die Instrumente und Umgebung bewusst zu überprüfen.
2. **Ablenkungen minimieren**: Vermeiden Sie es, während des Fluges unnötige Aufgaben zu erledigen, die nicht zum Flug gehören.
3. **Mentale Checklisten**: Nutzen Sie mentale oder visuelle Erinnerungen, um immer wieder Ihre Aufmerksamkeit auf die wesentlichen Flugparameter zu lenken.
4. **Wortverbot an Passagiere**: ggf. hilft es redseligen Passagieren kurz zu sagen, dass man sich beim Start und Landeanflug voll konzentrieren muss und den Funk hören muss, daher mal kurzes „Wortverbot". Dafür sollte jeder Passagier Verständnis im eigenen Interesse haben.

5. Erschöpfung

Bedeutung und Risiko

„Erschöpfung" bezieht sich auf den Zustand mentaler oder physischer Müdigkeit, der die Leistungsfähigkeit eines Piloten erheblich beeinträchtigen kann. Erschöpfung führt oft zu einer verminderten Reaktionsfähigkeit, eingeschränktem Urteilsvermögen und reduziertem Situationsbewusstsein. Da Flüge oft lange und anstrengend sein können, ist Erschöpfung eine häufige Ursache für Fehler in der Luftfahrt.

Beispiel aus der Luftfahrt

Der Unfall von **American Airlines Flug 1420** im Jahr 1999 wird oft als Beispiel für die fatalen Folgen von Erschöpfung angeführt. Die Crew, die lange Wachzeiten hinter sich hatte, führte einen Landeanflug bei widrigen Wetterbedingungen durch, ohne die nötige Sorgfalt. Die Erschöpfung führte zu einem Absturz bei der Landung, und Untersuchungen zeigten, dass die Crew aufgrund von Müdigkeit Anzeichen von Entscheidungs- und Reaktionsfehlern aufwies.

Bedeutung für die Privatfliegerei

Privatpiloten, die oft nur gelegentlich fliegen, unterschätzen manchmal die Belastung durch lange Flugzeiten oder schwierige Bedingungen. Müdigkeit kann dazu führen, dass wichtige Entscheidungsprozesse beeinträchtigt werden oder dass Piloten ihre körperlichen Grenzen überschreiten und schließlich fehleranfälliger werden.

Tipps zur Vermeidung von Erschöpfung

1. **Regelmäßige Pausen planen**: Bauen Sie Pausen in Ihren Flugplan ein und sorgen Sie dafür, dass Sie ausreichend hydriert und gestärkt sind.
2. **Selbstüberwachung auf Müdigkeitsanzeichen**: Achten Sie auf Anzeichen von Müdigkeit und gönnen Sie sich im Zweifelsfall eine Pause oder verschieben Sie den Flug.
3. **Vorher ausreichend schlafen**: Stellen Sie sicher, dass Sie ausgeruht in den Flug gehen und planen Sie realistische Flugzeiten, die Ihre Leistungsfähigkeit nicht überfordern.

6. Mangel an Teamwork

Bedeutung und Risiko

„Mangel an Teamwork" bezeichnet Situationen, in denen es zu einem unzureichenden Austausch und einer fehlenden Koordination zwischen den Beteiligten kommt. In der Luftfahrt ist Teamarbeit ein zentrales Sicherheitsprinzip, da eine enge Zusammenarbeit zwischen Piloten, Flugbegleitern, der Flugsicherung und Bodenpersonal erforderlich ist, um den sicheren Ablauf eines Fluges zu gewährleisten. Ein Mangel an Teamarbeit führt oft dazu, dass wichtige Informationen übersehen werden, Aufgaben doppelt oder gar nicht ausgeführt werden und das Situationsbewusstsein insgesamt abnimmt.

Beispiel aus der Luftfahrt

Ein tragisches Beispiel für die Folgen eines Mangels an Teamarbeit war der **Absturz des Air-India-Flugs 182** im Jahr 1985. Die Crew und das Wartungspersonal versäumten es, wichtige Informationen über den Zustand des Flugzeugs miteinander zu teilen, was schließlich zur Explosion des Flugzeugs führte. Auch wenn hier ein terroristischer Anschlag ursächlich war, verdeutlichte der Unfall, dass eine stärkere Teamarbeit und ein besseres Situationsbewusstsein durch gegenseitigen Austausch möglicherweise das Risiko hätten mindern können.

Bedeutung für die Privatfliegerei

Auch Privatpiloten, die oft alleine fliegen, müssen sich auf andere verlassen und auf eine Zusammenarbeit achten, insbesondere bei der Kommunikation mit der Flugsicherung und dem Bodenpersonal. Ein Mangel an Teamwork kann dazu führen, dass wichtige Informationen nicht ausgetauscht werden oder dass Piloten falsche Annahmen treffen, weil sie sich zu sehr auf eigene Entscheidungen verlassen. In einer kritischen Situation kann dies dazu führen, dass der Pilot Anweisungen oder Hinweise nicht korrekt umsetzt, was die Sicherheit gefährden kann.

Tipps zur Vermeidung von Teamwork-Problemen

1. **Offene Kommunikation mit der Flugsicherung**: Nutzen Sie die Möglichkeit, Informationen auszutauschen, und informieren Sie die Flugsicherung über besondere Anforderungen oder Fragen. Vertrauen Sie auf die Rückmeldungen der Flugsicherung und bestätigen Sie diese, um sicherzugehen, dass alle Anweisungen verstanden sind.
2. **Rücksprache mit erfahrenen Piloten und Personal**: Vor dem Start kann es hilfreich sein, mit anderen Piloten oder dem Bodenpersonal mögliche Probleme oder Unsicherheiten zu besprechen. Der Austausch mit anderen Flugplatzmitarbeitern verbessert die Entscheidungsgrundlage und erhöht das Situationsbewusstsein.
3. **Checklisten und gegenseitige Unterstützung**: Auch wenn Sie allein fliegen, kann das Anwenden von standardisierten Checklisten helfen, Aufgaben systematisch und sicher abzuarbeiten.

7. Mangel an Wissen

Bedeutung und Risiko

„Mangel an Wissen" bezieht sich auf Situationen, in denen ein Pilot nicht über die notwendigen Informationen oder Fähigkeiten verfügt, um eine Aufgabe sicher auszuführen. Dies kann ein fehlendes technisches Verständnis sein oder mangelnde Kenntnisse in meteorologischen Bedingungen. Ein solcher Wissensmangel führt häufig dazu, dass Piloten Fehler machen oder wichtige Details übersehen, weil sie nicht wissen, wie sie auf bestimmte Situationen reagieren sollen.

Beispiel aus der Luftfahrt

Der Unfall von **Air France Flug 447** im Jahr 2009 verdeutlicht die Risiken eines Wissensmangels im Bereich der Flugzeugsysteme und der Reaktion auf unerwartete Störfälle. Die Crew war mit einem Strömungsabriss konfrontiert, nachdem die Geschwindigkeitsmesser des Flugzeugs ausgefallen waren, und traf eine Reihe von Fehlentscheidungen, die zum Absturz führten. Der Wissensmangel über das richtige Vorgehen in einer solchen Notlage war eine wesentliche Ursache für den Absturz.

Bedeutung für die Privatfliegerei

Für Privatpiloten bedeutet ein Mangel an Wissen oft, dass sie grundlegende Sicherheitsverfahren oder Notfallmaßnahmen nicht korrekt anwenden können. Viele Privatpiloten sind in ihrem Wissen begrenzt, da sie nur selten mit bestimmten Flugbedingungen, etwa Wetteränderungen, oder mit komplexeren Flugzeugen konfrontiert werden. Ein unzureichendes Wissen über Instrumente und Systeme kann dazu führen, dass ein Pilot in einer kritischen Situation nicht angemessen reagiert und stattdessen falsche oder riskante Entscheidungen trifft.

Tipps zur Vermeidung von Wissensmängeln

1. **Fortbildungen und Schulungen**: Nutzen Sie regelmäßige Fortbildungen und spezielle Trainings, um Ihr Wissen zu erweitern und auf dem neuesten Stand zu bleiben. Besonders Notfallverfahren und technische Kenntnisse können durch Auffrischungskurse gestärkt werden.
2. **Nachfragen und Feedback einholen**: Stellen Sie bei Unsicherheiten gezielte Fragen an Fluglehrer oder erfahrenere Piloten. Ein gutes Verständnis der eigenen Grenzen und Wissenslücken trägt erheblich zur Sicherheit bei.
3. **Fachliteratur und Selbststudium**: Die regelmäßige Beschäftigung mit Luftfahrtthemen und die Nutzung von Fachliteratur und Online-Ressourcen helfen, Wissenslücken zu schließen und neue Erkenntnisse zu gewinnen.

8. Mangel an Durchsetzungsvermögen

Bedeutung und Risiko

„Mangel an Durchsetzungsvermögen“ beschreibt die Schwierigkeit, Entscheidungen klar zu kommunizieren und durchzusetzen, insbesondere in kritischen

Momenten. Diese Schwäche tritt oft in Form von Unsicherheit auf, wenn Piloten Anweisungen oder Entscheidungen anderer nicht infrage stellen möchten oder zögern, auf ihre eigenen Bedenken zu bestehen. In der Luftfahrt kann ein Mangel an Durchsetzungsvermögen dazu führen, dass ein Pilot kritische Situationen nicht ausreichend adressiert oder zu spät handelt.

Beispiel aus der Luftfahrt

Der Absturz des **United Airlines Fluges 173** im Jahr 1978 ist ein Beispiel für die Folgen eines Mangels an Durchsetzungsvermögen. Während des Flugs meldete die Crew Bedenken bezüglich des Treibstoffs, doch der Kapitän beharrte darauf, sich auf ein anderes Problem zu konzentrieren. Die mangelnde Durchsetzungsfähigkeit des Ersten Offiziers führte dazu, dass die Crew nicht rechtzeitig über den niedrigen Treibstoffstand informierte, und das Flugzeug stürzte infolge von Treibstoffmangel ab.

Bedeutung für die Privatfliegerei

Für Privatpiloten kann mangelndes Durchsetzungsvermögen gefährlich sein, wenn sie sich in kritischen Situationen auf Anweisungen anderer verlassen und nicht auf ihre eigenen Bedenken hören. Ein Pilot kann zögern, das eigene Flugziel zu ändern oder eine Pause einzulegen, obwohl er spürt, dass die Bedingungen riskant sind. Diese Unsicherheit führt oft dazu, dass notwendige Entscheidungen zu spät getroffen werden.

Tipps zur Stärkung des Durchsetzungsvermögens

1. **Selbstbewusstsein entwickeln**: Arbeiten Sie daran, sich selbst und Ihren eigenen Entscheidungen zu vertrauen. Üben Sie, klare Entscheidungen zu treffen und sich daran zu halten.
2. **Kommunikation üben**: Trainieren Sie, Ihre Bedenken und Entscheidungen deutlich auszusprechen, auch wenn andere damit nicht einverstanden sein könnten. In der Flugsicherung oder mit Begleitpersonen klar zu kommunizieren, kann die Umsetzung Ihrer Entscheidungen erleichtern.
3. **Mentale Übungsszenarien**: Simulieren Sie mentale Szenarien, in denen Sie Entscheidungen in kritischen Momenten durchsetzen müssen. Dieses mentale Training kann das Vertrauen in Ihre Fähigkeit stärken, Entscheidungen entschlossen zu treffen.

9. Ablenkung

Bedeutung und Risiko

„Ablenkung" beschreibt den Zustand, in dem Piloten ihre Aufmerksamkeit von wesentlichen Aufgaben abwenden. Ablenkungen können durch externe Faktoren wie Funksprüche, Gespräche oder technische Probleme entstehen, aber auch durch innere Faktoren wie Müdigkeit oder emotionale Belastung. Eine kurze Ablenkung kann dazu führen, dass Piloten wesentliche Schritte im Flugprozess vergessen oder sicherheitskritische Veränderungen übersehen.

Beispiel aus der Luftfahrt

Der Absturz von **Eastern Air Lines Flug 401** ist ein klassisches Beispiel für die Gefahren von Ablenkung. Die Crew wurde durch eine defekte Glühbirne im Cockpit abgelenkt und versäumte es, die Sinkrate zu überwachen, was schließlich zum Absturz führte. Diese Katastrophe machte deutlich, wie verhängnisvoll Ablenkungen im Cockpit sein können.

Bedeutung für die Privatfliegerei

Privatpiloten, die oft ohne Co-Pilot fliegen, sind besonders anfällig für Ablenkungen. Die alleinige Verantwortung im Cockpit kann dazu führen, dass selbst kleine Ablenkungen große Auswirkungen haben. Gespräche über Funk, technische Einstellungen oder sogar die Wetterbeobachtung können Piloten von kritischen Flugaufgaben ablenken und die Sicherheit gefährden.

Tipps zur Minimierung von Ablenkungen

1. **Vorgeplante Abläufe nutzen**: Verwenden Sie strukturierte Abläufe und Checklisten, um sicherzustellen, dass alle wichtigen Aufgaben erledigt sind, bevor Sie sich anderen Dingen zuwenden.
2. **Bewusstes „Innehalten" bei Ablenkungen**: Wenn eine Ablenkung auftritt, halten Sie kurz inne und überprüfen Sie, ob alle notwendigen Schritte sicher abgeschlossen wurden, bevor Sie sich der Ablenkung zuwenden.
3. **Wichtige Aufgaben priorisieren**: Machen Sie sich bewusst, welche Aufgaben Priorität haben und setzen Sie klare Grenzen für die Verarbeitung von Ablenkungen, um das Situationsbewusstsein zu bewahren.

10. Mangel an Ressourcen

Bedeutung und Risiko

Der „Mangel an Ressourcen" bezieht sich auf Situationen, in denen Piloten oder das Cockpit nicht ausreichend mit den nötigen Mitteln ausgestattet sind, um einen sicheren Flug zu gewährleisten. Dies kann fehlende oder defekte Ausrüstung, unzureichende Treibstoffreserven, unpassende Wetterinformationen oder ungenaue Karten umfassen. Ein Mangel an Ressourcen kann dazu führen, dass Piloten improvisieren oder Entscheidungen treffen müssen, die ihre Sicherheit beeinträchtigen, und kann sich besonders kritisch auswirken, wenn zusätzliche Faktoren wie Wetterumschwünge oder Notfälle hinzukommen.

Beispiel aus der Luftfahrt

Ein bekannter Fall, bei dem mangelnde Ressourcen eine Rolle spielten, war der Absturz von **Avianca Flug 52** im Jahr 1990. Das Flugzeug hatte durch Wetterbedingungen und Verzögerungen im Anflug eine kritische Menge an Treibstoff verbraucht. Die Kommunikation mit der Flugsicherung war aufgrund sprachlicher Barrieren eingeschränkt, und die Piloten konnten nicht ausreichend klarstellen, dass der Treibstoff beinahe erschöpft war. Das Flugzeug stürzte aufgrund von Treibstoffmangel ab, was zeigt, wie fatal ein Mangel an Ressourcen und unzureichende Kommunikation sein können.

Bedeutung für die Privatfliegerei

Für Privatpiloten ist der Mangel an Ressourcen eine häufige Herausforderung, da sie oft nur begrenzten Zugang zu Ausrüstung und aktuellen Wetterdaten haben. Ein nicht vollständig betanktes Flugzeug, veraltete Karten oder fehlende Funkgeräte können zu einem erheblichen Risiko werden. Auch das Fehlen von aktuellen Navigationsinformationen oder ungenaue Wetterprognosen können das Fliegen gefährlicher machen. Das Bewusstsein über Ressourcenmängel und deren frühzeitige Korrektur sind daher besonders wichtig.

Tipps zur Vermeidung von Ressourcenmängeln

1. **Gründliche Vorbereitung und Planung**: Überprüfen Sie vor dem Flug alle benötigten Ressourcen und vergewissern Sie sich, dass das Flugzeug vollständig betankt und alle notwendigen Karten und Daten aktuell sind.
2. **Alternative Routen und Zwischenstopps einplanen**: Planen Sie Alternativen, um auf unvorhergesehene Ereignisse flexibel reagieren zu können, und wählen Sie Zwischenlandeplätze, wenn der Treibstoff knapp wird oder die Wetterlage sich ändert.
3. **Ressourcenprioritäten setzen**: Setzen Sie klare Prioritäten, was Sie an Bord brauchen und worauf Sie im Notfall verzichten können. Dies kann helfen, in kritischen Situationen die nötige Entscheidungsgrundlage zu schaffen.

11. Soziale Normen und Vorschriften

Bedeutung und Risiko

„Soziale Normen und Vorschriften" bezieht sich auf die Verhaltensweisen, die in bestimmten Kreisen als „normal" oder „akzeptabel" angesehen werden, auch wenn sie möglicherweise von den offiziellen Sicherheitsrichtlinien abweichen. In der Luftfahrt entstehen durch soziale Normen häufig unausgesprochene Regeln oder Gewohnheiten, die die Sicherheitsvorschriften unterlaufen. Besonders gefährlich ist dies, wenn Gruppen untereinander Normen entwickeln, die das Sicherheitsniveau senken und die geltenden Prozeduren gefährden.

Für viele Piloten ist es ein herausfordernder Reiz große Plätze anzufliegen – sie geraten dabei aber auch ab und zu in Stress. Eine gründliche Vorbereitung für alle dabei auftretenden Procedures macht es einfacher, aber auch ein mitfliegender, erfahrener Pilot. *(Foto:Rainer Krumm)*

Beispiel aus der Luftfahrt

Ein tragisches Beispiel für die Folgen sozialer Normen war der Unfall von **KLM Flug 4805 und Pan Am Flug 1736** auf Teneriffa im Jahr 1977. Hier spielte der Zeitdruck und die Notwendigkeit, den Start so bald wie möglich zu absolvieren, eine Rolle. Der Kapitän der KLM, ein erfahrener und angesehener Pilot, entschied trotz fehlender Freigabe, den Start einzuleiten. Diese Entscheidung folgte sozialen Normen innerhalb der Crew, den Anweisungen des Kapitäns nicht infrage zu stellen, was zu einem tragischen Zusammenstoß führte und den Tod von hunderten Passagieren zur Folge hatte.

Bedeutung für die Privatfliegerei

Auch in der Privatfliegerei können sich ungeschriebene Regeln oder „Lockerheiten" einschleichen, die von den offiziellen Vorschriften abweichen. Zum Beispiel könnten Piloten aufgrund eines gewissen Vertrauens auf Sicherheitschecks verzichten oder eine übermäßige Lockerheit im Umgang mit Checklisten entwickeln. Dies birgt das Risiko, dass sicherheitskritische Maßnahmen vernachlässigt werden, wodurch die Wahrscheinlichkeit für Unfälle steigt.

Tipps zur Einhaltung und Vermeidung riskanter sozialer Normen

1. **Sich an Standardverfahren halten**: Unterscheiden Sie zwischen traditionel-

len Gewohnheiten und sicherheitsrelevanten Vorschriften und halten Sie sich strikt an die Standards, selbst wenn das Umfeld informell wirkt.
2. **Eigene Überzeugungen hinterfragen**: Überprüfen Sie regelmäßig, ob bestimmte Handlungsweisen auf echten Sicherheitsvorschriften oder auf informellen Gewohnheiten basieren, die die Sicherheit potenziell gefährden.
3. **Selbstreflexion und Verantwortung**: Hinterfragen Sie sich regelmäßig, ob Ihr Verhalten vollständig den Sicherheitsvorschriften entspricht, und vermeiden Sie unbewusste Anpassungen an riskante Normen.

12. Stress

Bedeutung und Risiko

„Stress" beschreibt den Zustand, in dem sich Piloten unter hoher physischer oder psychischer Belastung befinden, was zu einer eingeschränkten Entscheidungsfähigkeit und reduziertem Situationsbewusstsein führt. Stress kann durch Zeitdruck, schlechte Wetterbedingungen, technische Probleme oder persönliche Umstände verursacht werden und ist eine der häufigsten Ursachen für Fehler in der Luftfahrt. Unter Stress nimmt die Fähigkeit zur Problemlösung und zur präzisen Wahrnehmung der Umgebung ab.

Beispiel aus der Luftfahrt

Wie beim Beispiel zu Punkt 5 Erschöpfung: Der Absturz des **American Airlines Fluges 1420** im Jahr 1999 ist ein Beispiel dafür, wie fatal Stress wirken kann. Die Crew war aufgrund langer Arbeitszeiten und eines bevorstehenden Sturms stark gestresst und konnte die Landung unter widrigen Bedingungen nicht sicher durchführen. Die Stressbelastung führte zu einer fehlerhaften Entscheidungsfindung, die letztlich zu einem Absturz auf der Landebahn führte. Der Unfall zeigt, wie entscheidend es ist, unter Stress klar und strukturiert zu handeln und rechtzeitig Maßnahmen zur Stressreduktion zu ergreifen.

Bedeutung für die Privatfliegerei

In der Privatfliegerei kann Stress ebenso durch schlechte Wetterbedingungen, technische Schwierigkeiten oder Zeitdruck entstehen. Insbesondere für Piloten, die ohne Co-Pilot fliegen, können sich stressige Situationen schnell verstärken, da sie auf sich allein gestellt sind. Stress kann die Fähigkeit zur konzentrierten Flugführung und zur richtigen Priorisierung beeinträchtigen, was zu riskanten Entscheidungen oder fehlerhaftem Verhalten führen kann.

Tipps zur Reduzierung von Stress

1. **Stressmanagement und Vorbereitung**: Bereiten Sie sich gründlich vor und planen Sie auch Alternativen, um in Stresssituationen flexibel reagieren zu

können. Mentale Vorbereitung auf potenzielle Probleme stärkt das Vertrauen und reduziert den Stresspegel.

2. **Atem- und Entspannungstechniken anwenden**: Entwickeln Sie eine Methode, um sich in stressigen Momenten zu beruhigen, wie etwa Atemtechniken oder eine kurze mentale Pause, bevor Sie wichtige Entscheidungen treffen.
3. **Grenzen kennen und akzeptieren**: Setzen Sie sich selbst klare Grenzen und entscheiden Sie sich im Zweifel für eine sichere Alternative, wie eine Umkehr oder Landung, wenn Sie merken, dass der Stresspegel zu hoch ist.

Fazit: Die Bedeutung des „Dreckigen Dutzend" in der Privatfliegerei

Die „Dirty Dozen" sind für die Privatfliegerei besonders relevant, da auch Hobby- und Privatpiloten regelmäßig mit den gleichen Herausforderungen wie in der kommerziellen Luftfahrt konfrontiert sind. Die zwölf menschlichen Fehlerquellen verdeutlichen, dass viele Unfälle vermeidbar wären, wenn sich Piloten ihrer eigenen Schwächen bewusst sind und gezielt daran arbeiten, diese zu minimieren. In der Privatfliegerei erfordert dies insbesondere eine gute Selbstreflexion, eine klare Planung und das Einhalten von Sicherheitsstandards.

Durch das Wissen über die „Dirty Dozen" können Privatpiloten proaktiv Maßnahmen ergreifen, um ihre Flugsicherheit zu erhöhen und ihre Leistungsfähigkeit langfristig zu optimieren. Jedes dieser Prinzipien fordert den Piloten dazu auf, regelmäßig eigene Verhaltensweisen und Gewohnheiten zu überprüfen und im Sinne der Sicherheit zu verbessern.

Diese Maßnahmen führen nicht nur zu einer nachhaltig sichereren Fliegerei, sondern erhöhen auch das Vertrauen in die eigenen Fähigkeiten und das generelle Wohlbefinden während des Fliegens.

Aus der Praxis:

Wir hatten im Juni 2025 einen Ausflug von Süddeutschland nach Zell am See in Österreich geplant, aber es war klar, dass die Sicht in den Alpen durch ein Wetterphänomen und Rußpartikel von kanadischen Waldbränden vermutlich eingeschränkt sein könnte und es nicht klar war, wie die Sichtbedingungen in den Alpen sein werden. An der Zuspitze haben wir dann die Entscheidung getroffen, Plan B zu verfolgen und nördlich der Alpen zu bleiben und nach Gmunden am Traunsee zu fliegen. Diese Route hatte ich sowohl im Tablet/Skydeamon, als auch auf der Karte und mit Papier-Anflugblatt genauso vorbereitet wie Plan A – Zell am See.

So hatten wir einen sicheren und guten Flug nach Gmunden – und waren nicht unter Druck, die geplante Route zu fliegen. Vor Ort empfahl uns ein er-

fahrener lokaler Pilot einen „Schleichweg“ nach Zell am See über eine Route, die ich noch nie geflogen, noch mit dem Auto abgefahren bin. Er meinte, die sei locker möglich. Ich habe mir aufmerksam alles angehört und entschieden, diesen Weg gerne einmal zu probieren – aber bei guten Bedingungen. Denn die Sicht war ja nicht besser geworden. So sind wir wieder beim Rückflug zum Heimatplatz nördlich der Alpen geblieben.

Fotos: Rainer Krumm

Foto: © Joachim Schreiber

Fitness-Check für Piloten – Testen und Verbessern

Einfluss von Fitness und Gesundheit auf die Ausbildungsleistung

Die körperliche und geistige Fitness eines Piloten beeinflusst maßgeblich dessen Lern- und Leistungsfähigkeit während der Ausbildung. Der fordernde Alltag aus Theorie- und Praxisunterricht, verbunden mit regelmäßigen Prüfungen und intensiven Trainingssituationen, setzt eine hohe körperliche und mentale Belastbarkeit voraus. Die Einbindung gezielter Fitness- und Mentaltrainingsprogramme kann die Ausbildungsleistung der Piloten verbessern und sie optimal auf die Herausforderungen im Cockpit vorbereiten.

Rolle der körperlichen Fitness im Prüfungs- und Trainingsalltag

Körperliche Fitness ist für Piloten nicht nur ein Vorteil, sondern eine wesentliche Grundlage, um die physischen und psychischen Anforderungen der Ausbildung zu bewältigen. Der Prüfungs- und Trainingsalltag ist oft von langen und intensiven Lerneinheiten geprägt, die die Konzentration und das Durchhaltevermögen auf eine harte Probe stellen. Körperlich fitte Auszubildende sind in der Lage, diesen Belastungen besser standzuhalten. Sie ermüden langsamer und können ihre Aufmerksamkeit auch über längere Zeiträume hinweg konstant halten, was besonders in stressreichen Situationen – wie Prüfungsflügen oder intensiven Theoriemodulen – entscheidend ist.

Ein trainierter Körper trägt dazu bei, dass Piloten im Cockpit eine gesunde und stabile Sitzposition einnehmen können, was insbesondere bei langen Flugstunden hilft, Ermüdungserscheinungen vorzubeugen. Ein gezieltes Kraft- und Ausdauertraining stärkt zudem die Stressresistenz, was in Prüfungen und Trainingssituationen, die oft von hohem Druck begleitet sind, von Vorteil ist. Studien zeigen, dass körperlich fitte Menschen besser mit Stress umgehen können und dass körperliche Aktivität die kognitive Leistungsfähigkeit steigert, was insbesondere für komplexe Lernaufgaben und den Erhalt eines hohen Situationsbewusstseins von Bedeutung ist.

Vorschläge zur Optimierung der Ausbildung: Einbindung von Fitnessprogrammen und mentalen Trainingsmodulen

Um die Ausbildungsleistung zu verbessern, kann es hilfreich sein, strukturierte Fitnessprogramme und mentale Trainingsmodule in die Pilotenausbildung zu integrieren. Diese Programme könnten gezielt auf die Anforderungen der Fliegerei ausgerichtet sein und körperliche wie mentale Aspekte umfassen, die die Belastbarkeit, Konzentrationsfähigkeit und Stressresistenz der Auszubildenden fördern. Nachfolgend einige Vorschläge zur Optimierung der Ausbildung:

1. **Fitnessprogramme für körperliche Belastbarkeit**: Ein umfassendes Fitnessprogramm für Piloten sollte Ausdauer-, Kraft- und Beweglichkeitstraining beinhalten. Dabei könnte ein Mix aus Ausdauersportarten wie Laufen, Schwimmen oder Radfahren kombiniert mit Krafttraining für den Oberkörper und die Rumpfmuskulatur die physische Belastbarkeit verbessern. Ausdauertraining fördert die kardiovaskuläre Gesundheit und verbessert die allgemeine Leistungsfähigkeit, während Kraftübungen Verspannungen vorbeugen und die Haltung im Cockpit unterstützen. Eine gute Beweglichkeit wiederum hilft, auch bei langen Flugzeiten und in beengten Cockpits komfortabel und ergonomisch zu sitzen.
2. **Mentale Trainingsmodule für kognitive Leistungsfähigkeit und Stressresistenz**: Ein gezieltes mentales Training könnte den Ausbildungserfolg entscheidend verbessern. Hierbei könnten Module wie Stressmanagement, Atemtechniken und Entspannungsübungen wie Meditation oder progressive

Muskelentspannung integriert werden, um Piloten zu lehren, wie sie auch in stressigen Situationen Ruhe bewahren und ihre Leistungsfähigkeit aufrechterhalten. Visualisierungsübungen können Piloten zudem auf anspruchsvolle Flugmanöver und Prüfungen vorbereiten, indem sie gedanklich schwierige Situationen durchspielen und so ihre Selbstsicherheit und ihre Entscheidungsfähigkeit stärken.

3. **Integration von Check-ups und Monitoring der Gesundheit**: Regelmäßige Gesundheitschecks, die sowohl die körperliche als auch die mentale Fitness überwachen, könnten Piloten helfen, frühzeitig gesundheitliche Einschränkungen zu erkennen und präventiv dagegen vorzugehen. Eine systematische Beobachtung von Fitness- und Gesundheitsparametern könnte dabei helfen, den Ausbildungsprozess individuell anzupassen und gezielt auf die Stärken und Schwächen des einzelnen Piloten einzugehen.
4. **Workshops zu Ernährung und Erholung**: Workshops, die die Bedeutung von Ernährung und Erholung für die Ausbildungsleistung vermitteln, könnten ebenfalls ein wertvoller Baustein sein. Piloten könnten lernen, wie sie durch eine ausgewogene Ernährung und ausreichend Schlaf ihre Leistungsfähigkeit und Konzentration verbessern. Tipps zur Optimierung des Schlafverhaltens sowie zur Ernährung vor und nach Flügen und Prüfungstagen könnten dabei helfen, das Energielevel zu stabilisieren und kognitive Leistungseinbrüche zu vermeiden.
5. **Simulator-gestütztes Training unter Stressbedingungen**: Simulator-Training unter realitätsnahen Stressbedingungen kann helfen, die mentale und körperliche Belastbarkeit der Piloten zu trainieren. In diesen Simulationen können Piloten lernen, wie sie unter Druck ruhig und präzise handeln, was ihre Reaktionsfähigkeit in tatsächlichen Notfallsituationen verbessert. Solche Übungsphasen bieten die Möglichkeit, die Wirkung von Fitness- und Mentaltraining direkt zu erleben und auszubauen.

Ein ganzheitlicher Ansatz zur Optimierung der Ausbildungsleistung

Die Einbindung von Fitnessprogrammen und mentalen Trainingsmodulen in die Pilotenausbildung könnte die physische und psychische Leistungsfähigkeit von Piloten langfristig steigern. Da körperliche und mentale Fitness einen wesentlichen Einfluss auf die Konzentrationsfähigkeit, die Belastbarkeit und das Stressmanagement haben, wäre eine strukturierte Ergänzung der Ausbildung durch solche Programme ein sinnvoller Schritt, um angehende Piloten optimal auf die Herausforderungen des Cockpits vorzubereiten. Durch eine ganzheitliche Ausbildung, die sowohl körperliche Fitness als auch mentales Training umfasst, könnten Piloten nicht nur sicherer, sondern auch leistungsstärker fliegen und so ihre Karriere und die Sicherheit der Luftfahrt nachhaltig fördern.

Selbstdiagnose: Wie fit bin ich?

Fragebogen zur Selbsteinschätzung: Wie fit bin ich für die Privatfliegerei?

Dieser Fragebogen hilft Ihnen, Ihre körperliche und mentale Fitness für die Anforderungen der Privatfliegerei einzuschätzen. Die folgenden Fragen beziehen sich auf verschiedene Bereiche, die für das Fliegen relevant sind, einschließlich körperlicher Belastbarkeit, Stressmanagement und mentaler Konzentrationsfähigkeit. Beantworten Sie jede Frage so ehrlich wie möglich.

Selbstauswertungsmöglichkeit:

Für jede Frage stehen vier Antwortoptionen zur Verfügung. Notieren Sie für jede Antwort den jeweiligen Punktwert und addieren Sie am Ende die Punkte für eine Gesamtauswertung. Das Ergebnis liefert Ihnen eine Einschätzung Ihrer derzeitigen Fitness für die Privatfliegerei sowie Empfehlungen zur Optimierung.

Anleitung zur Beantwortung:

- Kreuzen Sie bei jeder Frage die Antwort an, die am besten auf Sie zutrifft.
- Addieren Sie am Ende die Punkte und lesen Sie die Auswertung, um zu erfahren, wie Sie Ihre körperliche und mentale Fitness weiter verbessern können.

Teil 1: Körperliche Fitness

Frage 1: Wie häufig treiben Sie Ausdauersport (Laufen, Radfahren, Schwimmen etc.) pro Woche?

☐ a) Täglich oder fast täglich **(4 Punkte)**

☐ b) 2 – 3 Mal pro Woche **(3 Punkte)**

☐ c) Einmal pro Woche **(2 Punkte)**

☐ d) Seltener als einmal pro Woche oder nie **(1 Punkt)**

Frage 2: Wie bewerten Sie Ihre körperliche Belastbarkeit bei längerem Sitzen oder bei körperlicher Beanspruchung?

☐ a) Sehr belastbar, keine Probleme **(4 Punkte)**

☐ b) Belastbar, selten Beschwerden **(3 Punkte)**

☐ c) Wenig belastbar, manchmal Beschwerden **(2 Punkte)**

☐ d) Sehr wenig belastbar, häufig Beschwerden **(1 Punkt)**

Frage 3: Wie gut können Sie mit Verspannungen und Muskelermüdung umgehen?

☐ a) Sehr gut, ich habe selten Verspannungen **(4 Punkte)**

☐ b) Gut, ich kann sie meist schnell lösen **(3 Punkte)**

☐ c) Manchmal problematisch, ich habe öfter Verspannungen **(2 Punkte)**

☐ d) Schwer, ich habe regelmäßig Verspannungen und Schmerzen **(1 Punkt)**

Frage 4: Ernähren Sie sich ausgewogen und achten Sie auf eine gesunde Ernährung vor und nach dem Fliegen?

☐ a) Sehr häufig, ich achte immer darauf **(4 Punkte)**

☐ b) Meistens, ich esse in der Regel ausgewogen **(3 Punkte)**

☐ c) Gelegentlich, aber ich könnte mich mehr darum kümmern **(2 Punkte)**

☐ d) Selten, ich achte kaum auf meine Ernährung **(1 Punkt)**

Teil 2: Mentale Fitness

Frage 5: Wie gehen Sie mit Stress und Drucksituationen im Cockpit um?

☐ a) Sehr gut, ich bleibe immer ruhig und fokussiert **(4 Punkte)**

☐ b) Gut, ich habe nur gelegentlich Stress **(3 Punkte)**

☐ c) Es fällt mir manchmal schwer, mit Stress umzugehen **(2 Punkte)**

☐ d) Ich habe große Schwierigkeiten, ruhig zu bleiben **(1 Punkt)**

Frage 6: Wie häufig üben Sie Konzentrationstechniken oder mentale Vorbereitung, um im Cockpit fokussiert zu bleiben?

☐ a) Regelmäßig, vor jedem Flug oder Training **(4 Punkte)**

☐ b) Häufig, aber nicht vor jedem Flug **(3 Punkte)**

☐ c) Selten, nur in besonderen Situationen **(2 Punkte)**

☐ d) Fast nie oder nie **(1 Punkt)**

Frage 7: Wie würden Sie Ihr Durchhaltevermögen in langen Flugphasen einschätzen?

☐ a) Sehr gut, ich bleibe immer konzentriert und aufmerksam **(4 Punkte)**

☐ b) Gut, ich habe nur gelegentlich Konzentrationsschwierigkeiten **(3 Punkte)**

☐ c) Durchschnittlich, ich werde manchmal unaufmerksam **(2 Punkte)**

☐ d) Schwach, ich verliere schnell die Konzentration **(1 Punkt)**

Frage 8: Wie oft fühlen Sie sich nach einem Flug erschöpft oder mental ausgelaugt?

☐ a) Selten, ich fühle mich danach oft noch energiegeladen **(4 Punkte)**

☐ b) Gelegentlich, aber es beeinträchtigt mich kaum **(3 Punkte)**

☐ c) Häufig, ich bin oft müde und unkonzentriert **(2 Punkte)**

☐ d) Sehr oft, ich bin nach jedem Flug erschöpft **(1 Punkt)**

Auswertung und Interpretation

Gesamtpunktzahl:

Addieren Sie alle Punkte und lesen Sie die entsprechende Interpretation.

28 – 32 Punkte – Hervorragende Fitness

Ihre körperliche und mentale Fitness sind ausgezeichnet! Sie verfügen über eine hohe Belastbarkeit und sind gut auf die Anforderungen des Fliegens vorbereitet. Achten Sie darauf, diesen Standard beizubehalten, indem Sie regelmäßig trainieren und Ihre Konzentrationsfähigkeit pflegen.

22 – 27 Punkte – Gute Fitness

Ihre Fitness ist gut, und Sie sind für die meisten Anforderungen der Privatfliegerei gut vorbereitet. Es könnte hilfreich sein, gelegentlich gezielt an spezifischen Bereichen wie Ausdauer oder Stressmanagement zu arbeiten, um Ihre Leistung im Cockpit weiter zu optimieren.

15 – 21 Punkte – Durchschnittliche Fitness

Sie haben eine solide Grundlage, aber es gibt Bereiche, in denen Sie Ihre Fitness noch verbessern können. Überlegen Sie, ob Sie regelmäßiges Training in Ihre Routine integrieren und an Stressbewältigungstechniken arbeiten. Kleine Anpassungen können Ihre Flugleistung erheblich steigern.

8 – 14 Punkte – Verbesserungsbedarf

Ihre Fitness könnte durch gezielte Maßnahmen deutlich verbessert werden. Regelmäßiges körperliches Training, eine ausgewogene Ernährung und mentale Übungen wie Stressmanagement oder Konzentrationstraining sind empfehlenswert. Sie könnten von einem Trainingsplan und gelegentlichem Coaching profitieren, um die Voraussetzungen für sicheres und entspanntes Fliegen zu schaffen.

Empfehlungen zur Verbesserung

Unabhängig von Ihrer Punktzahl gibt es stets Möglichkeiten zur Verbesserung. Hier einige Vorschläge, die Ihre körperliche und mentale Fitness für die Privatfliegerei stärken:

- Körperliche Fitness steigern: Ein regelmäßiges Ausdauertraining, ergänzt durch Kraft- und Beweglichkeitsübungen, fördert Ihre Belastbarkeit und beugt Ermüdung im Cockpit vor.

- Stressmanagement üben: Atemübungen und mentale Vorbereitung können helfen, in schwierigen Situationen ruhig und fokussiert zu bleiben.
- Ernährung optimieren: Achten Sie auf eine ausgewogene Ernährung, um Ihre Energielevel und Konzentrationsfähigkeit zu fördern.
- Mentale Fitness trainieren: Konzentrieren Sie sich auf Visualisierungstechniken und mentale Vorbereitung, um Ihre kognitiven Fähigkeiten weiter zu verbessern.

Dieser Fragebogen kann Ihnen als Orientierung dienen, Ihre Fitness und Leistungsfähigkeit für die Privatfliegerei einzuschätzen und gezielt zu verbessern.

Präventivmaßnahmen zur Gesundheitsförderung

Gesundheitsfördernde Maßnahmen sind für Piloten unerlässlich, um den Anforderungen des Cockpits langfristig gerecht zu werden. Präventive Schritte in Form gezielter Bewegungs- und Ernährungspläne sowie Übungen zur Steigerung der Konzentrationsfähigkeit und Stressresistenz sind dabei entscheidend. Mit einem strukturierten Ansatz für körperliche und mentale Fitness können Piloten nicht nur ihre Leistungsfähigkeit verbessern, sondern auch Risiken minimieren und ihre Sicherheit erhöhen.

Bewegungs- und Ernährungspläne für Piloten

Ein gesunder Lebensstil unterstützt die körperliche Belastbarkeit und Konzentration, die im Cockpit unerlässlich ist. Ein ausgewogener Bewegungsplan hilft Piloten, fit zu bleiben und körperlichen Herausforderungen standzuhalten, während ein gut durchdachter Ernährungsplan die Energie- und Konzentrationsreserven im Gleichgewicht hält.

Bewegungsplan für Piloten:

- **Ausdauertraining**: Zweimal pro Woche sollten Ausdauereinheiten wie Laufen, Radfahren oder Schwimmen absolviert werden. Diese verbessern die kardiovaskuläre Fitness und unterstützen die körperliche Widerstandsfähigkeit gegen Müdigkeit.
- **Krafttraining**: Einmal pro Woche gezielte Kraftübungen, insbesondere für die Rumpfmuskulatur, beugen Verspannungen und Rückenschmerzen vor. Übungen wie Planks, Liegestütze und Kniebeugen stärken die Kernmuskulatur und helfen, eine stabile Sitzposition zu bewahren.
- **Beweglichkeitsübungen**: Stretching und Mobilitätsübungen nach jedem Training verbessern die Flexibilität und helfen, Muskelverspannungen zu vermeiden. Yoga oder gezielte Dehnübungen für den Rücken, Nacken und die Schul-

tern sind besonders empfehlenswert, um auch bei langen Flügen komfortabel und beweglich zu bleiben.

Ernährungsplan für Piloten:

- **Frühstück**: Starten Sie den Tag mit einem Mix aus komplexen Kohlenhydraten und Proteinen, um die Energiereserven aufzufüllen. Haferflocken mit Nüssen und Früchten oder Vollkornbrot mit Ei und Avocado bieten eine gute Grundlage.
- **Snacks während des Fluges**: Nüsse, Trockenfrüchte und Vollkornriegel sind energiereiche Snacks, die auch bei langen Flugzeiten den Blutzuckerspiegel stabil halten.
- **Mittag- und Abendessen**: Eine Kombination aus magerem Protein (z.B. Hähnchen, Fisch oder Tofu), komplexen Kohlenhydraten (Vollkornprodukte, Quinoa) und viel Gemüse sorgt für eine ausgewogene Nährstoffzufuhr. Vermeiden Sie schwere, fettige Speisen, die zu Müdigkeit führen können.
- **Hydration**: Regelmäßiges Trinken, besonders Wasser oder ungesüßter Tee, ist essenziell, um eine Dehydration zu verhindern. Ein Wasserverbrauch von 2–3 Litern pro Tag ist ideal, und im Cockpit sollte immer eine Wasserflasche griffbereit sein.

Übungen zur Verbesserung der Konzentrationsfähigkeit und Stressresistenz

Konzentrationsfähigkeit und Stressresistenz sind in der Fliegerei von zentraler Bedeutung. Das Cockpit verlangt eine durchgängige Aufmerksamkeit und die Fähigkeit, auch in stressreichen Situationen ruhig und besonnen zu handeln. Die folgenden Übungen helfen Piloten dabei, ihre kognitive und emotionale Widerstandsfähigkeit zu stärken.

Konzentrationsübungen:

- **Meditation**: Regelmäßige Meditationsübungen, auch nur 10 Minuten täglich, helfen, die Gedanken zu fokussieren und das Bewusstsein für den Moment zu schärfen. Einfaches Atemzählen oder das Fokussieren auf den Atemfluss fördern die innere Ruhe und Klarheit.
- **Atemübungen für mentale Klarheit**: Eine gezielte Atemtechnik wie die **4-7-8-Methode** (vier Sekunden einatmen, sieben Sekunden halten, acht Sekunden ausatmen) unterstützt eine tiefe Entspannung und fördert die Sauerstoffzufuhr im Gehirn, was die Konzentrationsfähigkeit steigert.
- **Visualisierungstechniken**: Stellen Sie sich regelmäßig spezifische Flugmanöver oder Szenarien vor und gehen Sie gedanklich die erforderlichen Schritte durch. Diese Visualisierung bereitet das Gehirn auf schwierige Situationen vor

und stärkt das Selbstvertrauen im Umgang mit unvorhersehbaren Herausforderungen.

Beispiel: Ein Pilot plant eine Route über eine bergige Region und rechnet mit möglichen Turbulenzen. Während des Briefings visualisiert er die gesamte Flugstrecke und überlegt, wie er bei Turbulenzen reagieren würde und welche Alternativen zur Verfügung stehen. Durch dieses gedankliche Durchspielen der Route erhöht der Pilot seine mentale Bereitschaft und kann im Ernstfall schneller und sicherer reagieren.

Übungen zur Steigerung der Stressresistenz:

- **Progressive Muskelentspannung**: Durch das An- und Entspannen einzelner Muskelgruppen wird die Körperwahrnehmung geschärft, und das Gefühl der Entspannung intensiviert sich. Diese Technik kann auch kurz vor einem Flug angewendet werden, um körperliche Anspannungen zu lösen und den Stresspegel zu senken.
- **Positive Selbstgespräche**: Positive Selbstansprache, wie etwa das innerliche Wiederholen von beruhigenden oder ermutigenden Phrasen („Ich bin vorbereitet und fokussiert"), kann helfen, negative Gedanken zu durchbrechen und das Selbstvertrauen zu stärken.
- **Zeitmanagement und Planung**: Stress im Cockpit kann durch eine gute Vorbereitung und klare Zeitplanung erheblich reduziert werden. Checklisten und Zeitfenster für spezifische Aufgaben vor dem Flug schaffen einen klaren Ablauf und vermeiden unnötigen Druck, da alle wichtigen Schritte in der Vorbereitung berücksichtigt sind.

Beispiel: Ein Pilot, der regelmäßig Achtsamkeits- und Visualisierungsübungen durchführt, ist besser in der Lage, sich bei Flugstress zu konzentrieren. Bei einem Notfall erinnert er sich an die Visualisierung, die er im Vorfeld gemacht hat, und bleibt dadurch handlungsfähig, da er den Ablauf klar vor Augen hat.

Präventivmaßnahmen als Basis für eine sichere und effektive Pilotentätigkeit

Präventivmaßnahmen zur Gesundheitsförderung sind für Piloten eine grundlegende Investition in die eigene Sicherheit und Leistungsfähigkeit. Ein strukturiertes Bewegungs- und Ernährungsprogramm unterstützt die körperliche Fitness und Belastbarkeit, während mentale Übungen die Konzentrationsfähigkeit und Stressresistenz stärken. Durch die konsequente Umsetzung dieser Maßnahmen schaffen Piloten die Grundlage für eine langanhaltende Gesundheit und erhöhen zugleich ihre Fähigkeit, auch in herausfordernden Situationen konzentriert und ruhig zu bleiben.

Langfristige Maßnahmen zur Leistungssteigerung

Langfristige Maßnahmen zur Leistungssteigerung sind entscheidend, um als Pilot körperlich und mental belastbar zu bleiben und die eigene Flugtauglichkeit kontinuierlich zu verbessern. Regelmäßige Fitnesschecks und Trainingspläne helfen dabei, den eigenen Gesundheitszustand im Blick zu behalten und gezielt an den Schwachstellen zu arbeiten. Ein idealer Trainingsplan für Piloten sollte abwechslungsreich sein und wöchentliche Ausdauereinheiten (wie Laufen oder Radfahren) mit Krafttraining für die Rumpf- und Rückenmuskulatur kombinieren, um eine stabile Sitzposition im Cockpit zu fördern. Halbjährliche Fitnesschecks, wie z. B. ein Check der Herz-Kreislauf-Gesundheit, Muskelfunktion und Beweglichkeit, bieten zudem wertvolle Rückmeldungen über die körperliche Leistungsfähigkeit und lassen frühzeitig gesundheitliche Defizite erkennen, die durch angepasste Trainingspläne adressiert werden können.

Für die mentale Fitness sind Achtsamkeitstraining und Stressbewältigungstechniken bewährte Methoden, um innere Ruhe und Konzentrationsfähigkeit langfristig zu stärken. Achtsamkeitstraining – etwa durch regelmäßige Meditation oder Atemübungen – fördert das Bewusstsein für den Moment und hilft, Gedanken zu beruhigen und die Selbstwahrnehmung zu schärfen. Dies unterstützt Piloten dabei, auch in hektischen Situationen den Überblick zu behalten und klare Entscheidungen zu treffen. Ergänzend sind Stressbewältigungstechniken wie progressive Muskelentspannung oder das Arbeiten mit positiven Selbstgesprächen wertvolle Werkzeuge, um Stress abzubauen und die Resilienz zu stärken. Indem Piloten diese Maßnahmen langfristig und konsequent in ihren Alltag integrieren, schaffen sie eine stabile Basis für körperliche und geistige Gesundheit, die nicht nur ihre Leistungsfähigkeit, sondern auch ihre Sicherheit im Cockpit nachhaltig verbessert.

Die „I'M SAFE"-Checkliste – Persönliche Fitness im Cockpit

In der Luftfahrt steht Sicherheit an oberster Stelle – und das nicht nur im Hinblick auf Technik, Wetter oder Navigation. Ein oft unterschätzter, aber entscheidender Faktor ist die körperliche und mentale Fitness des Piloten selbst. Die beste Flugvorbereitung ist nutzlos, wenn der Pilot gesundheitlich oder psychisch nicht in der Lage ist, ein Luftfahrzeug sicher zu führen.

Um dieses persönliche Risiko zu minimieren, wurde in der Luftfahrt ein einfaches, aber äußerst wirkungsvolles Selbstbewertungsmodell entwickelt: die sogenannte „I'M SAFE"-Checkliste. Dieses Akronym steht für sechs essenzielle Bereiche der menschlichen Leistungsfähigkeit, die vor jedem Flug ehrlich überprüft werden sollten.

Ursprung und Hintergrund

Die „I'M SAFE"-Checkliste wurde im Rahmen der Luftfahrtmedizin und Flugsicherheitsprogramme, insbesondere von der Federal Aviation Administration (FAA) in den USA, entwickelt und in die Pilotenausbildung integriert. Sie basiert auf langjährigen Erkenntnissen aus der Human Factors-Forschung und wurde gezielt geschaffen, um Piloten ein kompaktes Werkzeug zur Selbstbeurteilung an die Hand zu geben. Das Modell wurde ursprünglich in militärischen und professionellen Flugbetrieben eingeführt, fand aber rasch auch Verbreitung in der allgemeinen Luftfahrt (General Aviation) – also bei Privatpiloten, Hobbypiloten und Flugschülern. Heute ist es ein fester Bestandteil vieler Flughandbücher, Lehrbücher und Briefings.

Bedeutung in der Luftfahrtpraxis

In einer Umgebung, in der kleine Fehler fatale Konsequenzen haben können, ist Selbstreflexion vor dem Flug ein Muss. Die „I'M SAFE"-Checkliste hilft dabei, die eigene Flugtauglichkeit systematisch und objektiv zu hinterfragen.

Gerade in der Privatfliegerei, wo weniger externe Kontrolle als in der kommerziellen Luftfahrt besteht, kommt dieser Checkliste eine besonders wichtige Rolle zu. Hier ist der Pilot häufig allein verantwortlich für die Entscheidung, ob er flugfähig ist – physisch wie psychisch.

Das Akronym im Detail

- **Illness (Krankheit)**
  Fühle ich mich körperlich vollständig gesund?
- **Medication (Medikamente)**
  Habe ich Medikamente genommen, die meine Leistung beeinflussen könnten?
- **Stress**
  Bin ich emotional und mental im Gleichgewicht?
- **Alcohol (Alkohol)**
  Habe ich in den letzten 24h Alkohol konsumiert? Blutalkohol 0,00‰?
- **Fatigue (Müdigkeit)**
  Habe ich ausreichend und erholsam geschlafen?
- **Eating (Essen und Trinken)**
  Bin ich gut ernährt und hydriert?

Das Modell „I'm Safe" als Erklärvideo

„I'M SAFE"-Checkliste für Privatpiloten

Um die Anwendung im Flugbetrieb zu erleichtern, findest du hier eine praxistaugliche Checkliste zum Abhaken, die du dir z. B. ins Flugbuch, oder Cockpit legen kannst:

Faktor	Frage zur Selbstreflexion	Ja	Nein
Illness (Krankheit)	Fühle ich mich körperlich vollständig gesund?	☐	☐
Medication (Medikamente)	Nehme ich keine Medikamente, die meine Leistungsfähigkeit beeinträchtigen?	☐	☐
Stress	Bin ich emotional und mental im Gleichgewicht?	☐	☐
Alcohol (Alkohol)	Habe ich in den letzten 24 Stunden keinen Alkohol konsumiert (Blutalkohol 0,00 ‰)?	☐	☐
Fatigue (Müdigkeit)	Habe ich ausreichend und erholsam geschlafen?	☐	☐
Eating (Ernährung)	Bin ich gut ernährt und ausreichend hydriert?	☐	☐

Hinweis: Nur wenn alle Kästchen bei „Ja" markiert sind, gilt die Selbstprüfung als bestanden – und du bist „safe to fly".

Die „I'M SAFE"-Checkliste ist keine bürokratische Formalität, sondern ein lebenswichtiges Instrument zur Risikoprävention. Gerade in der Privatfliegerei, wo der Pilot oft allein entscheidet, ist eine ehrliche Selbstüberprüfung entscheidend für die Flugsicherheit.

Wer die „I'M SAFE"-Checkliste regelmäßig und bewusst nutzt, fliegt nicht nur sicherer – sondern auch verantwortungsvoller.

Strategien zur Optimierung des Menschlichen Leistungsvermögens im Cockpit

Das menschliche Leistungsvermögen spielt eine entscheidende Rolle für die Sicherheit und Effizienz im Cockpit. Piloten müssen neben technischem Wissen auch über eine starke körperliche und mentale Fitness verfügen, um in komplexen Situationen optimal zu handeln. In diesem Kapitel betrachten wir verschiedene Strategien, die Piloten dabei unterstützen, ihr Leistungsvermögen gezielt zu steigern. Von der Vorflugplanung bis hin zu mentalen Übungen und integrativen Fitnessprogrammen: Jede Maßnahme kann dazu beitragen, die Leistung zu verbessern, Fehler zu reduzieren und die Sicherheit im Cockpit zu maximieren.

Vorflugplanung und Briefing aus der Perspektive des menschlichen Leistungsvermögens

Eine gründliche **Vorflugplanung** und ein strukturiertes **Briefing** sind essenziell, um die geistigen und körperlichen Ressourcen des Piloten optimal einzusetzen. Bei der Vorflugplanung geht es nicht nur um das Verständnis der technischen und meteorologischen Rahmenbedingungen, sondern auch um die persönliche Vorbereitung auf den Flug. Die Berücksichtigung des menschlichen Leistungsvermögens beginnt bereits hier und kann durch folgende Ansätze unterstützt werden:

- **Ausgeruhter Zustand**: Ein Pilot, der sich müde oder unkonzentriert fühlt, ist anfälliger für Fehler. Es ist wichtig, vor jedem Flug auf ausreichend Schlaf und Erholung zu achten. Ein Beispiel wäre, nach einem langen Arbeitstag keine Flüge mit hohen Anforderungen zu planen, sondern in solchen Fällen eher kürzere und weniger komplexe Flugstrecken zu wählen.
- **Briefing als mentale Vorbereitung**: Das Vorflugbriefing sollte nicht nur technische Details umfassen, sondern auch eine gedankliche Vorbereitung auf mögliche Herausforderungen bieten. Dazu kann es hilfreich sein, bestimmte Szenarien gedanklich durchzuspielen, beispielsweise, wie man auf plötzliches schlechtes Wetter oder technische Probleme reagieren würde. Diese mentale Einstimmung hilft, den Fokus zu schärfen und das Situationsbewusstsein zu steigern.

Beispiel: Ein Pilot integriert zweimal pro Woche eine Kombination aus Krafttraining, Ausdauerübungen und Achtsamkeitsübungen in seinen Alltag. Beim Krafttraining führt er einfache Visualisierungen durch, bei denen er sich im Cockpit fokussiert und konzentriert vorstellt. Diese Routine stärkt nicht nur seine körperliche, sondern auch seine mentale Ausdauer und bereitet ihn optimal auf lange Flüge und stressige Situationen vor.

Einsatz von Checklisten und Routinen zur Fehlerreduktion

Checklisten und **Routinen** sind unverzichtbare Werkzeuge zur Fehlerreduktion im Cockpit und helfen, menschliche Fehlleistungen zu minimieren. Durch die Einhaltung dieser strukturierten Abläufe behalten Piloten auch in stressigen oder unerwarteten Situationen den Überblick und stellen sicher, dass alle wichtigen Aufgaben erledigt werden. Routinen und Checklisten fördern außerdem das Vertrauen und die Konzentration, da sie den Entscheidungsaufwand reduzieren und eine sichere Basis für den Flug bieten.

- **Vorflug- und Abflugchecklisten**: Diese Checklisten enthalten alle wesentlichen Schritte, die vor dem Start oder beim Landeanflug durchgeführt werden müssen. Durch das regelmäßige Abarbeiten solcher Listen entwickelt sich eine

Routine, die Fehler minimiert und Sicherheit schafft. Ein erfahrener Pilot prüft z. B. vor jedem Abflug systematisch die Instrumente, Kraftstoffstände und die Steuerung, ohne sich dabei auf sein Gedächtnis zu verlassen – eine klare Struktur, die Stress reduziert.

- **„Steriles Cockpit“ für kritische Phasen**: Die Anwendung der „Sterile Cockpit“-Regel, die besagt, dass während kritischer Flugphasen (Start, Landung) keine unnötigen Gespräche oder Ablenkungen stattfinden dürfen, ist eine wichtige Routine zur Fehlervermeidung. Durch diese Regel behalten Piloten in entscheidenden Momenten den Fokus auf die wesentlichen Aufgaben und reduzieren Ablenkungen.

Beispiel: Ein Pilot, der vor dem Anflug in eine „Sterile Cockpit“-Phase wechselt und seine Checkliste für den Landeanflug exakt durchgeht, erhöht die Sicherheit, weil alle Aufgaben klar definiert sind und nichts vergessen wird. Wenn ein Pilot diese Routine regelmäßig praktiziert, wird sie automatisch und kann auch in kritischen Situationen effizient umgesetzt werden.

Selbstreflexion und kontinuierliches Lernen

Selbstreflexion und das **kontinuierliche Lernen** sind entscheidend, um die persönliche Leistungsfähigkeit zu verbessern und sich als Pilot weiterzuentwickeln. Wer regelmäßig seine Flugerfahrungen reflektiert und Schwachstellen erkennt, kann gezielt an diesen arbeiten und künftige Fehler vermeiden.

- **Flugtagebuch führen**: Ein Flugtagebuch bietet die Möglichkeit, nach jedem Flug Erlebnisse, Erkenntnisse und mögliche Verbesserungspunkte festzuhalten. Beispielsweise könnte ein Pilot, der bei einem Landeanflug Probleme mit der Geschwindigkeit hatte, dies notieren und im Nachgang gezielt Techniken zur Geschwindigkeitskontrolle üben.
- **Debriefing nach jedem Flug**: Ein Debriefing, also die Nachbesprechung des Fluges, hilft, die eigenen Leistungen zu reflektieren und Erfahrungen zu verarbeiten. Piloten können sich beispielsweise fragen, welche Entscheidungen erfolgreich waren und wo Verbesserungspotenzial besteht. Dieses kontinuierliche Feedback unterstützt das Wachstum und fördert die Sicherheit im Cockpit.

Beispiel: Nach einem Flug unter schwierigen Wetterbedingungen analysiert ein Pilot im Debriefing, dass er in einer Situation zu zögerlich reagiert hat. Er reflektiert über mögliche Alternativen und beschließt, in Zukunft die Wetterbedingungen noch sorgfältiger zu prüfen und rechtzeitig Anpassungen vorzunehmen.

Fazit: Eine ganzheitliche Strategie für optimales menschliches Leistungsvermögen im Cockpit

Das menschliche Leistungsvermögen im Cockpit zu optimieren, erfordert einen strukturierten und ganzheitlichen Ansatz, der Vorflugplanung, Routinen,

Selbstreflexion, mentale Techniken und körperliche Fitnessprogramme integriert. Die Kombination dieser Strategien verbessert nicht nur die körperliche und geistige Belastbarkeit, sondern stärkt auch das Selbstvertrauen und die Resilienz. Piloten, die regelmäßig an ihrer Fitness und mentalen Stärke arbeiten, sind besser auf die Herausforderungen des Cockpits vorbereitet und können in schwierigen Situationen ruhig, konzentriert und sicher agieren.

Auf den nachfolgenden Seiten machen wir einen kleinen AusFLUG in die Medizin und die Arbeitssicherheit, da hier das Thema Human Factors seit Jahren ebenso eine große und erfolgreiche Rolle spielt, um Fehler zu vermeiden

Exkurs in die Medizin: das SEIPS Modell

Das **SEIPS-Modell** (Systems Engineering Initiative for Patient Safety) stammt aus der Medizin und wird genutzt, um die Sicherheitskultur im Gesundheitswesen zu verbessern, indem es die komplexe Interaktion zwischen Mensch, Technik und Umgebung systematisch analysiert. Entwickelt wurde das Modell, um Fehlerquellen im Arbeitsumfeld von medizinischem Personal zu identifizieren und die Arbeitsprozesse so zu gestalten, dass das Wohlbefinden und die Sicherheit der Patienten maximiert werden. Da das Modell stark auf den menschlichen Faktor und dessen Leistungsvermögen abzielt, lassen sich seine Prinzipien auch auf die Luftfahrt und das menschliche Leistungsvermögen im Cockpit übertragen.

Definition und Erklärung des SEIPS-Modells

Das SEIPS-Modell betrachtet die **Wechselwirkung zwischen Menschen, Technik und der Umgebung** und untersucht, wie sich diese Faktoren auf die Sicherheit und Effizienz der Arbeitsprozesse auswirken. SEIPS steht dabei für:

- **S**ystems (Systeme),
- **E**ngineering (Ingenieursmethoden),
- **I**nitiative for **P**atient **S**afety (Initiative zur Patientensicherheit).

Das Modell strukturiert die Untersuchung von Arbeitsumgebungen anhand von fünf Schlüsselkomponenten:

1. **Personen**: Fähigkeiten, Wissen und Verhalten des Personals (z. B. Piloten).
2. **Aufgaben**: Die spezifischen Tätigkeiten und Verantwortlichkeiten.
3. **Werkzeuge und Technologien**: Instrumente und Systeme, die im Arbeitsablauf eingesetzt werden.
4. **Physische Umgebung**: Die räumlichen und strukturellen Arbeitsbedingungen.
5. **Organisation**: Arbeitskultur, Regeln und Kommunikation.

Das Ziel des SEIPS-Modells ist es, potenzielle Fehlerquellen in diesen Bereichen zu identifizieren, Arbeitsprozesse zu optimieren und die menschliche Leistung zu unterstützen, um Risiken zu minimieren.

Einsatz des SEIPS-Modells in der Medizin

In der Medizin wird das SEIPS-Modell genutzt, um Fehler in komplexen Prozessen wie Operations- oder Notfallprozeduren zu verhindern, bei denen kleinste Unaufmerksamkeiten gravierende Folgen haben können. Die Analyse nach dem SEIPS-Modell deckt auf, wie Faktoren wie Zeitdruck, unpassende Instrumente, unklare Kommunikation oder unzureichend gestaltete Arbeitsräume die Leistung des medizinischen Personals beeinträchtigen und Fehler fördern können. Durch eine Optimierung dieser Faktoren und die Einführung sicherheitsfördernder Strukturen wird die Qualität und Sicherheit der medizinischen Versorgung verbessert.

Lehren für Privatpiloten aus dem SEIPS-Modell

Privatpiloten können vom SEIPS-Modell lernen, indem sie ihre Arbeitsumgebung im Cockpit ähnlich strukturiert analysieren und gezielt Maßnahmen ergreifen, um ihre Leistungsfähigkeit zu steigern und Risiken zu minimieren. Hier sind einige Aspekte, die sich anhand des SEIPS-Modells auf die Luftfahrt übertragen lassen:

1. **Personen**: Piloten sollten regelmäßig ihre eigenen Fähigkeiten und ihr Wissen überprüfen und auffrischen, etwa durch Weiterbildungen oder Auffrischungskurse. Ein klarer Überblick über die eigenen physischen und mentalen Grenzen hilft, Stress zu vermeiden und Überforderung zu verhindern.
2. **Aufgaben**: Checklisten und Routinen sind essenziell für die Flugsicherheit. Das SEIPS-Modell zeigt, wie wichtig klar definierte Aufgaben und Abläufe sind. Piloten können davon profitieren, wenn sie für jede Flugphase eine präzise Checkliste erstellen und diese konsequent durchgehen.
3. **Werkzeuge und Technologien**: Die richtigen technischen Hilfsmittel und deren Bedienung sind entscheidend. Regelmäßiges Training mit den Instrumenten und Navigationssystemen des Cockpits sorgt dafür, dass der Pilot in Stresssituationen schnell und präzise handeln kann. Moderne Technologien wie Flug-Apps, die Echtzeitdaten bereitstellen, und KI-gestützte Assistenten können die Leistungsfähigkeit des Piloten steigern, indem sie komplexe Aufgaben erleichtern und mögliche Fehlerquellen reduzieren.
4. **Physische Umgebung**: Ein ergonomisch gestaltetes Cockpit, das den Bedürfnissen des Piloten entspricht, verbessert die Konzentration und reduziert das Risiko von Fehlhandlungen. Piloten sollten darauf achten, das Cockpit so zu gestalten, dass alle Instrumente leicht erreichbar und ablesbar sind und sie sich wohl fühlen. Auch regelmäßige körperliche Fitness trägt dazu bei, dass sich der Pilot in seiner Arbeitsumgebung über längere Zeit hinweg wohlfühlt und leistungsfähig bleibt.
5. **Organisation**: Die Struktur und Kultur der Privatfliegerei erfordert eine hohe Eigenverantwortung, aber auch eine klare Planung und Strukturierung. Durch regelmäßige Selbstreflexion und die Pflege eines Flugtagebuchs können Pilo-

ten den Überblick über vergangene Fehler und Erfolge behalten und gezielt an Verbesserungspunkten arbeiten. Das SEIPS-Modell zeigt, wie wichtig eine gute „organisatorische Selbststruktur“ ist, um die eigene Leistungsfähigkeit nachhaltig zu optimieren.

Zusammenfassung: Sicherheit durch systematisches Selbstmanagement

Das SEIPS-Modell verdeutlicht, wie wichtig ein systematisches Management der eigenen Arbeitsumgebung und der Aufgaben im Cockpit ist. Für Privatpiloten kann eine strukturierte, SEIPS-ähnliche Herangehensweise dazu beitragen, das Risiko menschlicher Fehler zu reduzieren und die persönliche Leistung zu steigern. Dabei geht es nicht nur um das technische Wissen, sondern um das Bewusstsein für die eigenen Fähigkeiten, die Optimierung des Cockpits und die klare Strukturierung von Aufgaben. Ein regelmäßiges „Checken“ der fünf SEIPS-Komponenten kann für Piloten ein hilfreiches Tool sein, um das fliegerische Leistungsvermögen langfristig zu verbessern und sicherer zu fliegen.

Exkurs: Schlüsselprinzipien der Medizin-Human Factors übertragen auf die Privatfliegerei

Die „Clinical Human Factors Group“ aus England hat wichtige Prinzipien veröffentlicht, die den Einfluss von menschlichen Faktoren in stressreichen Situationen beleuchten – ursprünglich für den medizinischen Bereich entwickelt, aber übertragbar auf viele andere Felder, wie etwa die Privatfliegerei. Diese Prinzipien betonen Kommunikation, Teamarbeit und Selbstmanagement als Schlüssel zur Fehlervermeidung und Sicherheitserhöhung. Obwohl viele Hobbyflieger alleine im Cockpit sind, gibt es am Flugplatz, in der Flugsicherung und in der Fliegerei eine Vielzahl von Menschen, mit denen sie regelmäßig interagieren. Dieses Kapitel zeigt, wie Privatpiloten die Prinzipien der Human Factors anwenden können, um ihre Flugsicherheit und ihr eigenes Leistungsvermögen zu optimieren.

1. Lagebesprechung und Absprache mit Beteiligten

Prinzip: In der Medizin wird empfohlen, eine kurze Besprechung zu Beginn einer Schicht abzuhalten, um sicherzustellen, dass das gesamte Team über die Lage informiert ist. Die Bedeutung von klaren Absprachen und Sprachregelungen zur Vermeidung von Mehrdeutigkeiten wird ebenfalls hervorgehoben.

Übertragung auf die Privatfliegerei: Für Privatpiloten bedeutet dies, dass sie vor jedem Flug ihre geplante Route und das Wetter überprüfen und eine kurze Absprache mit Flugplatzmitarbeitern, Fluglehrern oder anderen Piloten führen sollten, besonders wenn sie sich im Luftraum mit anderen bewegen. Ein kurzes Gespräch mit der Flugsicherung (FIS) kann beispielsweise wertvolle Informationen über die Verkehrslage in der Umgebung liefern. Solche Absprachen helfen, ein gemeinsames Situationsverständnis zu schaffen und Missverständnisse zu vermeiden.

2. Besonnenheit und Stressmanagement

Prinzip: Unter stressigen Bedingungen sollte das medizinische Personal bewusst innehalten, die Lage analysieren und sich entspannen, bevor es weiterarbeitet.
Übertragung auf die Privatfliegerei: Piloten müssen oft unter Druck schnell reagieren, sei es bei plötzlichen Wetterwechseln oder unerwarteten technischen Problemen. Ein bewusstes Innehalten – etwa durch eine tiefe Atmung oder einen kurzen gedanklichen Check – hilft, stressbedingte Fehler zu vermeiden. Diese bewusste Selbstkontrolle erhöht die Entscheidungsqualität und reduziert das Risiko, unüberlegt zu handeln.

3. Offener Führungsstil und Einbindung von Ressourcen

Prinzip: In komplexen Situationen empfiehlt das Human-Factors-Modell, das Team einzubinden und verschiedene Perspektiven zu hören, bevor Entscheidungen getroffen werden.
Übertragung auf die Privatfliegerei: Auch wenn Privatpiloten meist alleine fliegen, können sie durch Kommunikation mit der Flugsicherung, die Einholung von Wetterinformationen und das Anhören von Ratschlägen anderer Piloten wertvolle Informationen erhalten. Ein „offener Führungsstil“ bedeutet hier, dass der Pilot andere Ressourcen aktiv einbindet, um ein umfassenderes Bild der Situation zu bekommen und informierte Entscheidungen zu treffen.

4. Unterstützung durch erfahrene Kollegen und Mentoren

Prinzip: In der Medizin wird betont, dass neue oder unerfahrene Mitarbeiter sich sicher fühlen sollten und bei Unsicherheit Rückhalt erhalten.
Übertragung auf die Privatfliegerei: Gerade weniger erfahrene Piloten sollten sich nicht scheuen, Fragen zu stellen oder Unterstützung von erfahreneren Fliegern anzunehmen. Der Austausch mit Mentoren oder Fluglehrern, sei es in der Flugvorbereitung oder zur Nachbesprechung nach einem Flug, kann helfen, Erfahrungen zu sammeln und die eigene Routine zu stärken. Diese Unterstützung bietet Sicherheit und fördert das eigene Vertrauen in kritischen Situationen.

5. Checklisten und Merkhilfen

Prinzip: Checklisten und Merkhilfen sind wesentliche Werkzeuge, um Aufgaben sicher und strukturiert auszuführen und Fehler zu vermeiden.
Übertragung auf die Privatfliegerei: Checklisten sind ein zentrales Werkzeug in der Fliegerei, um sicherzustellen, dass alle notwendigen Schritte vor, während und nach dem Flug durchgeführt werden. Piloten sollten ihre Checklisten strikt einhalten und sicherstellen, dass sie alle Schritte bewusst und konzentriert durchlaufen. Unterbrechungen können die Aufmerksamkeit beeinträchtigen und sollten minimiert werden. Falls doch eine Unterbrechung stattfindet, ist es ratsam, die Checkliste von Anfang an erneut zu prüfen, um sicherzustellen, dass kein Schritt übersehen wurde.

6. Ermutigung zur offenen Kommunikation

Prinzip: Die Medizin fordert eine offene Kultur, in der Teammitglieder Bedenken ohne Angst äußern können.

Übertragung auf die Privatfliegerei: Privatpiloten sollten sich selbst dazu ermutigen, Unsicherheiten offen anzusprechen – sei es bei einem Fluglehrer, einem erfahrenen Kollegen oder am Funk. Wenn Piloten beispielsweise ungewöhnliche Windbedingungen oder andere Bedenken haben, ist es hilfreich, dies mit der Flugsicherung zu kommunizieren. Eine Kultur der offenen Kommunikation und das Einholen von Zweitmeinungen tragen zur Sicherheit bei und fördern eine reflektierte Entscheidungsfindung.

7. Achtsamkeit gegenüber leistungsmindernden Faktoren

Prinzip: Im Gesundheitswesen wird betont, auf Anzeichen von Müdigkeit, Stress oder körperlichem Unwohlsein bei Kollegen zu achten und Pausen zu planen.

Übertragung auf die Privatfliegerei: Privatpiloten sind alleine im Cockpit, daher ist das Bewusstsein für die eigene Verfassung besonders wichtig. Müdigkeit, Hunger und Dehydration können die Leistungsfähigkeit stark beeinträchtigen. Piloten sollten deshalb darauf achten, sich vor dem Flug ausreichend zu erholen, regelmäßig Pausen einzulegen und auf eine ausreichende Flüssigkeitszufuhr zu achten. Falls sie Anzeichen von Müdigkeit oder Unwohlsein bemerken, ist es ratsam, den Flug zu verschieben.

8. Nachbesprechungen und Lernen aus Erfahrungen

Prinzip: Eine Nachbesprechung im Team hilft, aus Erfahrungen zu lernen und die emotionale Belastung zu verarbeiten.

Übertragung auf die Privatfliegerei: Auch für Privatpiloten ist eine „Nachbesprechung" wertvoll, um das eigene Fliegen zu reflektieren und Erfahrungen zu sammeln. Ein Flugtagebuch oder ein Gedankenaustausch mit erfahrenen Piloten über den eigenen Flug kann dazu beitragen, aus Fehlern und Herausforderungen zu lernen. Das Nachdenken über kritische Situationen oder Entscheidungen, die getroffen wurden, fördert eine kontinuierliche Verbesserung und hilft, ähnliche Fehler in der Zukunft zu vermeiden.

9. Zusammenarbeit und Achtsamkeit mit anderen Akteuren am Flugplatz

Prinzip: In der Medizin wird der gegenseitige Respekt und die Unterstützung im gesamten Team, auch bei nicht-medizinischem Personal, betont.

Übertragung auf die Privatfliegerei: Am Flugplatz gibt es oft viele Beteiligte – von der Flugsicherung über andere Piloten bis hin zu Wartungspersonal. Eine gute Zusammenarbeit und gegenseitige Rücksichtnahme mit anderen Akteuren kann die Sicherheit verbessern. Wenn etwa der Flugleiter auf eine Besonderheit hinweist oder das Bodenpersonal eine technische Anmerkung macht, sollte der Pilot diese Informationen ernst nehmen und gegebenenfalls in die Flugvorbereitung einbeziehen. Eine respektvolle und aufmerksame Kommunikation schafft Vertrauen und fördert die Sicherheit.

Das gemeinsame Fliegen mit erfahrenen Pilotinnen und Piloten ist immer ein großer Erfahrungsgewinn, Voraussetzung ist natürlich der offene und ehrliche Austausch in der Planung im Vorfeld – und das Debriefing im Nachgang. *(Foto: Rainer Krumm)*

Fazit: Human Factors als Sicherheitsgrundlage für Privatpiloten

Obwohl viele der Human-Factors-Prinzipien für das Team in der Medizin entwickelt wurden, lassen sich die Kernaussagen hervorragend auf die Privatfliegerei übertragen. Die Prinzipien betonen Selbstmanagement, strukturierte Prozesse und eine offene Kommunikation – wesentliche Bausteine für sichere und effiziente Flüge. Ein verantwortungsbewusster Umgang mit der eigenen Leistungsfähigkeit, die Bereitschaft, Unterstützung zu suchen, und die strikte Anwendung von Checklisten sind essenziell für Privatpiloten. Indem sie diese Grundsätze in ihre Routine integrieren, tragen sie aktiv dazu bei, die Sicherheit in der Luft und am Boden zu erhöhen.

Exkurs: Human Factors in der Arbeitssicherheit

Arbeitssicherheit und Human Factors – Was Privatpiloten aus der Arbeitssicherheit lernen können

In der Arbeitssicherheit spielen die sogenannten „Human Factors“ – also die Einflüsse des menschlichen Verhaltens und der Leistungsfähigkeit – eine zentrale Rolle. Diese Faktoren werden durch äußere und innere Einflüsse geprägt und wirken sich direkt auf das Risiko von Unfällen und sicherheitsrelevanten Zwischenfällen aus. Während Arbeitssicherheit und Gesundheitsschutz in der Industrie häufig durch technische Schutzmaßnahmen und Vorschriften geregelt sind, ist es zunehmend die Verantwortung des Einzelnen, durch korrektes Verhalten zur eigenen Sicherheit beizutragen. Die Disziplin Human Factors bietet eine fundierte Basis, die Risiken menschlicher Fehler zu analysieren und das Verhalten im Arbeitsumfeld sicherheitsorientiert zu gestalten. Das Safety Management System und das Crew Resource Management (CRM) in der Luftfahrt sind prägende Konzepte, die zeigen, wie menschliche Fehler minimiert werden können.

In diesem Abschnitt werden die Prinzipien der Human Factors in der Arbeitssicherheit vorgestellt und analysiert, was sich für Privatpiloten daraus ableiten lässt. Privatpiloten profitieren von einem fundierten Verständnis der eigenen Leistungsfähigkeit und einer systematischen Fehlervermeidung – ein Ansatz, der nicht nur die Sicherheit im Cockpit erhöht, sondern auch die eigene Handlungsfähigkeit verbessert.

1. Human Factors als Grundlage der Arbeitssicherheit

Die Wissenschaft der Human Factors ist stark interdisziplinär ausgerichtet und bezieht Wissen aus der Psychologie, Ingenieurwissenschaften und Soziologie ein, um das Verhalten und die Sicherheit des Menschen im Arbeitsumfeld zu optimieren. Sie untersucht, wie innere (z.B. Müdigkeit, Stress) und äußere Faktoren (z.B. Arbeitsbedingungen, Lärm) das menschliche Verhalten beeinflussen und zu sicherheitskritischen Fehlern führen können. Besonders in der Luftfahrt und Medizin, wo Menschen in risikoreichen Umgebungen arbeiten, haben sich Human Factors etabliert und führen zu immer besseren Strategien zur Risikominimierung.

In der Industrie wird ein großer Teil der Arbeitssicherheit darauf verwendet, technische Schutzmaßnahmen zu entwickeln, die verhindern, dass menschliche Fehler schwerwiegende Folgen haben. Allerdings zeigt sich immer wieder, dass der Mensch selbst als größter Risikofaktor gilt: Laut Giesa und Timpe (2000) gehen mehr als 70 % der Zwischenfälle in der Luftfahrt auf menschliche Fehler zurück. Diese Quote verdeutlicht, dass sowohl in der Luftfahrt als auch in der Arbeitssicherheit systematische Strategien entwickelt werden müssen, um menschliche Schwächen zu kompensieren und das Risiko für sicherheitskritische Fehler zu verringern.

2. Kernelemente der Human Factors in der Arbeitssicherheit

Für die Arbeitssicherheit wurden eine Reihe von Kernelementen definiert, die eine direkte Relevanz für das Thema „Human Factors" haben. Diese Elemente können auch auf die Privatfliegerei übertragen werden:

1. **Erkennen menschlicher Stärken und Schwächen**
   Eine wichtige Aufgabe der Human Factors ist es, die eigenen Stärken und Schwächen zu erkennen und das Verhalten entsprechend zu steuern. Privatpiloten sollten sich bewusst sein, dass Faktoren wie Müdigkeit, Stress oder abnehmende Konzentration ihre Wahrnehmung und Reaktionsfähigkeit beeinträchtigen. Die Arbeitssicherheit zeigt, dass

eine bewusste Achtsamkeit für den eigenen Zustand essenziell ist, um Fehler zu vermeiden.

2. **Erkennen menschlicher Fähigkeiten und Belastungsgrenzen**
   In der Arbeitssicherheit wird regelmäßig überprüft, ob die körperliche und mentale Belastung der Mitarbeiter im Rahmen bleibt. Ein ähnlicher Ansatz ist für Privatpiloten entscheidend: Das Wissen um die eigenen Belastungsgrenzen und die Fähigkeit, auf Warnsignale des Körpers zu achten, können das Risiko erheblich verringern.
3. **Schnittstelle Mensch-Technik**
   Die Arbeitssicherheit befasst sich intensiv mit der Interaktion zwischen Mensch und Technik, da fehlerhafte Bedienung von Maschinen zu Unfällen führen kann. In der Luftfahrt ist die Nutzung von Checklisten ein gängiges Mittel, um die korrekte Bedienung von Technik zu gewährleisten und Fehler zu minimieren.
4. **Zwischenmenschliche Faktoren**
   Kommunikation und Teamarbeit sind in der Arbeitssicherheit wichtige Faktoren, die Fehler minimieren können. Für Piloten, die allein fliegen, bedeutet dies, dass sie Techniken wie Selbstreflexion und ein gründliches Briefing nutzen sollten, um das Risiko zu reduzieren und gedankliche Abläufe im Vorfeld eines Fluges durchzugehen.

3. Methoden der Fehlervermeidung: Was Piloten aus der Arbeitssicherheit lernen können

Das Schweizer-Käse-Modell von James Reason

Das Schweizer-Käse-Modell, entwickelt von James Reason, beschreibt die Fehlerentstehung durch das Zusammenwirken mehrerer Faktoren. Laut diesem Modell besteht ein System aus mehreren „Schichten", die als Schutzbarrieren dienen. Fehler entstehen, wenn die „Löcher" in diesen Schichten aufeinander treffen und so eine „Fehlerkette" bilden, die letztlich zu einem Zwischenfall führt. In der Luftfahrt wie in der Arbeitssicherheit gilt es daher, proaktive Maßnahmen zu ergreifen, um diese Fehlerkette zu durchbrechen.

Für Privatpiloten bedeutet das, dass sie verschiedene Schutzmaßnahmen kombinieren sollten, wie etwa Checklisten, Selbstreflexion und situatives Bewusstsein, um potenzielle Fehlerquellen zu erkennen und zu beseitigen.

Das Schweizer-Käse-Modell im Video erklärt

4. Kommunikation und Selbstmanagement als Schlüsselfaktoren

Die Arbeitssicherheit zeigt, dass eine klare Kommunikation und ein gesundes Selbstmanagement entscheidend für die Vermeidung menschlicher Fehler sind. Selbstmanagement-Techniken wie das Arbeiten mit Checklisten, regelmäßiges Üben von Notfallverfahren und das bewusste Achten auf den eigenen körperlichen und mentalen Zustand helfen Piloten, sicherer zu fliegen und die eigenen Grenzen zu respektieren.

Briefing und Debriefing

Wie in der Arbeitssicherheit, wo Briefings und Debriefings zur Strukturierung von Abläufen und zur Fehlervermeidung genutzt werden, können auch Privatpiloten davon profitieren. Ein gründliches Briefing vor dem Flug, das den Zustand der Maschine, die Wetterbedingungen und die geplante Route berücksichtigt, schafft ein klares Bild der bevorstehenden Aufgaben und hilft, potenzielle Gefahren im Voraus zu erkennen. Ein Debriefing nach dem Flug hilft, eigene Fehler zu erkennen und gezielt daran zu arbeiten.

5. Lessons Learned: Anwendbare Erkenntnisse für Privatpiloten

Die Arbeitssicherheit liefert einige wertvolle Prinzipien, die auch für die Privatfliegerei relevant sind:

- **Eigenverantwortung und Selbstüberprüfung:** Die Arbeitssicherheit betont die Wichtigkeit der Eigenverantwortung. Piloten sollten vor jedem Flug eine Selbstüberprüfung durchführen, um sicherzustellen, dass sie mental und körperlich in der Lage sind, sicher zu fliegen.
- **Regelmäßiges Training und Auffrischungen:** In der Arbeitssicherheit wird häufiges Training betont, um Kompetenzen und Reaktionen zu festigen. Privatpiloten können ihre Fähigkeiten durch regelmäßiges Simulatortraining, Notfallübungen und Auffrischungskurse stärken.

Speziell das Fliegen von historischen Maschinen erfordert ein hohes Maß an Sicherheitsorientierung und einer guten Kombination aus technischem Verständnis und Human Factors – Plan B ist hier besonders wichtig. *(Foto: Rainer Krumm)*

- **Einhaltung von Standards und Prozessen:** Die Befolgung von Standards und Prozeduren ist ein zentrales Prinzip der Arbeitssicherheit und reduziert das Risiko menschlicher Fehler. Für Privatpiloten bedeutet dies, dass sie alle vorgeschriebenen Checklisten sorgfältig durchgehen und sich in ihren Entscheidungen stets an den vorgegebenen Abläufen orientieren.
- **Selbstreflexion und kontinuierliche Verbesserung:** Durch Selbstreflexion nach jedem Flug können Piloten eigene Schwächen identifizieren und gezielt an der Verbesserung ihrer Fähigkeiten arbeiten.

Sicherheit durch gezielte Maßnahmen zur Fehlervermeidung

Die Arbeitssicherheit zeigt, dass das menschliche Leistungsvermögen durch gezielte Maßnahmen wie regelmäßige Schulungen, Kommunikationstraining und bewusste Selbstreflexion optimiert werden kann. Privatpiloten, die diese Ansätze anwenden, können ihre Sicherheit und die Qualität ihres fliegerischen Handelns erheblich verbessern. Letztlich sind das Bewusstsein für menschliche Schwächen, ein gesundes Selbstmanagement und die Bereitschaft, kontinuierlich dazuzulernen, entscheidende Faktoren für die Sicherheit und den Erfolg in der Privatfliegerei.

© Rainer Krumm

Kapitel 7

Langfristige Sicherheit und Leistungssteigerung im Privatflug

Was können Piloten langfristig tun, um sicherer zu fliegen?

Langfristige Sicherheit und Leistungssteigerung sind zentrale Anliegen für Privatpiloten, die kontinuierlich sicher und effizient fliegen möchten. Die Herausforderung besteht darin, die eigene Leistungsfähigkeit und die Sicherheitsstandards über die Jahre hinweg auf einem hohen Niveau zu halten. In diesem Kapitel werden Strategien aufgezeigt, die Piloten dabei unterstützen können, ihre fliegerischen Fähigkeiten stetig weiterzuentwickeln und sicherheitskritische Kompetenzen zu vertiefen. Regelmäßige Auffrischungen und Fortbildungen sowie der Einsatz moderner Technologien und Hilfsmittel sind hierbei von besonderer Bedeutung.

Regelmäßige Auffrischungen und Fortbildungen

Fliegen ist eine anspruchsvolle Tätigkeit, die regelmäßiges Training und fortlaufende Schulung erfordert. Während der ursprüngliche Lizenzierungsprozess wichtige Grundlagen legt, kann nur durch kontinuierliche Weiterbildung und Auffrischung das hohe Maß an Sicherheit gewährleistet werden, das in der Fliegerei gefordert ist.

- **Auffrischungsschulungen:** Ein Pilot, der seine Fähigkeiten nicht regelmäßig auffrischt, ist anfälliger für Fehler aufgrund von vergessenen oder verlernten Abläufen. Regelmäßige Auffrischungsschulungen, die theoretische und praktische Elemente kombinieren, helfen dabei, das Wissen und die Fähigkeiten aufzufrischen. Beispielsweise bietet die Bundesstelle für Flugunfalluntersuchung (BFU) spezielle Trainingsmodule an, die sich auf menschliche Faktoren und situative Herausforderungen im Cockpit konzentrieren. Durch solche Programme bleiben Piloten mit den aktuellen Sicherheitsstandards und -prozeduren vertraut und vertiefen ihr Wissen in Bereichen wie Notfallverfahren und Kommunikationsfähigkeiten.

  Beispiel: Ein Privatpilot, der lange Streckenflüge plant, könnte eine Fortbildung in Wetterkunde absolvieren, um das Wissen über plötzliche Wetterveränderungen aufzufrischen und zu lernen, wie er schwierige Situationen frühzeitig erkennt und handhabt. Eine regelmäßige Teilnahme an solchen Schulungen verringert das Risiko von Fehlentscheidungen und verbessert die Handlungsfähigkeit in kritischen Situationen.
- **Simulator-Training:** Die Anwendung von Simulatoren in der Pilotenausbildung und -weiterbildung nimmt einen wichtigen Platz ein, da sie realistische Szenarien sicher und kostengünstig simulieren. Hier können Piloten auf anspruchsvolle Situationen vorbereitet werden, etwa auf Turbulenzen, technische Fehler oder Notlandungen. Dieses Training verhilft Piloten zu einer Routine im Umgang mit stressreichen Situationen, was im Ernstfall die Reaktionsfähigkeit deutlich verbessert.

  Beispiel: Ein Pilot, der sich auf das Fliegen bei Nacht spezialisieren möchte, nutzt regelmäßig einen Simulator, um sich auf Szenarien wie plötzliche Ausfälle der Navigationsinstrumente vorzubereiten. Durch die virtuelle Praxis wird er mit kritischen Manövern vertraut und baut Vertrauen in seine Fähigkeiten auf.
- **Mentoring und Austausch mit anderen Piloten:** Der Erfahrungsaustausch mit anderen Piloten und die Teilnahme an Mentoring-Programmen fördern eine Kultur des Lernens und der kontinuierlichen Verbesserung. Erfahrene Piloten können weniger routinierten Fliegern wertvolle Tipps zur Sicherheit und Leistungssteigerung geben, was besonders in der Privatfliegerei hilfreich ist. Flugvereine bieten häufig Möglichkeiten für solche Austausche und fördern so den Wissensfluss zwischen Piloten.

Beispiel: Ein Pilot, der neu in der Bergfliegerei ist, kann von erfahrenen Bergpiloten lernen, welche Besonderheiten und Risiken es in der Gebirgsfliegerei gibt, wie er Windverhältnisse richtig interpretiert und welche Techniken für sichere Landungen in Höhenlagen ratsam sind. Solcher Austausch erhöht nicht nur die persönliche Sicherheit, sondern fördert auch das Vertrauen und Wissen.

Nutzung moderner Technologien und Hilfsmittel zur Unterstützung des menschlichen Leistungsvermögens

Moderne Technologien bieten Privatpiloten heute zahlreiche Möglichkeiten, die Sicherheit und Effizienz im Cockpit zu steigern. Diese Technologien helfen dabei, die kognitiven Anforderungen zu reduzieren, die Flugplanung zu optimieren und im Ernstfall schneller und fundierter Entscheidungen zu treffen.

- **Flight-Management-Systeme (FMS):** FMS sind computergestützte Systeme, die viele manuelle Berechnungen im Cockpit übernehmen. Sie bieten Piloten Echtzeitinformationen zur Route, Wetterdaten und Treibstoffverbrauch, was den Aufwand für die Flugplanung und die Durchführung des Fluges erheblich reduziert. Durch solche Systeme können Piloten die Navigation präziser und sicherer gestalten und sich auf kritische Situationen besser vorbereiten.
  Beispiel: Ein Pilot plant einen Flug in eine Region mit häufig wechselnden Wetterbedingungen. Durch ein modernes FMS erhält er laufend aktuelle Wetterinformationen und kann seine Route flexibel anpassen, um potenziell gefährliche Bereiche zu umfliegen. Das System hilft ihm, fundierte Entscheidungen zu treffen und auf unerwartete Veränderungen sicher zu reagieren.
- **Flug-App zur Navigation und Wetterüberwachung:** Mobile Apps wie ForeFlight oder SkyDemon bieten Piloten in der Privatfliegerei wertvolle Tools zur Echtzeitnavigation, Flugplanung und Wetteranalyse. Diese Apps sind leicht zugänglich und enthalten umfassende Informationen zu Flughäfen, Lufträumen und Wetterlagen, die es dem Piloten ermöglichen, auf einen Blick alle wesentlichen Informationen zu erfassen. Dadurch wird die Flugplanung nicht nur einfacher, sondern auch sicherer.
  Beispiel: Ein Pilot, der kurzfristig entscheiden muss, ob er eine geplante Route trotz drohender Wetterfront fliegen kann, überprüft mithilfe einer Wetter-App die Windrichtung und mögliche Wolkenentwicklungen entlang der Route. So kann er die Flugentscheidung anpassen und im Zweifel auf eine Alternativroute ausweichen, wodurch das Risiko deutlich reduziert wird.
- **Erweiterte Realität (Augmented Reality) für das Training:** Augmented Reality (AR)bietet eine Möglichkeit, Trainingssituationen durch virtuelle Informationen zu erweitern und realistischer zu gestalten. Dies kann etwa beim Training zur räumlichen Orientierung oder bei Notfallübungen hilfreich sein, indem

AR-Overlays zusätzliche Hilfen und Informationen einblenden, ohne den Flugablauf zu stören.
Beispiel: Ein Pilot trainiert in einer AR-Umgebung das Notfallmanagement bei Systemausfall und kann dabei direkt die möglichen Schalter und Schritte sehen, die nötig sind, um das Problem zu beheben. Durch solche realitätsnahen Simulationen steigert der Pilot seine Reaktionsgeschwindigkeit und prägt sich die Handgriffe besser ein.

- **Intelligente Checklisten und Cockpit-Assistenten:** Moderne Cockpit-Assistenten und digitale Checklisten unterstützen Piloten bei der korrekten Durchführung von Pre-Flight-Checks und In-Flight-Kontrollen. Elektronische Checklisten, die automatisch Schritt-für-Schritt durch die erforderlichen Kontrollen führen, helfen dabei, Fehler zu minimieren und sicherzustellen, dass alle Schritte im Vorflug und im Flug sorgfältig beachtet werden.
  Beispiel: Ein Pilot nutzt eine digitale Checkliste auf einem Tablet, die ihn akustisch an die Reihenfolge der Schritte erinnert. Die Checkliste fordert automatisch zur Überprüfung bestimmter Punkte auf, etwa ob die Landeklappen in der richtigen Position sind oder der Tank genügend Treibstoff hat. So wird die Fehleranfälligkeit durch Routinen und Selbstüberschätzung gesenkt, da der Pilot systematisch durch die Checkliste geführt wird.

Langfristige Sicherheit und Leistungssteigerung durch präventive Maßnahmen

Eine Kombination aus regelmäßiger Weiterbildung und der Nutzung moderner Technologien bildet eine optimale Grundlage, um die langfristige Sicherheit und Leistungsfähigkeit in der Privatfliegerei zu sichern. Die Implementierung solcher Maßnahmen reduziert das Risiko menschlicher Fehler und stärkt das Vertrauen des Piloten in seine Fähigkeiten und seine Technik.

Moderne Technologien und kontinuierliche Weiterbildung bieten zusammen die Werkzeuge, die Privatpiloten brauchen, um ein hohes Maß an Sicherheitsbewusstsein und Reaktionsfähigkeit beizubehalten. Durch Auffrischungen, Simulator-Training, den Austausch mit erfahrenen Piloten und den Einsatz intelligenter Systeme können Piloten das Risiko von Fehlern signifikant verringern und ihre eigene Leistungsfähigkeit im Cockpit langfristig auf einem hohen Niveau halten.

Ein ganzheitlicher Ansatz für langfristige Sicherheit und Leistungssteigerung

Die langfristige Sicherheit und Leistungssteigerung in der Privatfliegerei verlangt von Piloten einen bewussten Einsatz verschiedener Maßnahmen. Regelmäßige Auffrischungen und Fortbildungen bieten die Möglichkeit, das Wissen und die Fähigkeiten stets aktuell zu halten, während der Einsatz moderner Technologien

Mentale Vorbereitung – auch mit Hilfe von papierhaften Karten und Klebestreifen sind wichtige Memorierungstechniken, um die Mentale Kapazität während des Fluges zu entlasten. *(Foto: Rainer Krumm)*

und Hilfsmittel die Arbeit im Cockpit erleichtert und die Fehleranfälligkeit senkt. Privatpiloten, die kontinuierlich an ihrer physischen, technischen und mentalen Leistung arbeiten und sich der modernen Technologielösungen bedienen, sind langfristig besser in der Lage, sicher und kompetent zu fliegen und auch in schwierigen Situationen die richtigen Entscheidungen zu treffen.

Bedeutung der kontinuierlichen Verbesserung und Selbstreflexion

Kontinuierliche Verbesserung und Selbstreflexion sind Schlüsselelemente für langfristige Sicherheit und Leistung in der Privatfliegerei. Selbst erfahrene Piloten, die hunderte Flugstunden absolviert haben, wissen, dass die Fähigkeit zur Selbstreflexion und der Wille zur Verbesserung essenziell sind, um sich den Herausforderungen des Fliegens stets gewachsen zu fühlen. Ein bewährtes Beispiel ist das Führen eines **Flugtagebuchs**: Viele Piloten notieren sich nach jedem Flug Beobachtungen und analysieren Situationen, in denen sie sich unsicher gefühlt oder Fehler bemerkt haben. Dieses Tagebuch hilft ihnen, Schwachstellen zu erkennen und gezielt an diesen zu arbeiten, etwa durch das Üben bestimmter Flugmanöver oder das Aufarbeiten komplexer Wetterbedingungen.

Ein weiteres Beispiel ist das **regelmäßige Simulator-Training**, das viele erfahrene Piloten auch außerhalb der gesetzlich vorgeschriebenen Checks durchführen. In den Simulatoren lassen sich Notfallsituationen oder anspruchsvolle Szenarien wie technische Ausfälle oder schwierige Wetterbedingungen üben. Der Pilot kann so seine Stressresistenz und sein Reaktionsvermögen verbessern, was im Ernstfall die Sicherheit erhöht. Ein erfahrener Pilot könnte beispielsweise das Ausfallen eines wichtigen Instruments simulieren und üben, wie er die Fluglage anhand der verbleibenden Instrumente stabilisiert und kontrolliert. Diese Praxis stärkt die mentale Flexibilität und bereitet den Piloten auf mögliche Überraschungen vor.

Darüber hinaus investieren viele Piloten bewusst in ihre **körperliche Fitness** als Teil ihrer fliegerischen Leistungssteigerung. Regelmäßiges Ausdauertraining wie Laufen oder Radfahren ist eine gängige Routine, die das Herz-Kreislauf-System stärkt und die allgemeine Belastbarkeit erhöht, wodurch Piloten auch bei langen Flügen leistungsfähig bleiben. Ergänzt wird dies häufig durch spezifische Übungen für die Rumpf- und Rückenmuskulatur, um eine stabile und ermüdungsfreie Sitzposition im Cockpit zu gewährleisten. Diese kontinuierliche Kombination aus Selbstreflexion, simulatorgestütztem Training und gezielter körperlicher Fitness bildet die Grundlage für eine ganzheitliche Leistungssteigerung, auf die viele erfahrene Piloten setzen, um stets sicher und kontrolliert zu fliegen.

Wie eingangs bereits geschrieben, geht es nicht darum, dass nur noch Hochleistungssportler fliegen sollten, es geht vielmehr darum, das eigene Leistungslevel zu kennen und entsprechende Schlüsse zu ziehen. Ein älterer Pilot sagte mir einmal, dass er nicht mehr alleine fliegt, er fühlt sich sicherer, wenn ein Co-Pilot mit Fluglizenz dabei ist, der ggf. eingreifen könne, bzw. ihm Hinweise geben kann.

© Joachim Schreiber

Kapitel 8

Zukunftsperspektiven und Weiterentwicklung der Human Factors und Fitness in der Privatfliegerei

Die Luftfahrtindustrie entwickelt sich kontinuierlich weiter, und neue Technologien und Ansätze tragen dazu bei, den menschlichen Faktor im Cockpit besser zu verstehen und zu optimieren. Fortschritte in Bereichen wie Simulation und Virtual Reality (VR), der Einsatz Künstlicher Intelligenz (KI) zur Unterstützung des Piloten sowie eine verbesserte Mensch-Maschine-Interaktion eröffnen neue Möglichkeiten zur Steigerung der Sicherheit und Effizienz. Dieses Kapitel gibt Einblicke in die neuesten Entwicklungen in der kommerziellen Luftfahrt und beleuchtet, wie diese auch auf die Privatfliegerei übertragen werden können.

Neue Ansätze im Bereich „Human Factors“ und Fitness

Die Luftfahrtforschung widmet sich zunehmend der Frage, wie sich menschliche Leistungsfähigkeit und Fitness durch gezielte Maßnahmen verbessern lassen. Dabei spielen sowohl physische als auch psychische Fitness eine Rolle. **Moderne Trainingsprogramme** für Piloten in der kommerziellen Luftfahrt umfassen heute vermehrt ganzheitliche Ansätze, die körperliches Training mit mentalen Übungen kombinieren. Ziel ist es, die Resilienz der Piloten zu stärken und sie auf stressreiche Situationen besser vorzubereiten.

Potenzial von Simulationen und Virtual Reality in der Ausbildung

Simulationen und Virtual Reality (VR) eröffnen neue Möglichkeiten für die Pilotenausbildung, die über traditionelle Schulungsmethoden hinausgehen. Besonders in der kommerziellen Luftfahrt haben sich Simulationen bewährt, um realistische Szenarien zu trainieren und Piloten auf außergewöhnliche Situationen vorzubereiten. Diese Technologie könnte auch in der Privatfliegerei eingesetzt werden, um das Verständnis für komplexe Situationen zu vertiefen und das Training effektiver zu gestalten.

- **Flugsimulationen zur Notfallbewältigung:** Moderne Simulatoren in der kommerziellen Ausbildung können kritische Situationen wie Triebwerksausfälle oder plötzliche Wetterveränderungen realistisch simulieren. Diese Trainingseinheiten stärken das situative Bewusstsein und bereiten Piloten auf unvorhergesehene Herausforderungen vor. In der Privatfliegerei könnten leichtere, kostengünstigere Simulatoren eingesetzt werden, um Notfallbewältigung und anspruchsvolle Flugmanöver zu üben. Dies wäre besonders für Piloten wertvoll, die ohne Copilot fliegen und deshalb in Stresssituationen auf schnelle Reaktionen angewiesen sind.
- **Virtual Reality für räumliches Verständnis:** VR kann Piloten helfen, ein besseres Verständnis für die Flugumgebung und die räumliche Orientierung zu entwickeln. Durch VR-Headsets können Privatpiloten etwa das Fliegen unter schwierigen Bedingungen wie Nebel oder Nachtflug simulieren und lernen, sich auf Instrumente und interne Hinweise zu verlassen, um die räumliche Orientierung zu behalten. Solche VR-Einheiten könnten in Flugschulen oder als Heimtraining genutzt werden, um das Selbstvertrauen zu stärken und die Risiken von Desorientierung zu minimieren.
- **VR-gestützte Routineübungen:** In der VR können Piloten Routineprozesse wie den Pre-Flight-Check oder das Arbeiten mit Checklisten üben, ohne im echten

Flugzeug zu sein. Diese Methode erlaubt eine stressfreie Wiederholung, bei der sich die Routine festigt und eine klare mentale Checkliste entsteht, die im Ernstfall abgerufen werden kann.

Integration von Künstlicher Intelligenz zur Unterstützung des Menschen im Cockpit

Künstliche Intelligenz (KI) hält Einzug in die moderne Luftfahrt und bietet vielseitige Unterstützungsmöglichkeiten, die das menschliche Leistungsvermögen im Cockpit optimieren. KI-Systeme können komplexe Daten in Echtzeit analysieren und Empfehlungen geben, um die Entscheidungsfindung zu verbessern und Fehler zu reduzieren.

- **KI-gestützte Fehlervorhersage und -prävention:** KI-Systeme in modernen Flugzeugen überwachen kontinuierlich den Zustand des Flugzeugs, die Umweltbedingungen und das Verhalten des Piloten. Sie sind in der Lage, typische Fehler wie eine falsche Konfiguration der Landeklappen oder eine fehlerhafte Geschwindigkeitseinstellung zu erkennen und darauf hinzuweisen. In der Privatfliegerei könnten leichtere, mobile KI-Anwendungen genutzt werden, die den Piloten an wichtige Einstellungen und Werte erinnern, was besonders in stressigen Situationen hilfreich ist.
  Beispiel: Eine KI-gestützte App könnte dem Piloten vor dem Start automatisch Checklisten anzeigen und sicherstellen, dass alle erforderlichen Prüfungen abgeschlossen sind. Sollte der Pilot einen Schritt übersehen, würde das System eine Erinnerung geben, um sicherzustellen, dass nichts Wichtiges vergessen wird.
- **KI als Entscheidungsunterstützung bei komplexen Situationen:** KI kann Wetterdaten, Treibstoffstatus, Flughöhe und Route in Echtzeit analysieren und dem Piloten bei der Entscheidung helfen, ob ein Weiterflug sicher ist oder ob eine Routenänderung notwendig wäre. Ein privater Pilot, der eine KI-App verwendet, könnte von einer sekundenschnellen Auswertung und Risikoanalyse profitieren, die ihn bei kritischen Entscheidungen unterstützt, z. B. bei der Entscheidung für oder gegen eine Zwischenlandung aufgrund schlechter Wetterprognosen.
  Beispiel: Angenommen, ein Pilot ist unterwegs und erhält über sein KI-System Informationen über starke Turbulenzen auf seiner Route. Das System analysiert alternative Routen und gibt eine Empfehlung für eine sicherere Strecke, was dem Piloten eine schnelle und fundierte Entscheidung ermöglicht.
- **Automatisierte Notfallunterstützung durch KI:** KI kann besonders in Notfällen unterstützen, indem sie dem Piloten gezielte Handlungsanweisungen gibt. Ein

KI-gestütztes System kann im Falle eines Triebwerksausfalls die optimale Landebahn vorschlagen, den Funkkontakt koordinieren und den Piloten durch die notwendigen Schritte leiten. Dies ist besonders für Privatpiloten nützlich, die in kritischen Situationen keine Co-Piloten haben, auf die sie sich verlassen können.

Visionen für eine verbesserte Mensch-Maschine-Interaktion

Eine optimierte Mensch-Maschine-Interaktion könnte die Bedienbarkeit und Benutzerfreundlichkeit im Cockpit deutlich verbessern. Die Vision besteht darin, dass Cockpits intuitiver und weniger fehleranfällig gestaltet werden, sodass Piloten die Technik als unterstützende Ressource wahrnehmen und diese leicht in ihr fliegerisches Handeln integrieren können.

- **Cockpit-Design für verbesserte Ergonomie:** In der kommerziellen Luftfahrt sind ergonomische Cockpit-Designs, die die physischen und kognitiven Belastungen der Piloten reduzieren, bereits etabliert. Moderne, auf Ergonomie fokussierte Cockpits sind intuitiver gestaltet, um die Bedienung zu erleichtern und Fehler zu vermeiden. In der Privatfliegerei könnten ergonomische Cockpits die Belastung für Piloten verringern, die allein fliegen und daher oft mehrere Aufgaben gleichzeitig koordinieren müssen. Ein ergonomisch optimiertes Cockpit könnte Piloten helfen, ihre Arbeitslast besser zu managen und den Überblick zu behalten.

Aus der Forschungspraxis:

Christian Felsch von Wild hat eine Greifraumanalyse im Rahmen seiner Dozenten-Vorlesungen zum Thema „Ergonomie für Designer" an der Hochschule in Magdeburg losgetreten, da es dazu in den ihm bekannten Ergo-Tabellen keine Werte gab/gibt. Und so sollten die Studierenden sehr viele Koordinaten im Raum auf je sechs Richtungen (auf/ab; Zug/Druck; einwärts/auswärts – siehe Grafiken) sitzend auf den Komfortwert hin messen. Das erschreckende Ergebnis formulierte er im Dialog wie folgt: Wenn man auf das daraus entstandene Tabellenwerk die bauartbedingten Auslösekräfte von min. 80 N – 120 N als Filter anlegt und dabei neben den breitschultrigen Männern auch eine ältere 5-Perzentil-Frau ausmittelt, welche ja durchaus auch Pilotin sein kann, dann wird sofort ersichtlich, dass viele Auslöser-Positionen in Verbindung mit der notwendigen Betätigungsrichtung rein kräftemäßig ausscheiden. Der Bau des Rhönrads zeigte darüber hinaus, dass auch solche Positionen, die augenscheinlich optimal für die Positionierung eines Auslösegriffs sein sollten, in Verbindung mit einem schlecht angelegten Anschnallgurt unerreichbar werden könnten. Dazu gehört z. B. die Position zwischen den Beinen: Fällt ein Pilot in Rückenfluglage mangels Beckengurtspannung deutlich (also rd. 10 cm) in die Schultergurte, so werden diese quasi nachgespannt. Die Schultern werden noch deutlicher an die Rückenlehne gezogen und der Oberkörper kann nicht mehr gebeugt werden. Gleichzeitig entfernt sich der Pilot kopfwärts rutschend von der Sitzfläche. Dies führt dazu, dass die Reichweite der Arme nach vorn-unten nicht mehr ausreicht, um einen zwischen den Schenkeln positionierten Griff zu erreichen. Nur wenn dieser in Ausgangsstellung nach oben über die Sitzfläche hinausragt, ist der Griff noch erreichbar, stört dann aber im Normalbetrieb, insbesondere bei Knüppelsteuerung.

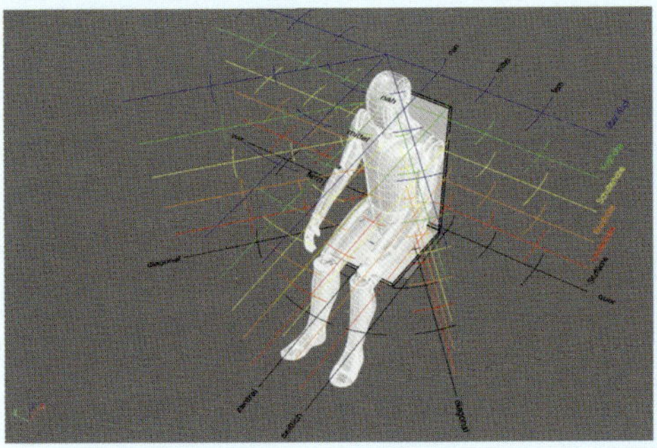

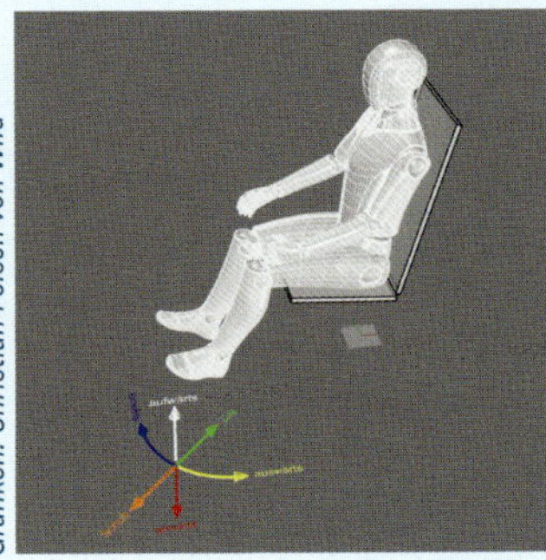

Grafiken: Christian Felsch von Wild

Ein spannendes Ergebnis gab die Versuchsanordnung der Gebrüder Christian und Matthias Felsch von aero.plandienst, das auf der AERO in Friedrichshafen zu sehen ist. In diesem „Rhönrad“ wurden verschiedene Rettungsgeräte-Griffe montiert, um im Falle eines Unfalls (simuliert trudelnd im Röhnrad) zu erleben, wie wichtig und teils wie ungeschickt Rettungsgeräte-Auslösergriffe angebracht sind.
(Foto: Rainer Krumm)

- **Sprachsteuerung für sicherheitsrelevante Funktionen**: Sprachsteuerung ist eine Vision, die Piloten entlasten könnte, indem sie bestimmte Funktionen einfach per Sprachbefehl steuern können, anstatt Schalter oder Bildschirme zu bedienen. Der Pilot könnte sich beispielsweise durch Sprachkommandos Checklisten anzeigen lassen oder Informationen zu Höhe, Geschwindigkeit und Kurs abfragen, ohne die Hände von den Steuerungen nehmen zu müssen. Dies könnte die Sicherheit erhöhen und die Effizienz im Cockpit verbessern.
  Beispiel: Ein Pilot, der seine Checkliste während des Landeanflugs durchgehen muss, könnte dies per Sprachbefehl tun und hätte die Hände für die Steuerung frei. Eine solche Technologie könnte besonders in stressigen Phasen wie Start und Landung eine hilfreiche Ergänzung sein.
- **Adaptives Cockpit mit KI:** Ein „intelligentes Cockpit" könnte sich an die individuellen Bedürfnisse und Vorlieben des Piloten anpassen und die Benutzeroberfläche basierend auf den fliegerischen Anforderungen verändern. Wenn der Pilot beispielsweise müde wird, könnte das System die wichtigsten Informationen hervorheben oder ihm Hinweise geben, um seine Aufmerksamkeit zu fokussieren.
  Beispiel: Ein Pilot fliegt eine lange Strecke und wird dabei müde. Das adaptive Cockpit erkennt anhand der Verhaltensmuster die schwindende Aufmerksamkeit des Piloten und aktiviert visuelle Erinnerungen an wichtige Instrumente oder Abläufe. Diese proaktive Interaktion kann den Piloten unterstützen, in kritischen Phasen konzentriert zu bleiben.

Die Zukunft der Privatfliegerei – Mensch und Technik im Zusammenspiel

Neue Ansätze und Technologien bieten ein enormes Potenzial, um die Sicherheit und Leistungsfähigkeit in der Privatfliegerei zu steigern. Fortschritte bei „Human Factors" und Fitnessprogrammen, Simulation und Virtual Reality, der Einsatz von KI zur Entscheidungsunterstützung sowie die Vision einer verbesserten Mensch-Maschine-Interaktion schaffen eine sichere Grundlage für die nächste Generation der Privatpiloten. Die Integration dieser Ansätze in die Privatfliegerei eröffnet Piloten die Möglichkeit, ihre fliegerischen Fähigkeiten auf einem hohen Niveau zu halten und von der Unterstützung modernster Technologien zu profitieren. Diese Entwicklungen stärken das Zusammenspiel von Mensch und Maschine und legen den Grundstein für eine sicherere, effizientere und leistungsstärkere Privatfliegerei.

© Joachim Schreiber

Kapitel 9:

Lernen aus Zwischenfällen und Unfällen

Fall 1: Zusammenstoß zweier Kleinflugzeuge

Situation und Ablauf des Unfalls

Anfang des Jahres 2024 kam es im Luftraum zwischen Wallis und Aargau zu einem Zwischenfall zwischen zwei Kleinflugzeugen. Die beiden Maschinen, geflogen von einem 50- und einem 60-jährigen Piloten, waren gemeinsam unterwegs, um Fotos voneinander aufzunehmen. Trotz Funkkontakt und vorheriger Abstimmung kollidierten die Flugzeuge bei einem Manöver, bei dem der Pilot einer Maschine das andere Flugzeug visuell verlor und letztlich aufeinanderprallten. Beide Flugzeuge mussten notlanden – eines davon auf einem Militärflugplatz, das andere in einem nahegelegenen Wiesengelände.

Analyse der Fehler

In dieser Situation lassen sich mehrere kritische Fehler und Faktoren identifizieren, die zum Unfall führten:

1. **Visuelle Überforderung und Verlust des Situationsbewusstseins:** Beide Piloten hatten keine klare Absprache über das Manöver, und einer verlor die visuelle Kontrolle über das andere Flugzeug. Diese Situation zeigt, wie schnell ein Pilot ohne klare Orientierung und situatives Bewusstsein im Cockpit überfordert sein kann.
2. **Mangelnde Kommunikation und Koordination:** Obwohl beide Piloten erfahren waren und die Route besprochen hatten, gab es keine genaue Absprache über das geplante Manöver und die Abstände, die eingehalten werden mussten. In einer solchen Situation wäre es entscheidend gewesen, kontinuierlich über Position und Absichten zu kommunizieren.
3. **Konzentrationsverlust durch Ablenkung:** Die Absicht, Fotos zu machen, führte vermutlich dazu, dass sich beide Piloten weniger auf die Flugüberwachung konzentrierten, was zur Vernachlässigung der notwendigen Abstände führte.

Erkenntnisse und Lehren für andere Piloten

Dieser Fall zeigt eindrücklich, wie menschliche Fehler im Cockpit entstehen und welche Lehren für die Privatfliegerei daraus gezogen werden können:

- **Bedeutung der Kommunikation:** Piloten sollten jederzeit sicherstellen, dass bei gemeinsamen Manövern klare und eindeutige Kommunikationsprotokolle eingehalten werden. Ein Missverständnis in der Kommunikation oder eine unklare Absprache kann zu gefährlichen Situationen führen.
- **Situationsbewusstsein aufrechterhalten:** Die Orientierung im Luftraum muss stets gewährleistet sein. Hier könnte das Bewusstsein für die eigene visuelle Wahrnehmungsgrenze entscheidend sein. Regelmäßige Übungen zur Verbesserung des Situationsbewusstseins und klare mentale Checklisten könnten in solchen Situationen helfen.
- **Fokus auf die Flugüberwachung und Priorisierung:** Die Erfahrung zeigt, dass zusätzliche Aktivitäten wie Fotografie oder andere Ablenkungen erst nach Sicherstellung der Flugkontrolle erfolgen sollten. Die Unfallvermeidung muss in diesen Fällen Priorität haben, da jede Ablenkung die Sicherheit gefährden kann.

Empfehlungen zur Verbesserung des menschlichen Leistungsvermögens

Dieser Fall verdeutlicht, wie wichtig es für Piloten ist, die eigenen Leistungsgrenzen zu erkennen und durch präventive Maßnahmen zu optimieren:

1. **Trainings zur Kommunikationsverbesserung:** Simulierte Szenarien könnten Privatpiloten helfen, Kommunikationsfehler zu erkennen und durch klare Protokolle im Cockpit eine reibungslose Abstimmung zu erreichen.

2. **Übungen zur Stressbewältigung und Ablenkungsvermeidung:** In Situationen mit potenziellen Ablenkungen sollten Piloten wissen, wie sie den Fokus bewahren können. Durch Stressmanagement und Achtsamkeitstraining könnte die Konzentrationsfähigkeit verbessert und kritische Momente besser kontrolliert werden.
3. **Stärkung des Situationsbewusstseins:** Regelmäßige Auffrischungen zur räumlichen Orientierung und die Schulung, mit dem Verlust von Sichtkontakten umzugehen, sind entscheidende Maßnahmen für die Sicherheit. Eine gründliche Vorplanung mit klar definierten Rollen und Absprachen hilft ebenfalls, das Risiko zu minimieren.

Insgesamt zeigt dieser Vorfall, dass präzise Kommunikation, konsequente Konzentration und das Vermeiden von Ablenkungen im Cockpit entscheidend sind, um ähnliche Zwischenfälle in der Zukunft zu vermeiden.

Fall 2: Fehlstart durch Orientierungsverlust

Situation und Ablauf des Unfalls

Am 17. September 2023 ereignete sich auf dem Flugplatz Bamberg-Breitenau ein tragischer Unfall mit einer Cessna 182. Ein 62-jähriger Privatpilot, der nach Hof-Plauen fliegen wollte, erhielt die Startfreigabe für die Piste 21 und wurde angewiesen, auf Segelflugverkehr zu achten. Statt in die korrekte Richtung zu starten, beschleunigte der Pilot allerdings in die entgegengesetzte Richtung auf der nur rund 190 Meter langen Strecke. Der Flugleiter bemerkte den Fehler und forderte den Piloten mehrfach zum Abbruch auf, doch die Cessna hob kurz vor dem Pistenende mit unzureichender Höhe ab, streifte die Befeuerungsanlage und schlug schließlich auf dem Boden auf. Der Pilot wurde schwer verletzt und starb später im Krankenhaus.

Analyse der Fehler

In diesem Fall lassen sich mehrere Aspekte des menschlichen Leistungsvermögens erkennen, die zum Unfall beigetragen haben:

1. **Fehlendes Situationsbewusstsein:** Der Pilot hatte offenbar den Überblick über die Startumgebung und die richtige Orientierung auf der Piste verloren. Dies lässt auf ein mangelhaftes Situationsbewusstsein schließen, da er nicht bemerkte, dass er in die falsche Richtung rollte.
2. **Stress und Überforderung:** Der Startdruck und die Anwesenheit von Segelflugverkehr könnten den Stresslevel des Piloten erhöht haben, was zu einer überhasteten Entscheidung und einer unzureichenden Analyse der Startumgebung führte. Diese Stressfaktoren beeinträchtigten möglicherweise seine Aufmerksamkeit und Entscheidungsfähigkeit.

3. **Kommunikationsfehler und Inflexibilität:** Der Flugleiter versuchte, den Startabbruch zu kommunizieren, doch der Pilot reagierte nicht. Es ist möglich, dass der Stress den Piloten in seiner Entscheidungsfähigkeit beeinträchtigte und er stur an der geplanten Handlung festhielt.

Erkenntnisse und Lehren für andere Piloten

Dieser Unfall verdeutlicht, wie wichtig es ist, Stressfaktoren zu minimieren und das situative Bewusstsein zu schulen. Die Hauptlehren aus diesem Fall für Privatpiloten umfassen:

- **Stärkung des Situationsbewusstseins:** Piloten sollten sich bei der Flugvorbereitung und im Cockpit laufend vergewissern, dass sie die Umgebung vollständig erfassen und sich der Gegebenheiten bewusst sind. Mental vorbereitende Übungen und klare Checklisten für das Starten und Rollen könnten dazu beitragen, die Orientierung zu verbessern.
- **Umgang mit Stress und Überforderung:** Es ist essenziell, dass Piloten Techniken zur Stressbewältigung entwickeln, wie Atemübungen oder kurze mentale Checklisten, die den Stress reduzieren können. Diese Techniken könnten in Schulungen gezielt geübt werden, um in angespannten Situationen die Konzentration zu wahren und klare Entscheidungen zu treffen.
- **Wichtigkeit der Flexibilität und Kommunikation:** Ein klarer Kommunikationsfluss mit dem Flugleiter und die Bereitschaft, Instruktionen flexibel umzusetzen, könnten Unfälle verhindern. Piloten sollten auf Instruktionen sofort reagieren und sich anpassen, statt stur einem ursprünglich geplanten Ablauf zu folgen.

Empfehlungen zur Verbesserung des menschlichen Leistungsvermögens

Aus diesem Fall ergeben sich wichtige Empfehlungen für Piloten:

1. **Regelmäßige Schulung des Situationsbewusstseins:** Übungen, die das Bewusstsein für die Umgebung und die Orientierung schulen, sollten fester Bestandteil der Ausbildung und Auffrischungen sein. Simulatoren, die Start- und Rollvorgänge unter verschiedenen Bedingungen simulieren, könnten dabei helfen.
2. **Einführung von Mentaltraining zur Stressbewältigung:** Kurse in mentaler Vorbereitung und Stressmanagement sind sinnvoll, um Piloten auf schwierige Situationen vorzubereiten. Techniken wie Atemübungen und Visualisierung können helfen, die Konzentration auch unter Druck aufrechtzuerhalten.
3. **Förderung einer flexiblen Entscheidungsfindung:** Piloten sollten lernen, Anweisungen des Flugleiters sofort umzusetzen und gegebenenfalls flexibel zu reagieren, statt stur an einem festgelegten Ablauf festzuhalten. Ein offener

Kommunikationsstil und die Fähigkeit, Feedback im Cockpit anzunehmen, sind essenziell.

Dieser Fall zeigt, dass eine klare Orientierung, der Umgang mit Stress und die Bereitschaft zur flexiblen Kommunikation im Cockpit entscheidend sind, um die Sicherheit zu gewährleisten und Unfälle zu vermeiden.

Fall 3: Spektakuläre Notlandung im Eisack bei Bozen – Ein Lehrstück für Situational Awareness und Entscheidungsfindung

Am Nachmittag des 11. Mai 2025 kam es in Südtirol zu einem dramatischen Vorfall, der wie aus einem Lehrbuch für Human Factors wirkt: Ein Segelflugzeug musste im urbanen Bereich der Stadt Bozen notlanden – und zwar im Eisack, einem rasch fließenden Gebirgsfluss. Was zunächst nach einem riskanten Manöver klingt, entpuppte sich als bemerkenswerte Demonstration fliegerischer Umsicht, Entscheidungskompetenz und Situational Awareness durch den Piloten.

Flugverlauf und Notlage

Der erfahrene 50-jährige Pilot befand sich mit einem 30-jährigen Passagier auf einem Rundflug über das Sarntal und das Grödner Tal. Der Rückflug führte sie in Richtung Flugplatz Bozen, wo sie planmäßig landen wollten. Etwa gegen 16:00 Uhr kam es jedoch zu einem kritischen Höhenverlust. Die genauen Ursachen sind noch nicht abschließend geklärt, doch es ist bekannt, dass das Segelflugzeug aufgrund fehlender Thermik bzw. unerwartet starker Sinken-Werte in Bedrängnis geriet.

In diesem Moment befanden sich die beiden über dem Stadtgebiet Bozen, genauer über dem Stadtviertel Bozner Boden. Eine der gefährlichsten Situationen für jeden Piloten: stark bebautes Gebiet, wenig bis keine Notlandemöglichkeiten, keine Ausweichoptionen wie Felder oder Wiesen – stattdessen Häuser, Straßen, Stromleitungen und Infrastruktur. Zusätzlich zur Stadt liegt dort die stark befahrene Autobahn A22 und die Staatsstraße SS12.

Situational Awareness in Aktion

Der Pilot erkannte blitzschnell: „Es gab keinen besseren Ort zum Landen", wie er später in einem Interview mit der italienischen Nachrichtensendung *Tagesschau* (Rai Südtirol) sagte. Diese Aussage ist ein Schlüssel zur Analyse. Der Pilot hatte in Sekundenbruchteilen die Gesamtlage überblickt:

- **Position:** tief über bebautem Gebiet, keine Landewiesen mehr erreichbar.
- Bewegung: weiter sinkend, mit sehr begrenztem Gleitspielraum.

- **Optionen:** Gebäude und Straßen waren zu riskant; Autobahn und Staatsstraße mit Verkehr gefährlich.
- **Umgebung:** Der Fluss Eisack bot eine lineare, relativ freie „Bahn", wenn auch mit Strömung und Uferhindernissen.

Dieses situative Bewusstsein (SA) – die Fähigkeit, relevante Informationen schnell zu erfassen, zu verarbeiten und mit Handlungsoptionen zu verknüpfen – war entscheidend. Frasnelli entschied sich für eine Notwasserung im Eisack.

Entscheidungsfindung unter Druck

Die Wahl des Eisacks als Landeort erscheint aus Laiensicht zunächst gefährlich – doch im Kontext der Alternativen war sie brillant. Hier wurde das **SAFER-Modell** idealtypisch angewendet:

Situationsbewusstsein:

- Wahrnehmung der Lage (keine Thermik, starkes Sinken, städtische Umgebung).
- Einschätzung der Optionen (Gebäude? Straßen? Autobahn? Fluss?).

Entscheidungsfndung:

- Entwicklung einer Entscheidungsstrategie: Im Fluss nutzen.
- Durchführung: kontrollierte Landung im Flusslauf.
- Reflexion: Nach der Landung bestätigte der Pilot öffentlich die rationale Entscheidungsfindung.

Die erfolgreiche Wasserung wurde mit bemerkenswerter Präzision durchgeführt. Beide Insassen blieben unverletzt, befreiten sich eigenständig aus dem Cockpit und schwammen ans Ufer. Dass der Pilot unter diesen Bedingungen eine kontrollierte Notwasserung durchführen konnte, ist Ausdruck hoher Kompetenz, mentaler Klarheit und situativer Führungsfähigkeit.

Rettungseinsatz und Bergung

Die Berufsfeuerwehr Bozen rückte mit ihrer Wasserrettungseinheit aus. Auch der Rettungshubschrauber „Pelikan 1" wurde zur Einsatzstelle beordert und setzte Wasserretter direkt am Fluss ab. Das Flugzeug wurde gegen Abdriften gesichert und später mit einem Kran aus dem Wasser geborgen. Die Polizei koordinierte den Einsatzbereich, der inmitten des urbanen Raums eine Herausforderung darstellte. Besonders positiv hervorzuheben: Es kam weder zu Personen- noch zu Sachschäden außerhalb des Flugzeugs.

Was Privatpiloten daraus lernen können

Dieser Vorfall ist ein hervorragendes Beispiel für praxisnahe Anwendung der Human Factors in der Privatfliegerei:

1. Kontinuierliche Situationswahrnehmung

Piloten müssen jederzeit ihre Optionen im Auge behalten, nicht nur in der Luft, sondern auch auf dem Boden. Gerade im alpinen oder urbanen Umfeld kann sich die Lage schnell ändern. Die Fähigkeit, frühzeitig Notfalloptionen zu erkennen – z. B. freie Flächen, Gewässer oder Straßenabschnitte – ist essenziell.

2. Mentale Vorbereitung auf das Unerwartete

„Expect the unexpected" – das bedeutet: Auch bei scheinbar routinierten Flügen muss die geistige Bereitschaft da sein, in den Notfallmodus zu wechseln. Frasnelli hat gezeigt, wie ein klarer Kopf unter Druck Entscheidungen ermöglicht, die Leben retten.

3. Entscheidungsfreude in kritischen Phasen

Ein Zögern hätte hier fatale Folgen haben können. Entscheidungsfreude (nicht zu verwechseln mit Leichtsinn) bedeutet, Optionen zu bewerten und dann entschlossen zu handeln.

4. Technisches Können und Selbstvertrauen

Eine Wasserlandung ist anspruchsvoll – selbst bei Trainingsbedingungen. Die Fähigkeit, ein Flugzeug unter Stress sicher in einer „unmöglichen" Umgebung zu landen, zeugt von exzellentem Flugkönnen und Selbstbeherrschung.

Fazit: Ein Musterfall für Human Factors

Der Pilot und sein Passagier sind wohlbehalten ausgestiegen – aber es war kein Zufall. Es war das Ergebnis von Disziplin, Klarheit, Erfahrung und einer Methodik, die sich an Human Factors-Modellen wie SAFER orientiert. Diese Notlandung ist nicht nur eine spektakuläre Geschichte für die Presse – sie sollte Pflichtlektüre für Flugschüler und Privatpiloten werden. Denn sie zeigt: Situational Awareness und Entscheidungsfindung sind keine Theorie – sie retten Leben.

Fall 4: „Lizenz in der Tasche – aber bereit zum Flug?"

Human Factors, Recency & Currency im Licht eines tödlichen Unfalls in den Alpen

Der Begriff „Human Factors" umfasst weit mehr als bloße Konzentrations- oder Reaktionsfähigkeit. Ein zentrales, oft unterschätztes Element ist die Frage, wie aktuell die Flugerfahrung eines Piloten ist – nicht nur im rechtlichen Sinn („Currency"), sondern auch im praktischen („Recency"). Ein tragischer Unfall in den

Schweizer Alpen im Jahr 2024 macht deutlich, warum dieser Unterschied Leben kosten kann.

Eine junge Pilotin, die ihre Privatpilotenlizenz (PPL) zwei Jahre zuvor erworben hatte, verunglückte tödlich, als sie im Verband mit zwei weiteren Flugzeugen eine Tour durch die Alpen flog. Obwohl ihre Lizenz gültig war und sie formal flugberechtigt war, hatte sie in den Monaten vor dem Flug kaum Praxis gesammelt. Ihre Gesamtflugerfahrung belief sich auf etwa 70 Stunden – ein Wert, der für viele private Piloten nicht ungewöhnlich ist, aber in Verbindung mit unregelmäßiger Fliegerei, wenig Erfahrung in Gebirgsregionen und psychologischem Gruppendruck ein erhebliches Risiko darstellen kann.

Der Flug führte die Formation von Mollis (LSZM) nach Triengen (LSPN), über verschiedene Zwischenstopps hinweg, bei besten Wetterbedingungen. Die Pilotin steuerte eine Remos GX – einen leichten, wendigen Hochdecker, der zwar gutmütig zu fliegen ist, aber im Gebirge besondere Aufmerksamkeit bei Leistung, Geschwindigkeit und Geländeeinschätzung verlangt. Beim Anflug auf den Col de Sonlomont – einen Pass auf rund 4900 Fuß Höhe – folgte sie den beiden Piper Cubs, die von ihrem Vater und ihrem Bruder geflogen wurden.

Was genau im Cockpit geschah, ist nicht mehr rekonstruierbar. Klar ist jedoch, dass die Remos in zu geringer Höhe (4806 ft) und zu niedriger Geschwindigkeit (nur noch 55 Knoten bei maximaler Motorleistung) auf das steigende Gelände zusteuerte. Während die Piper sicher über den Pass hinwegflogen, gelang es der Pilotin nicht, Höhe zu gewinnen – die Geschwindigkeit war zu gering, der Anstellwinkel zu steil. Das Flugzeug geriet in einen Strömungsabriss und stürzte ab. Die Pilotin überlebte den Aufprall nicht.

Der Unfall wirft ein Schlaglicht auf zwei essenzielle Aspekte der Human Factors in der Privatfliegerei: „Currency“ und „Recency“. Unter *Currency* versteht man die formale Gültigkeit von Lizenzen und Berechtigungen – also ob ein Pilot laut Regelwerk fliegen darf. *Recency* hingegen bezeichnet die praktische Aktualität der Flugerfahrung – ob der Pilot die notwendigen Fähigkeiten regelmäßig trainiert und frisch im Gedächtnis hat. Beides gehört zusammen. Eine gültige Lizenz ohne aktuelle Flugpraxis ist wie ein Erste-Hilfe-Kurs von vor zehn Jahren – im Notfall nicht viel wert.

Gerade in der Alpenfliegerei ist es essenziell, nicht nur die technischen Fähigkeiten zu beherrschen, sondern auch ein Gefühl für Geländeeinschätzung, Leistungsreserven, Windströmungen und visuelle Täuschungen zu haben. Diese Fähigkeiten kommen nicht durch Lektüre von Flughandbüchern, sondern durch regelmäßiges Üben und bewusste Auseinandersetzung mit fliegerisch anspruchsvollen Umgebungen.

Ein weiterer Faktor, der in diesem Fall eine Rolle gespielt haben könnte, ist der psychologische Druck im Formationsflug. Wer mit engen Angehörigen un-

Aus der Praxis:

Viele Vereine nutzen den Vereinsflieger als Software, um die Flüge zu dokumentieren und die Fliegerei zu managen. Darin gibt es für jeden Piloten ein eigenes Profil, in dem man seinen Leistungsstand anzeigen lassen kann, der sich aus der Flugzeit und den Starts in den letzten 6 Monaten zusammensetzen. In diesem Beispiel sind 3 Pilotenprofile dargestellt, die alle die gleiche Lizenz besitzen, aber sehr unterschiedliche Leistungszustände haben. Bei wem würdest Du mitfliegen wollen, bei wem nicht?

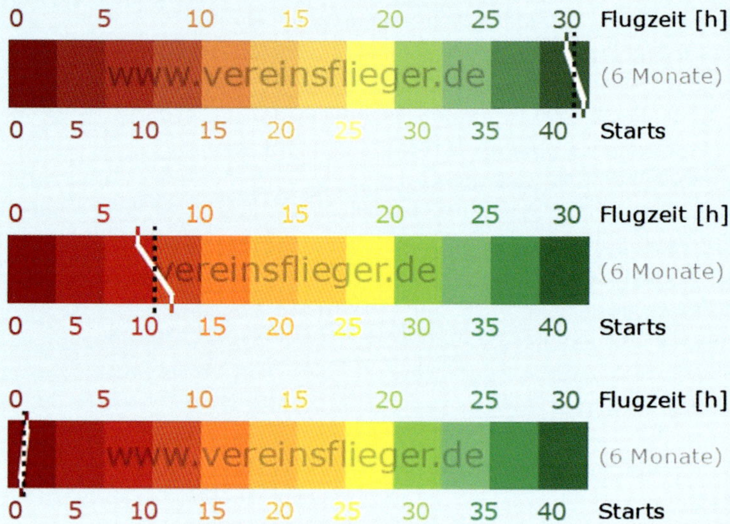

terwegs ist, neigt eher dazu, „dran zu bleiben", statt eine eigene sicherheitsorientierte Entscheidung zu treffen. Das kann in schwierigen Situationen – etwa bei steigenden Geländekanten – zu zögerlichem oder falschem Handeln führen. Genau hier wirken Human Factors mit voller Wucht: Entscheidungsverhalten, Stressmanagement und Selbstwahrnehmung sind zentrale Kompetenzen, die trainiert und gepflegt werden müssen.

Für Privatpiloten ergibt sich daraus eine klare Botschaft: Eine gültige Lizenz bedeutet nicht automatisch fliegerische Einsatzbereitschaft. Wer längere Zeit nicht geflogen ist, sollte bewusst Wiederholungstrainings einplanen, idealerweise mit Fluglehrern oder erfahrenen Piloten. Das gilt besonders, wenn man in schwierige Regionen wie Gebirge fliegt oder sich in ungewohnte Flugsituationen (wie Formationsflüge) begibt. Auch der bewusste Umgang mit Gruppendynamik – also das Wissen darum, dass man jederzeit aussteigen oder umkehren darf – ist ein wesentlicher Bestandteil der Flugsicherheit.

Dieser Unfall steht exemplarisch für die Gefahr, die entsteht, wenn *formal rechtmäßig geflogen, aber praktisch nicht beherrscht* wird. Deshalb gilt: Aktuelle Praxis schlägt alte Lizenz. Recency ist kein Bonus, sondern eine fliegerische Pflicht.

© Joachim Schreiber

Kapitel 10

Erfahrungsaustausch – Goldwert!

Lernen aus Fehlern – Gemeinsam sicherer fliegen

Warum wir über unsere Fehler sprechen müssen

Fliegen ist eine Disziplin, die technisches Können, präzises Handeln und eine hohe mentale Leistungsfähigkeit erfordert. Doch egal wie gut die Ausbildung, wie intensiv das Training und wie erfahren die Pilotin oder der Pilot ist – niemand ist vor Fehlern gefeit. In der Luftfahrt gibt es ein bekanntes Sprichwort:

„Es gibt alte Piloten und kühne Piloten – aber nur wenige alte, kühne Piloten."

Dieser Satz verdeutlicht, dass Sicherheitsbewusstsein und Lernbereitschaft überlebenswichtige Qualitäten in der Fliegerei sind. Wer langfristig sicher fliegen will, muss nicht nur eigene Erfahrungen reflektieren, sondern auch bereit sein, von den Fehlern anderer zu lernen. Genau darum geht es in diesem Kapitel.

Hier berichten verschiedene Pilotinnen und Piloten offen über kritische Situationen, die sie selbst erlebt haben. Sie schildern, welche Entscheidungen sie in

diesen Momenten getroffen haben – richtige wie falsche –, was sie anders hätten machen können und was sie daraus gelernt haben. Ihre Geschichten sind keine reinen Berichte über Missgeschicke, sondern wertvolle Lektionen, die uns allen helfen können, bessere und sicherere Entscheidungen im Cockpit zu treffen.

Die Psychologie des Fehlermachens

Ein Fehler passiert selten grundlos. Oft ist es eine Kette von Faktoren – kleine Nachlässigkeiten, Zeitdruck, falsche Annahmen oder unbewusste Verhaltensmuster –, die in einer riskanten Situation münden. Manche Fehler entstehen aus Unerfahrenheit, andere aus Routineblindheit. Manchmal sind es äußere Umstände, die den Stresspegel steigen lassen und die Entscheidungsfähigkeit beeinträchtigen.

Fehler sind nicht nur eine Frage der technischen Fähigkeiten, sondern auch des **menschlichen Leistungsvermögens**. Konzentration, Wahrnehmung, Urteilsvermögen und die Fähigkeit, unter Druck die richtigen Entscheidungen zu treffen, spielen eine entscheidende Rolle. Doch genau diese Fähigkeiten sind nicht immer konstant – sie schwanken je nach Tagesform, Stresslevel, Arbeitsbelastung und äußeren Bedingungen.

Die große Herausforderung besteht darin, eigene Schwächen und Denkfehler frühzeitig zu erkennen und Mechanismen zu entwickeln, um sie zu minimieren. Das geht am besten, wenn wir bereit sind, offen über Fehler zu sprechen und aus den Erfahrungen anderer zu lernen.

Warum gemeinsames Lernen Leben retten kann

Die Luftfahrt ist eine der sichersten Formen der Fortbewegung. Das liegt nicht nur an der technischen Weiterentwicklung, sondern vor allem an der einzigartigen Sicherheitskultur:

- **Jeder Vorfall wird analysiert.**
- **Fehler werden nicht versteckt, sondern dokumentiert.**
- **Die Erkenntnisse werden geteilt, um zukünftige Unfälle zu vermeiden.**

Diese Kultur des Lernens hat die Luftfahrt entscheidend geprägt. Doch während große Fluggesellschaften und Luftfahrtbehörden über detaillierte Reports und professionelle Schulungen verfügen, fehlen in der Privatfliegerei oft systematische Strukturen zur Fehleranalyse. Hier sind wir auf den offenen Austausch zwischen Pilotinnen und Piloten angewiesen.

Ein einzelner Fehler kann sich leicht wiederholen – wenn wir jedoch darüber sprechen und unser Wissen teilen, können wir gemeinsam verhindern, dass sich gefährliche Situationen überhaupt erst ergeben.

Jede Erfahrung, jeder Fehler und jede Lehre, die hier weitergegeben wird, kann dazu beitragen, dass ein anderer Pilot eine bessere Entscheidung trifft.

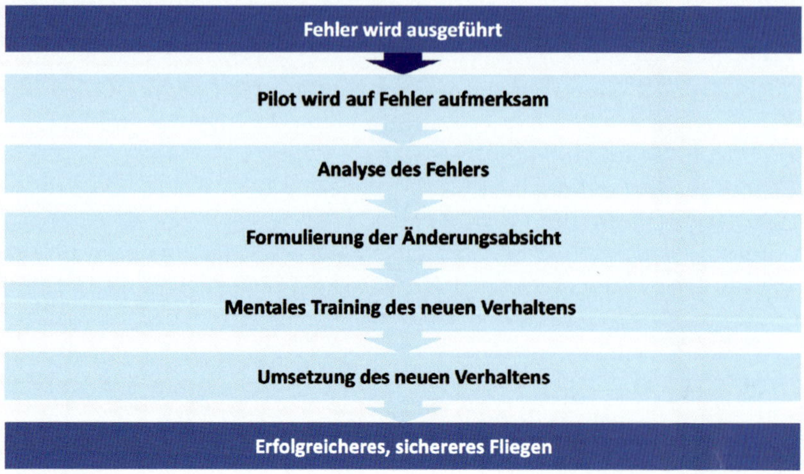

Lernen aus Fehlern

Die Struktur dieses Kapitels

In den folgenden Erfahrungsberichten geht es nicht darum, Fehler bloßzustellen oder zu verurteilen. Ganz im Gegenteil: Jede geschilderte Situation soll uns helfen, unsere eigene fliegerische Denkweise zu hinterfragen und bewusster zu handeln.

Die Berichte sind nach einem klaren Muster aufgebaut:

1. **Fehlerbeschreibung und Situation:** Was ist genau passiert? Wie ist es dazu gekommen? Welche Folgen hatte der Fehler?
2. **Alternativen und Verbesserungspotenzial:** Was hätte anders gemacht werden können? Welche Handlungsmöglichkeiten gab es?
3. **Erkenntnisse und persönliches Lernen:** Welche Lehren wurden aus der Erfahrung gezogen? Wie beeinflusst sie das zukünftige fliegerische Verhalten?
4. **Was können andere Pilotinnen und Piloten daraus lernen?** Welche konkreten Maßnahmen helfen, ähnliche Fehler in der Zukunft zu vermeiden?

Wie man aus Fehlern lernt wird im Youtube-Video erklärt

Jede dieser Geschichten zeigt uns, dass Fehler Teil des Lernprozesses sind – aber nur dann, wenn wir bereit sind, sie zu reflektieren und daraus zu lernen.

Fehler als Chance

In der Luftfahrt geht es nie um Perfektion – sondern um kontinuierliche Verbesserung. Wer Fehler als persönliche Niederlage betrachtet, läuft Gefahr, sie zu verdrängen und keine Lehren daraus zu ziehen. Wer sie hingegen als wertvolle Erfahrung begreift, entwickelt sich stetig weiter.

Dieses Kapitel ist eine Einladung, genau das zu tun: ehrlich hinzusehen, voneinander zu lernen und dadurch langfristig die eigene Sicherheit und die der gesamten Fliegergemeinschaft zu erhöhen.

Denn letztlich geht es darum, mit jedem Flug ein Stück besser zu werden – und gemeinsam sicher zu bleiben.

An dieser Stelle nochmals ein expliziter Dank an alle Pilotinnen und Piloten, die hier Ihre Fehler zum gemeinsamen Lernen und sichereren Fliegen beschreiben.

Fall 1: „Unsichtbare Gefahr im Endanflug – Wenn Funkkontakt Leben retten kann"

Pilotinnen/Piloten-Profil
Fluglizenz: PPL (A)
Flugerfahrung: ca. 200 PIC Stunden
Fluggerät/Flugzeug-Klasse: Echo-Klasse, Cessna & Breezer

1. Fehlerbeschreibung und Situation

Was ist passiert?

Wir befanden uns im Anflug auf einen Verkehrslandeplatz und hatten uns ordnungsgemäß in die Platzrunde eingefädelt. Bereits im Gegenanflug bemerkten wir eine zweimotorige Maschine, die sich auf der Piste befand und abflugbereit schien. Per Funk hatte der Pilot zuvor angekündigt, nach Augsburg zu fliegen.

Während unseres Queranflugs beobachteten wir weiterhin das Flugzeug auf der Startbahn. Da wir unsere Positionsmeldungen wie üblich durchgegeben hatten, gingen wir davon aus, dass der andere Pilot uns hört und sich unserer Annäherung bewusst ist. Dennoch blieb die Maschine unverändert an ihrer Position.

Im Endanflug entschieden wir uns aufgrund der unklaren Lage, einen Durchstart zu machen. Wir hatten keine Rückmeldung von der anderen Besatzung erhalten und konnten nicht einschätzen, welches Manöver als Nächstes erfolgen würde. Nach dem Durchstarten stiegen wir zurück auf Platzrundenhöhe und gingen davon aus, dass das andere Flugzeug entweder noch auf der Bahn stand oder – falls es bereits gestartet war – wie angekündigt nach Süden abdrehte.

Diese Annahme stellte sich als Fehleinschätzung heraus: Plötzlich tauchte die zweimotorige Maschine direkt unter unserer linken Tragfläche auf und stieg weiter, ohne uns zu sehen. Für einen Moment schien es, als könnte es zu einer Kollision kommen. Sofort leiteten wir eine scharfe Rechtskurve mit leichtem Sinkflug ein, um seitlichen und vertikalen Abstand zwischen den beiden Flugzeugen zu gewinnen.

Anschließend nahmen wir per Funk Kontakt zum anderen Piloten auf und fragten, ob ihm die kritische Situation bewusst sei. Zu unserer Überraschung zeigte er sich völlig ahnungslos – er hatte uns nicht bemerkt und war überzeugt, regelkonform geflogen zu sein.

2. Alternativen und Verbesserungspotenzial

Was hätte ich anders machen können?

Unsere Entscheidung, direkt über der Piste durchzustarten, stellte sich als problematisch heraus. Eine wichtigere Erkenntnis ist jedoch, dass ich den anderen Piloten aktiv per Funk hätte ansprechen sollen, um frühzeitig festzustellen, ob er uns wahrnimmt oder nicht.

Für die Zukunft werde ich bei einem Durchstarten darauf achten, seitlich an der Bahn vorbeizufliegen, um ein sich dort befindendes Flugzeug stets im Blick zu behalten. So bleibt die Maschine nicht im toten Winkel und eine potenziell gefährliche Annäherung lässt sich frühzeitig erkennen und vermeiden. Diese Anpassung hätte mir ermöglicht, schneller zu reagieren und eine größere Sicherheitsmarge zu wahren.

3. Erkenntnisse und persönliches Lernen

Welche Lehren ziehe ich aus dieser Erfahrung?

Selbst mit guter Vorbereitung und aufmerksamer Flugführung kann es zu Situationen kommen, in denen ein anderer Pilot nicht bemerkt, dass er sich gerade in einer potenziell gefährlichen Lage befindet. Dieses Bewusstsein ist essenziell – nicht nur, um sich selbst zu schützen, sondern auch, um im Zweifelsfall durch vorausschauendes Handeln eine gefährliche Situation zu entschärfen.

Mir wurde klar, dass es im Luftverkehr – ähnlich wie im Straßenverkehr – nicht ausreicht, sich an die Regeln zu halten. Man muss stets damit rechnen, dass andere Verkehrsteilnehmer möglicherweise nicht dieselbe Wahrnehmung der Situation haben oder Fehler machen.

4. Was können andere Pilotinnen und Piloten aus dieser Situation lernen?

- Bei unklaren Verkehrssituationen frühzeitig Funkkontakt aufnehmen. Hätte ich den anderen Piloten aktiv angesprochen, hätte ich schneller erkannt, dass er uns nicht wahrgenommen hatte.
- Beim Durchstarten nach Möglichkeit nicht direkt über der Piste steigen. Ein

seitliches Ausweichen ermöglicht eine bessere Sicht auf andere Flugzeuge und reduziert das Risiko, in deren toten Winkel zu geraten.
- Immer mit möglichen Wahrnehmungsfehlern anderer rechnen. Auch wenn Positionsmeldungen über Funk korrekt durchgegeben wurden, heißt das nicht zwangsläufig, dass sie von allen empfangen oder wahrgenommen wurden.

Die wichtigste Erkenntnis bleibt:

Vorausschauendes und umsichtiges Fliegen trägt maßgeblich zur Sicherheit aller Beteiligten bei. Indem wir potenzielle Risiken frühzeitig erkennen und entsprechend handeln, können wir gefährliche Situationen vermeiden – bevor sie überhaupt entstehen.

Fall 2: Fehleinschätzung des Treibstoffverbrauchs während der Motor-Einlaufphase „Wenn der Tank schneller leer ist als erwartet"

Pilotinnen/Piloten-Profil

Fluglizenz: PPL(A)
Flugerfahrung: 14 Jahre etwa 800 h
Fluggerät/Flugzeug-Klasse: Überwiegend Robin DR340 / E-Klasse (SEP bis 2000 kg MTOM)

Pilotenerfahrungsbericht zur Selbstreflexion und Weiterbildung

1. Fehlerbeschreibung und Situation

Was ist passiert?

Ich kaufte mein Flugzeug als Bauprojekt – der Motor hatte 23 Jahre und fast 2500 Stunden Vereinsbetrieb seit der letzten Grundüberholung hinter sich, die Avionik war veraltet, und die Innenausstattung dringend erneuerungsbedürftig. Bis dahin flog ich ausschließlich zweisitzige Maschinen mit Rotax-Motoren. Nun stand ich vor der Herausforderung, einen Viersitzer mit Lycoming-Triebwerk zu bedienen.

Für den dreistündigen Überführungsflug zur Werft nahm ich einen FI unseres Vereins mit, um Unterstützung zu haben. Vor Ort absolvierten wir mit einem FI des verkaufenden Vereins eine kurze Einweisung und drei Landungen. Doch schon unterwegs wurde mir klar, dass mein FI nicht mit diesem Muster vertraut war – seine Fragen zum Gemischmanagement und zur allgemeinen Handhabung zeigten, dass er keine Erfahrung mit dieser Flugzeugklasse hatte.

Nach fünf Monaten Werftaufenthalt, in denen Motor und Avionik überholt sowie die Maschine neu registriert wurde, stand mein zweiter Flug mit dem eigenen Flugzeug an – diesmal zum Einfliegen des überholten Motors.

Vorgaben für das Einfliegen:

- Mindestens 75 % Leistung
- Vollreiches Gemisch
- Flughöhe unter 5000 ft MSL
- Mindestflugdauer: 2 Stunden

Mit dem Prüfer der Werft war folgender Flugplan abgestimmt:

1. 30 Minuten Kreisen über dem Platz für den Fall eines technischen Problems
2. Anschließend ein etwa einstündiger Flug zu einem nahegelegenen Platz
3. Dort Airwork über einem Gewässer, um das Handling, insbesondere den Langsamflug, zu üben
4. Flughöhe 2300 ft MSL (über 2000 ft AGL in der norddeutschen Tiefebene)

Treibstoffplanung:

Das Flughandbuch gibt für 75 % Leistung mit optimal geleantem Gemisch einen Verbrauch von 35 l/h an. Angaben für „vollreich" waren weder im Handbuch noch online verfügbar. Daher betankte ich die Maschine mit insgesamt 155 Litern Treibstoff:

- Rumpftank: 75 Liter
- Zwei Flächentanks: je 40 Liter
- Ausfliegbare Menge: ca. 145 Liter – doppelt so viel, wie laut Handbuch erforderlich

Vom verkaufenden Verein erhielt ich den Rat, jeden Tank einzeln leerzufliegen (natürlich nur im Reiseflug, nicht den letzten Tank), da eine halbe Stunde Resttreibstoff verteilt auf drei Tanks wenig nützt – eine halbe Stunde in einem aktiven Tank hingegen eine echte Reserve ist.

Der Flug:

Ich startete mit dem Rumpftank. Bereits nach etwa 1:10 Stunden leuchtete die Warnlampe für niedrigen Treibstoffstand im Rumpftank auf. Da ich nicht damit rechnete, dass der Motor bereits 50 Liter verbraucht hatte, hielt ich dies für eine Fehlanzeige. Doch weitere 30 Minuten später wurde es vorne plötzlich leise – der Motor lief trocken!

Wie mehrfach mental durchgespielt, schaltete ich sofort auf einen Flächentank um, und nach wenigen Sekunden nahm der Motor seine Arbeit wieder auf. Der restliche Flug verlief ereignislos, ebenso die Landung, für die ich vom Flugleiter sogar ein Lob bekam: „Das war ja eine Baltrum-Landung!" (Baltrum hat nur 360 m Piste – dort ist präzises Landen essenziell).

Beim Abstellen der Maschine bemerkte ich einen entscheidenden Fehler: Der Zündschlüssel stand auf „Rechts", d. h., nur ein Zündkreis war aktiv.

Folgen:

- Der Flug fand mit hoher Leistung, vollreichem Gemisch und nur einem Zündkreis statt.
- Die offene Drosselklappe zur Kompensation des Leistungsverlusts führte zu einem exorbitanten Verbrauch von ca. 45 l/h statt der erwarteten 35 l/h.

2. Alternativen und Verbesserungspotenzial

Was hätte ich anders machen können?

1. Fundierte Einweisung durch einen FI mit Erfahrung auf Lycoming-Motoren. Ein FI, der hauptsächlich Rotax-Triebwerke im TMG fliegt, ist für die Einweisung auf eine Lycoming-Robin ungeeignet.
2. Kein Soloflug nach fünf Monaten Pause. Eine so lange Pause machte es besonders schwierig, ein neues Muster sicher zu beherrschen. Ein Safety-Pilot oder FI an Bord wäre die bessere Wahl gewesen.
3. Exakte Planung des Treibstoffverbrauchs für den Break-In-Flug. Ich hätte den Mehrverbrauch durch das vollreiche Gemisch und die hohe Leistungsanforderung vorher genauer recherchieren oder mit erfahrenen Piloten besprechen müssen.
4. Fehlersuche bei der Motorleistung. Die ungewöhnlich geöffnete Drosselklappe hätte mich darauf hinweisen können, dass der zweite Zündkreis nicht aktiv war.

3. Erkenntnisse und persönliches Lernen

Welche Lehren ziehe ich aus dieser Erfahrung?

1. Treibstoff ist der wichtigste Faktor in der Flugplanung. Der Spruch „*Zu viel Sprit hast du nur, wenn das Flugzeug brennt*“ hat sich bewahrheitet. Seitdem achte ich darauf, dass die Tanks – sofern es die Zuladung und die Bedingungen erlauben – immer voll sind.
2. Klare Nervositätssignale erkennen. Wenn ich bei der Flugvorbereitung merke, dass ich unruhig oder unsicher bin, setze ich mich hin und „*fahre mich mental runter*“. Sollte das nicht gelingen, fliege ich nicht.
3. Die Taktik des Leerfliegens einzelner Tanks im Reiseflug bleibt sinnvoll. Ein leergeflogener Tank im Reiseflug lässt sich problemlos umschalten, während sich verteilte Restmengen nicht effektiv nutzen lassen.
   - Achtung: Diese Technik ist nicht für turbogeladene Motoren geeignet, da die plötzliche Abkühlung der Abgase der Turbine schaden kann.

4. Was können andere Pilotinnen und Piloten aus dieser Situation lernen?

1. Die Einweisung auf ein grundlegend anderes Triebwerk erfordert mehr als ein

paar Landungen und einen Überführungsflug. Eine solide theoretische und praktische Schulung mit einem erfahrenen FI ist essenziell.
2. Mentales Training ist Gold wert. Ich spiele kritische Handgriffe – wie Tankumschaltung, Gemischmanagement oder Funksprüche – regelmäßig gedanklich durch, auch zu Hause auf dem Sofa. Der Nutzen dieser Methode kann nicht hoch genug eingeschätzt werden.
3. Großzügige Treibstoffreserven einplanen. Gerade in neuen oder ungewohnten Situationen kann der Verbrauch höher sein als erwartet – besser auf der sicheren Seite sein.

Fazit:

Der Vorfall war eine wertvolle Lernerfahrung. Er hat mir gezeigt, wie wichtig eine umfassende Einweisung, eine präzise Treibstoffplanung und das richtige Mindset vor dem Flug sind. Letztendlich konnte ich die Situation sicher lösen, doch sie hätte leicht vermeidbar sein können.

Sicherheit beginnt am Boden – mit guter Vorbereitung.

Fall 3: Hartes Aufsetzen nach dem Bouncing „Wenn der Flieger zurückspringt – Bouncing und seine Folgen“

Pilotinnen/Piloten-Profil

Fluglizenz: UL (und ruhender alter PPL-B)
Flugerfahrung: ca. 30 Jahre
Fluggerät/Flugzeug-Klasse: UL

1. Fehlerbeschreibung und Situation

Was ist passiert?

Unser Luftsportverein betreibt einen Motorsegler sowie vier Ultraleichtflugzeuge (UL), darunter drei Hochdecker und einen Tiefdecker. Zwei der Hochdecker sind Aeroprakt A32, die sich in mehreren Punkten von den anderen Vereinsflugzeugen unterscheiden – insbesondere durch ihr Steuerhorn anstelle eines Knüppels und ihr agiles Flugverhalten um die Querachse aufgrund des Pendelhöhenruders. Diese Eigenschaften haben mir die Eingewöhnung an das Muster erschwert, weshalb ich zwei Anläufe zur Einweisung benötigte.

Im Frühjahr 2024 absolvierte ich nach einigen Starts mit einem Fluglehrer meine ersten Solo-Platzrunden. Bei der dritten Landung kam es nach einem unauffälligen Anflug zu einem sehr harten Aufsetzen, woraufhin die Maschine deutlich vom Boden abprallte. Die folgende Sequenz lässt sich nicht mehr vollständig rekonstruieren, doch das UL ging mit der Nase nach unten, das Bugfahrwerk knickte ein und der Propeller hatte Bodenkontakt.

Folgen:

- Ich blieb unverletzt.
- Der Flugplatz musste kurzfristig gesperrt werden, bis die Maschine von der Bahn geräumt war.
- Das Flugzeug musste demontiert und per LKW zum Hersteller transportiert werden.
- Der Vereinsbetrieb war für ca. 10 Wochen beeinträchtigt, da das UL nicht zur Verfügung stand.

2. Alternativen und Verbesserungspotenzial

Was hätte ich anders machen können?

Der Unfall ereignete sich in einer Phase der Eingewöhnung nach der Einweisung durch einen Fluglehrer. Obwohl ich die Freigabe zum Soloflug hatte, fehlte es mir noch an ausreichender Routine mit diesem Muster.

Wichtige Erkenntnis:

Die richtige Reaktion nach einem Bouncing wäre ein sofortiges Durchstarten gewesen. Diese Option war mir zwar bewusst, aber sie war in diesem Moment nicht instinktiv genug verankert. Rückblickend hätte ich das Bewusstsein für dieses Manöver stärker trainieren müssen, um im entscheidenden Moment ohne Zögern zu reagieren.

Ich glaube jedoch nicht, dass weitere Flüge mit einem Lehrer den Unfall sicher verhindert hätten – vielmehr hätte eine intensivere mentale Vorbereitung auf mögliche Reaktionen in solchen Situationen geholfen.

3. Erkenntnisse und persönliches Lernen

Was habe ich aus dieser Erfahrung gelernt?

Nach dem Vorfall habe ich zu lange gezögert, bis ich wieder ins Cockpit gestiegen bin – auch wenn dies mit Fluglehrer geschah. Die Verzögerung hatte viele Gründe: Wetter, Zeit, Flugzeugverfügbarkeit. Doch letztlich führte sie dazu, dass sich eine mentale Blockade aufbaute, die mir vorher nicht bewusst war.

Zentrale Lehre:

- Nach einem solchen Erlebnis sollte man so schnell wie möglich wieder fliegen, um negativen psychologischen Effekten entgegenzuwirken.
- Das theoretische Wissen darüber, dass man sich nach einem Zwischenfall

rasch wieder ans Steuer setzen sollte, hatte ich ignoriert – mit der Folge, dass es lange gedauert hat, mein fliegerisches Selbstbewusstsein wieder aufzubauen.
- Ich habe meine persönliche Landecheckliste erweitert: Neben den klassischen Notfallszenarien beim Start steht nun eine besonders konsequente Entscheidung zum Durchstarten im Fokus. Lieber eine Platzrunde mehr als ein zu riskanter Versuch, die Maschine mit Gewalt auf den Boden zu bekommen.

4. Was können andere Pilotinnen und Piloten aus dieser Situation lernen?

In unserem Verein gab es zuvor bereits zwei sehr ähnliche Vorfälle. Mein Unfall wurde daher als Anlass genommen, ein verpflichtendes Refresher-Training für alle aktiven Piloten einzuführen.

Maßnahmen:

- Eine Fluglehrerin hat ein strukturiertes Schulungskonzept entwickelt.
- Das Training wurde in drei Online-Terminen mit hoher Teilnehmerzahl durchgeführt.
- Ich hatte die Möglichkeit, meine Erfahrungen direkt mit den Fliegerkameraden zu teilen – die zahlreichen positiven Rückmeldungen haben mir gezeigt, dass Offenheit im Umgang mit Fehlern eine wertvolle Lernchance für alle bietet.
- Das Bewusstsein für eine konsequente Entscheidung zum Durchstarten wurde sowohl bei Flugschülern als auch bei erfahrenen Piloten gestärkt.

Fazit:

Vielleicht konnte durch diese Maßnahmen verhindert werden, dass sich dieses Unfallmuster in Zukunft wiederholt.

Schlussgedanke:

Fehler passieren – entscheidend ist, daraus zu lernen und das Wissen weiterzugeben, um die Sicherheit in der Fliegerei für alle zu erhöhen.

Fall 4: Nicht verriegelte Türe „Tür auf! – Ein kleiner Fehler mit großem Risiko“

Pilotinnen/Piloten-Profil

Fluglizenz: PPL(A)
Flugerfahrung: 13 Jahre etwa 750 h
Fluggerät/Flugzeug-Klasse: Überwiegend E-Klasse

Pilotenerfahrungsbericht zur Selbstreflexion und Weiterbildung

1. Fehlerbeschreibung und Situation

Was ist passiert?

Es war ein Nachtflug mit Passagier von einem Platz in Norddeutschland in Richtung Süden, entlang des Nordrands der CTR Frankfurt, und anschließend wieder zurück nach Hause.

Während des Flugs ergab sich eine ungeplante Zwischenlandung in Egelsbach – mein Passagier musste dringend eine Pause einlegen. Aufgrund der Nachtflugbedingungen war nach der Landung für den Weiterflug nach Hause ein neuer Flugplan erforderlich. Dies bedeutete zusätzlichen organisatorischen Aufwand: Der Flug musste per Telefon neu aufgegeben werden, was wertvolle Zeit kostete.

Da es langsam knapp wurde, noch innerhalb der regulären Betriebszeiten an unserem Heimatflugplatz zu landen, setzte ich mich selbst unter Zeitdruck. Also schnell zurück ins Cockpit, zur Piste rollen, Startcheck – und los.

Der kritische Moment:

Kurz nach dem Rotieren sprangen beide Türen der Robin DR340 aus der vorderen Arretierung. Dies während des Startlaufs zu korrigieren, wäre gefährlich gewesen, da die Flugzeugkontrolle oberste Priorität hatte. Glücklicherweise konnte mein Passagier helfen, doch dazu musste ich ihm erst erklären, was zu tun war – eine zusätzliche Ablenkung in einer ohnehin kritischen Phase des Fluges.

2. Alternativen und Verbesserungspotenzial

Was hätte ich anders machen können?

Der entscheidende Fehler lag in der unvollständigen Abarbeitung der Checkliste. Normalerweise folge ich der Checkliste auch am Rollhalt gewissenhaft. In diesem Fall übersah ich in der Dunkelheit jedoch den Punkt „Türen verriegelt" – ein klassisches Beispiel für den Einfluss von Zeitdruck auf die Aufmerksamkeit.

Maßnahmen zur Verbesserung:

1. Verbesserte Checklisten-Abarbeitung:
   - Seit diesem Vorfall zähle ich beim Run-up die Checkpunkte durch.
   - Ich kenne die Anzahl der Punkte (in diesem Fall sieben). Falls mir beim Durchgehen ein Punkt fehlt, bemerke ich es sofort und greife zur schriftlichen Checkliste.
2. Vermeidung von unnötigem Zeitdruck:
   - Hektik ist kein guter Ratgeber. In stressigen Situationen hilft es, sich bewusst einen Moment Zeit zu nehmen, um Routinen konzentriert abzuarbeiten.

3. Erkenntnisse und persönliches Lernen

Welche Lehren ziehe ich aus dieser Erfahrung?

- Zeitdruck führt zu Fehlern. Hätte ich mir ein paar Sekunden mehr für den Check genommen, wäre der Fehler nicht passiert.
- Zählen der Checkpunkte hilft, vergessene Punkte zu erkennen. Die Zahl ist leicht zu merken und dient als zuverlässige Kontrolle.
- Keine Kompromisse bei der Checklisten-Disziplin. Besonders in der Dunkelheit und unter Stress ist es entscheidend, sich auf standardisierte Abläufe zu verlassen.

4. Was können andere Pilotinnen und Piloten aus dieser Situation lernen?

- Zählt eure Checkpunkte am Rollhalt durch. Wenn ihr wisst, dass eure Checkliste (z. B. 7 Punkte) umfasst, könnt ihr leicht erkennen, ob ihr etwas vergessen habt.
- Lasst euch nicht von Zeitdruck beeinflussen. Ein paar Sekunden mehr für den Startcheck sind immer besser als eine unsichere Situation nach dem Abheben.
- Behaltet Standardverfahren auch unter Stress bei. Eine strikte Checklisten-Abarbeitung hilft, Fehler zu vermeiden – besonders bei Nachtflügen, wo die Arbeitsbelastung ohnehin höher ist.

Fazit:

Ein kleiner Fehler kann große Auswirkungen haben – doch mit der richtigen Routine lässt er sich leicht vermeiden.

Fall 5: Gruppendruck und Wetterentscheidung „Alle fliegen – also fliege ich auch? Gruppenzwang in der Luft“

Pilotinnen/Piloten-Profil

Fluglizenz: PPL
Flugerfahrung: zum Zeitpunkt des Vorfalls ca. 200h
Fluggerät/Flugzeug-Klasse: Cessna 172 Skyhawk

1. Fehlerbeschreibung und Situation

Was ist passiert?

Im Rahmen einer mehrtägigen Gruppenflugreise mit acht bis neun Flugzeugen der Echo-Klasse flogen wir eine vorher festgelegte Route mit fünf Stationen. Die

Organisation war gut durchdacht, die Etappen waren sowohl fliegerisch als auch touristisch spannend.

Für mich war es die erste Reise dieser Art. Bisher flog ich meist solo oder mit Nicht-Piloten, überwiegend im Rahmen von Rundflügen. Während dieser Tour war jeder Pilot eigenverantwortlich für Flugplanung, Routenführung und Entscheidungen. Dennoch wurde vor und nach jedem Flug viel über die einzelnen Legs diskutiert – genau das machte den Reiz dieser Reise aus.

Am Vorabend eines bestimmten Legs war bereits klar, dass das Wetter am nächsten Tag grenzwertig sein würde. Die allgemeine Meinung in der Gruppe lautete: Am Morgen nochmals die Lage prüfen und im Zweifelsfall am Boden bleiben.

Der entscheidende Moment:

Am Starttag war das Wetter nicht besser geworden. Alle Piloten saßen zusammen, analysierten die Bedingungen mit vier verschiedenen Planungstools und mindestens fünf Wetter-Apps. Die Gruppendynamik nahm ihren Lauf:

- Einer sagte überzeugend, dass das Wetter „fliegbar" sei – also ging es für viele.
- Jemand fand eine App, die die Bedingungen als „okay" einstufte – also ging es.
- Einer erzählte von einer ähnlichen Situation, die er bereits gemeistert hatte – also ging es.

Hier zeigte sich ein psychologischer Effekt: Niemand wollte aus der Gruppe ausscheren und als derjenige dastehen, der „kneift". Schließlich bedeutete die Teilnahme an dieser Reise nicht nur spannende fliegerische Erfahrungen, sondern auch gesellschaftliche Vorteile – interessante Gespräche, gemeinsames Sightseeing und die Chance, von erfahrenen Piloten zu lernen.

Geplante Route:

- Start nach Westen
- Südroute direkt zum 300 NM entfernten Tagesziel (die meisten entschieden sich für diese Option)
- Alternative Nordroute: stabileres Wetter mit ca. 1000 ft AGL, aber 50 NM Umweg zu einem attraktiven Zwischenlandeplatz

Ich entschied mich für die Nordroute, um mir die Bedingungen genauer anzusehen und einen weiteren Platz in meiner persönlichen Karte der beflogenen Flughäfen zu markieren.

Flugbedingungen:

- VFR im Ausland
- Sicht ausreichend
- Wolkendecke durchgehend bei 1000 ft AGL, teils niedriger

- Internationale Kontrollzone (CTR), Clearance erhalten
- Vier Flugzeuge starteten vor mir, drei hinter mir

Der Flug:
Schon beim Start war die Sonne hinter der Wolkenfront sichtbar. Doch die Sicht voraus und nach rechts verschlechterte sich schneller als gedacht. Um tiefhängenden Wolken auszuweichen, flog ich 200 ft tiefer als angenehm, zu nah am Platz und möglicherweise in ein militärisches Sperrgebiet. Als der Controller mich aufforderte, auf die Platzrunde zurückzukehren, antwortete ich nur mit „unable" – es kam keine weitere Rückmeldung.

Gedanke während des Flugs:
„Das wird schon passen für die 50 NM."

Doch die Bedingungen blieben problematisch. Die Wolken wurden gefühlt immer niedriger, der gesamte Flug fühlte sich an wie ein extrem langer „Endanflug". Nach der Landung zitterte mein ganzer Körper – ein klares Signal meines Körpers, dass ich eine gefährliche Grenze überschritten hatte.

2. Alternativen und Verbesserungspotenzial

Was hätte ich anders machen können?

1. Nicht blind auf Wetter-Apps vertrauen. Diese sind nicht exakt auf den Meter genau und können ein falsches Sicherheitsgefühl vermitteln.
2. Strengere persönliche Wetterminima definieren. Hätte ich diese Bedingungen zu Hause akzeptiert? Wohl kaum. Also hätte ich sie auch in fremder Umgebung ablehnen müssen.
3. Den Start rechtzeitig abbrechen. Bereits im Startlauf hätte ich den Controller um eine alternative Route bitten können.
4. Nicht an der ursprünglichen Planung festhalten. Ich hätte in der Platzrunde bleiben oder umkehren und landen sollen, anstatt die Situation „durchzuziehen".
5. Sich nicht von Gruppendynamik beeinflussen lassen. Jeder Pilot muss seine persönliche Verantwortung wahrnehmen – auch wenn andere bereit sind, zu fliegen.

Ein wesentlicher Punkt: Fliegen mit anderen soll dem Lernen dienen, aber nicht dazu, persönliche Grenzen unüberlegt zu überschreiten. Letztlich ist jeder Pilot selbst für seine Entscheidungen verantwortlich – für seine Mitreisenden, für Menschen am Boden, aber vor allem für sich selbst.

3. Erkenntnisse und persönliches Lernen

Welche Lehren ziehe ich aus dieser Erfahrung?

1. Persönliche Wetterminima strikt festlegen und einhalten.
2. Sich nicht vom Gruppenzwang beeinflussen lassen.

Jeder Pilot sollte sich seiner Wetter-Mindestanforderungen klar bewusst sein, um schnell eine sicherheitsorientierte Entscheidung treffen zu können. *(Foto: Joachim Schreiber)*

3. Die Erfahrung anderer respektieren, aber nicht unreflektiert übernehmen. Jeder Pilot fliegt mit anderen Voraussetzungen – eine Entscheidung, die für einen erfahrenen Piloten mit 14.000 Stunden sinnvoll erscheint, kann für einen weniger routinierten Piloten riskant sein.

In vertrauter Umgebung hätte ich womöglich einen Ausweg gefunden. Doch in einem unbekannten Gebiet wäre ein weiterer Zwischenfall – beispielsweise ein Avionik-Ausfall – fatal gewesen. Auch wenn ich technisch dreifach abgesichert war, hätte ein Worst-Case-Szenario unangenehme Folgen haben können.

Fazit:

Sicherheit und Spaß am Fliegen gehen vor. Kein Ziel, keine Reise, kein Gruppenerlebnis ist es wert, sich in eine potenziell gefährliche Lage zu bringen.

4. Was können andere Pilotinnen und Piloten aus dieser Situation lernen?

1. Flugerfahrung sammeln – über das Mindestmaß hinaus. Je mehr Routine man hat, desto besser kann man kritische Situationen beurteilen.
2. Nicht nur bei bestem Wetter fliegen, aber bewusste Risiken vermeiden. Erfahrung mit anspruchsvollen Bedingungen hilft, jedoch sollten persönliche Minima nicht überschritten werden.
3. Persönliche Grenzen setzen – und einhalten. Beispielsweise könnte man definieren:
   - „Bei mehr als 10 kt Turbulenz fliege ich ohne Passagiere."
   - „Bei mehr als 15 kt bleibe ich am Boden."

4. Regelmäßig mit anderen Piloten fliegen – aber bewusst.
   - Gruppenflüge sind lehrreich, aber keine Pflicht.
   - Flüge mit erfahrenen Piloten oder Fluglehrern können helfen, sich sicher an neue Herausforderungen heranzutasten.

Schlussgedanke:

„Es gibt alte Piloten und kühne Piloten – aber nur wenige alte, kühne Piloten."

Dieser Satz bewahrheitet sich immer wieder. Wer lange Freude am Fliegen haben möchte, sollte sich nicht scheuen, auch mal „Nein" zu sagen – selbst wenn die ganze Gruppe bereits zum Start rollt.

Fall 6: Close Call im Endanflug „Gleichzeitig im Endanflug – Ein Funkchaos mit Folgen"

Pilotinnen/Piloten-Profil

Fluglizenz: PPL(A)
Flugerfahrung: 15 Jahre etwa 800 h
Fluggerät/Flugzeug-Klasse: Überwiegend Robin DR340 / E-Klasse

Pilotenerfahrungsbericht zur Selbstreflexion und Weiterbildung

1. Fehlerbeschreibung und Situation

Was ist passiert?

Mein Flug führte von Nordrheinwestfalen zu einer Nordseeinsel. Aufgrund der dortigen Mittagspause plante ich meine Ankunft gegen 15:00 LT, also unmittelbar nach Wiederaufnahme des Flugbetriebs.

Ich reihte mich nach vorheriger Positionsmeldung ordnungsgemäß in den Gegenanflug zur Piste 27 ein, flog den Queranflug und schließlich den Endanflug. Dabei gab ich regelmäßig meine Positionsmeldungen per Funk ab. Nach meiner Wahrnehmung befand ich mich exakt auf der veröffentlichten Platzrunde, inklusive korrekter Höhe und Position.

Der kritische Moment:

Plötzlich meldete ein weiterer Pilot gleichzeitig „Endanflug 27"! Ich konnte jedoch kein anderes Flugzeug vor oder über mir sehen. Umgehend stellte ich alles auf laut, stieg mit einer Linkskurve aus dem Endanflug heraus und sortierte mich neu in die Platzrunde ein – selbstverständlich mit entsprechender Funkkommunikation.

Direkt nach der Landung sprach mich ein anderer Pilot an – allerdings nicht sachlich, sondern in einem aggressiven Tonfall. Er warf mir vor, ihn geschnitten zu haben, behauptete, alle Positionen korrekt gemeldet zu haben und kündigte ein „Nachspiel“ an. Er behauptete sogar, das Ganze auf Video festgehalten zu haben.

In meiner Überraschung über die unangemessene Art der Ansprache war ich zunächst sprachlos. Später reflektierte ich die Situation genauer.

Mögliche Ursache:

Offenbar hatten beide von uns Positionsmeldungen abgegeben, aber keiner konnte die des anderen korrekt verarbeiten, um ein vollständiges Verkehrsbild zu erstellen.

- Wahrscheinlich flog ich den Queranflug etwas westlich der Platzrundenlinie, während er sich möglicherweise etwas weiter östlich befand.
- Erst im Endanflug hat er mich vor sich gesehen und dies gemeldet.

Bemerkenswert:

Obwohl er mich als „zu nah“ empfunden hat, führte er kein Ausweichmanöver durch, sondern wartete den Anflug ab – stattdessen hielt er es für sinnvoller, später seinen Frust in einem aggressiven Gespräch zu äußern.

2. Alternativen und Verbesserungspotenzial

Was hätte ich anders machen können?

- Ankunftszeit überdenken: Mein Timing war zwar gut, aber ich habe nicht bedacht, dass mehrere Piloten dieselbe Idee haben könnten, direkt nach der Mittagspause anzukommen.
- Bessere Situationsaufnahme im Funk: Obwohl ich aktiv zuhörte, war aufgrund des erhöhten Verkehrsaufkommens auf der Frequenz die Erfassung der Gesamtsituation schwierig.
- Alternative Strategie: Wenn die Verkehrslage unübersichtlich ist, kann es sinnvoll sein, eine zusätzliche Runde im weiten Radius zu drehen. Meist beruhigt sich die Lage dann schnell.

3. Erkenntnisse und persönliches Lernen

Welche Lehren ziehe ich aus dieser Erfahrung?

- An stark frequentierten Zeitpunkten kann es zu Kommunikationsproblemen kommen. Ein überfüllter Funkverkehr kann verhindern, dass Positionsmeldungen vollständig aufgenommen werden.
- Ein gut aufgebautes Verkehrsbild ist essenziell. Es reicht nicht aus, nur zu hören, was andere Piloten melden – es muss auch bewusst verarbeitet werden.
- Im Zweifel eine Runde extra fliegen. Wenn die Situation unübersichtlich ist,

hilft es oft, einfach einen Moment länger zu warten und erneut in die Platzrunde einzufädeln.
- Unnötige Konflikte vermeiden. Eine sachliche Nachbesprechung mit anderen Piloten wäre viel sinnvoller als ein lautstarkes Konfrontationsgespräch nach der Landung.

4. Was können andere Pilotinnen und Piloten aus dieser Situation lernen?

- Plane deine Ankunftszeit taktisch klug. Direkt nach einer Mittagspause oder kurz vor Platzschließung kann es zu einem erhöhten Verkehrsaufkommen kommen. Ein zeitlicher Puffer kann helfen, stressige Situationen zu vermeiden.
- Höre nicht nur – verarbeite aktiv. Eine Positionsmeldung ist nur dann hilfreich, wenn sie bewusst in das eigene mentale Verkehrsbild integriert wird.
- Erkenne kritische Situationen frühzeitig. Wenn der Funkverkehr zu dicht ist oder du kein klares Bild der Verkehrslage hast, drehe eine Runde extra und verschaffe dir eine bessere Übersicht.
- Kommunikation sollte respektvoll sein. Wenn eine potenziell gefährliche Situation entsteht, ist ein sachlicher Austausch unter Piloten zielführender als ein aufbrausendes Gespräch nach der Landung.

Fazit:

Ein guter Flugbetrieb basiert auf klarer Kommunikation, einem strukturierten Verkehrsbild und dem richtigen Umgang mit Stresssituationen. Im Zweifelsfall gilt immer: eine Platzrunde mehr ist sicherer als eine riskante Annäherung.

Fall 7: Ungeplante Ablenkung beim Magnetcheck „Funkstörung im Kopf – Als eine Ablenkung zur Gefahr wurde“

Pilotinnen/Piloten-Profil

Fluglizenz: UL
Flugerfahrung: 4 Jahre
Fluggerät/Flugzeug-Klasse: Ultraleicht C42

1. Fehlerbeschreibung und Situation

Was ist passiert?

An einem späten Nachmittag befand ich mich auf einem Flugplatz, auf dem kaum noch Betrieb herrschte. Der Segelflugbetrieb war für den Tag bereits beendet, und ich war das letzte fremde Flugzeug am Platz. Während meines Check-ups am Rollhalt führte ich die standardmäßige Magnetprüfung durch.

Die unerwartete Ablenkung:

Plötzlich kam ein Funkspruch eines Segelfliegers, der mich persönlich ansprach – er erkannte mich offenbar an meiner Stimme über den Funkverkehr. Da ich mitten im Magnetcheck war, hielt ich meine Antwort bewusst kurz und sagte nur, dass ich mich in den nächsten Tagen telefonisch bei ihm melden würde, da ich mich nun auf meinen Rückflug vorbereitete.
Ich beendete anschließend den Check und startete planmäßig.

Der kritische Moment:

Erst in der Luft stellte ich fest, dass ich einen Magneten nicht wieder eingeschaltet hatte. Ich war also mit nur einem Magneten gestartet. Glücklicherweise konnte ich den zweiten Magneten sofort wieder zuschalten, sodass keine weiteren Probleme entstanden.

2. Alternativen und Verbesserungspotenzial

Was hätte ich anders machen können?

1. Keine Unterbrechung während eines sicherheitskritischen Checks zulassen.
    - Der Funkspruch war eine unerwartete Ablenkung und hat dazu geführt, dass ich eine entscheidende Handlung nicht korrekt zu Ende geführt habe.
    - Ich hätte die Kommunikation bewusst nach Abschluss der Checkliste führen sollen.
2. Nach jeder Unterbrechung den gesamten Check von vorne beginnen.
    - Nach der Ablenkung hätte ich meine Checkliste von Punkt eins an erneut durchgehen müssen, um sicherzustellen, dass kein Punkt übersprungen wurde.
3. Externe Störungen während kritischer Phasen bewusst vermeiden.
    - Ich werde zukünftig am Rollhalt klar signalisieren, dass ich in einer sicherheitsrelevanten Phase bin und nicht gestört werden möchte.
    - Falls ich dennoch unterbrochen werde, werde ich bewusst innehalten und den Check komplett neu durchführen.

3. Erkenntnisse und persönliches Lernen

Welche Lehren ziehe ich aus dieser Erfahrung?

- Jede Form von Ablenkung kann zu sicherheitskritischen Fehlern führen.
- Nach einer Unterbrechung den Check immer von vorne beginnen. Es ist ein vermeidbarer Fehler, nur an der letzten unterbrochenen Stelle fortzusetzen – das Risiko, einen Punkt zu vergessen, ist zu hoch.
- Ich muss aktiv darauf achten, externe Ablenkungen zu minimieren.

- Vor dem Start werde ich klar kommunizieren, dass ich während des Checks nicht ansprechbar bin.
- Falls es dennoch zu einer Störung kommt, werde ich eine bewusste Pause einlegen, um meine Checkliste vollständig und konzentriert erneut durchzugehen.

4. Was können andere Pilotinnen und Piloten aus dieser Situation lernen?

- Checklisten sind nur dann effektiv, wenn sie ohne Ablenkung abgearbeitet werden.
- Externe Störungen während kritischer Flugphasen sollten bewusst vermieden werden.
  - Falls eine Unterbrechung passiert, sollte der Check niemals an der letzten Stelle fortgesetzt, sondern komplett wiederholt werden.
- Funkkommunikation oder andere Interaktionen sollten während sicherheitsrelevanter Checks auf das Nötigste beschränkt werden.

Fazit:

Ablenkungen, egal ob selbstverschuldet oder durch externe Einflüsse, können schnell zu vermeidbaren Fehlern führen. Die Disziplin, nach einer Störung konsequent die gesamte Checkliste erneut abzuarbeiten, ist ein einfacher, aber entscheidender Beitrag zur Flugsicherheit.

Fall 8: Einflug in IMC „Blindflug ins Adrenalin – Wenn Bauchgefühl in die Wolken führt“

Pilotinnen/Piloten-Profil

Fluglizenz: PPL(A)
Flugerfahrung: 14 Jahre etwa 800 h
Fluggerät/Flugzeug-Klasse: Überwiegend Robin DR340 / E-Klasse (SEP bis 2000 kg MTOM)

Pilotenerfahrungsbericht zur Selbstreflexion und Weiterbildung

1. Fehlerbeschreibung und Situation

Was ist passiert?

Mein Flug führte nach Helgoland (EDXH), zusammen mit einem fliegerisch lizenzierten Freund als Co-Pilot. Die Wetterbedingungen waren nicht optimal – keine „Blue Sky"-Bedingungen, aber mit durchbrochener Bewölkung (SCT). Wir konnten relativ problemlos auf **FL 95** steigen und on top im Sonnenschein fliegen.

Der entscheidende Moment:

Kurz vor der Küste schlug mein Co-Pilot vor, wieder zu sinken, um die Küstenlinie besser zu sehen. Ich war als PIC zunächst zögerlich, ließ mich aber letztlich darauf ein. Die Versuchung war groß, einen Blick auf den Militärflugplatz Wittmund (ETNT) aus der Nähe zu werfen.

Der Fehler:

Es wurde schnell klar, dass die Wolken entlang der Küstenlinie bis zum Boden reichten. Andere Piloten, die es in niedrigeren Höhen versuchten, meldeten dichte Bewölkung bis FL 65.

Als die kritische Situation offensichtlich wurde, entschied ich mich für einen sofortigen Steigflug. Der Abstand zur Wolkenwand war jedoch bereits sehr gering, sodass ich gezielt die niedrigsten Wolkenbereiche suchte, um eine Lücke zu finden.

Doch das klappte nicht ganz – wir flogen plötzlich in IMC ein.

Schlagartig war die Außensicht weg, die Frontscheibe nass – Adrenalinausstoß! In meiner ersten Reaktion zog ich zu stark und bis zur Stallwarnung. Erst das klare Eingreifen meines Co-Piloten brachte mich dazu, mich auf eine optimale Steigrate zu konzentrieren und das Gelernte aus meiner Ausbildung anzuwenden:

- Konzentration auf die Instrumente – sie lügen nicht.
- Das Popometer ignorieren – es lügt.

Nach etwa 20 Sekunden in IMC erreichten wir wieder Sichtflugbedingungen über der Nordsee, und der weitere Flug verlief ereignislos.

2. Alternativen und Verbesserungspotenzial

Was hätte ich anders machen können?

- Den Abstieg von FL 95 gar nicht erst durchführen.
  - Mein Bauchgefühl sagte mir bereits, dass der Sinkflug keine gute Idee war. Ich hätte darauf hören sollen.
  - „Ein komisches Gefühl" ist oft ein Zeichen dafür, dass etwas nicht stimmt – man sollte es nicht ignorieren.

2. Kritische Entscheidungen nicht durch äußere Faktoren beeinflussen lassen.
   - Die Motivation, die Küstenlinie oder Wittmund aus der Nähe zu sehen, war kein ausreichender Grund, um in potenziell kritische Wetterbedingungen zu fliegen.
3. Beim Erkennen von schlechter Steigleistung früher reagieren.

- Statt weiter in Richtung Wolken zu steigen, hätte ich in ausreichendem Abstand eine weiträumige Steigkurve fliegen müssen. So hätte ich kontrolliert an Höhe gewonnen und mir einen sicheren Überflug ermöglicht.

3. Erkenntnisse und persönliches Lernen

Welche Lehren ziehe ich aus dieser Erfahrung?

- „Wenn du einmal auf FL 95 bist, dann steig nicht ohne Not ab."
  - Diese Flughöhe bot mir klare Sicht und Sicherheit – der Abstieg war nicht nötig und führte direkt in eine riskante Lage.
- Wenn sich eine Situation nicht gut anfühlt, dann STOPP.
  - Mein Unwohlsein beim Sinkflug hätte mir als Warnsignal dienen müssen.
- Vor Hindernissen (Wolken, Berge, Wetterzonen) lieber vorher steigen – nicht erst in unmittelbarer Nähe.
  - Hätte ich früher entschieden, in sicherer Entfernung Höhe zu gewinnen, wäre ich nie in IMC geraten.
- In kritischen Situationen sofort auf Instrumente konzentrieren.
  - Mein erster Reflex war falsch (zu starkes Ziehen). Die Instrumente geben die einzig verlässlichen Informationen.

4. Was können andere Pilotinnen und Piloten aus dieser Situation lernen?

- Einmal on top? Dann bleibt dort, solange es keine zwingende Notwendigkeit gibt, zu sinken.
- Falls die Steigleistung nicht ausreicht, niemals direkt auf das Hindernis (z. B. Wolkenwand) zufliegen.
  - Stattdessen frühzeitig drehen und sicher Höhe gewinnen.
- Ein Bauchgefühl, das sagt „Das fühlt sich nicht gut an", sollte ernst genommen werden.
- In IMC-Situationen keine Panik – Instrumente vertrauen, nicht den Körperempfindungen.

Fazit:

Diese Erfahrung war eine wertvolle Erinnerung daran, wie schnell man sich in eine riskante Lage bringen kann – und wie wichtig es ist, frühzeitig die richtige Entscheidung zu treffen.

Fall 9: „Blick nach unten, Gefahr von oben – Wie ein Wettersturz zur Notlandung führte“

Eine lehrreiche Geschichte über falsche Schwerpunkte, gutes Fliegen – und das Glück, rechtzeitig zu handeln.

Pilotinnen/Piloten-Profil

Fluglizenz: UL-3-Achs (FI & Prüfer), LAPL-A (Night, Aerobatic)
Flugerfahrung: 2.000 Stunden, 10.000 Landungen
Fluggerät: C42, 3-Achs-UL

1. Fehlerbeschreibung und Situation

Im Rahmen eines Vorbereitungsflugs zu einer UL-Meisterschaft startete ich mit meinem Co-Piloten in einer C42 mit ausgebauter Tür vom Flugplatz in Süddeutschland zu einem Fotoflug Richtung Süden. Die Strecke war rund 200 km lang – mein Ziel war es, diese metergenau per Tablet-Navigation abzufliegen, um brauchbare Luftbilder zu erhalten.

Das Wetter war laut Vorhersage fliegbar – mit Durchwachsenheiten (D bis O), nachdem es am Vortag stark geregnet hatte. Aufgrund des engen Zeitplans für die Meisterschaft war der Flug unverzichtbar – das beeinflusste wohl meine Entscheidungsbereitschaft.

Etwa auf halber Strecke, über hügeligem Gelände, verschlechterten sich Sicht und Wetterlage unerwartet schnell. Ich entschied mich zur Umkehr, um dem Schlechtwetter auszuweichen, verlor dabei jedoch bereits an Höhe, um Sicht zum Boden zu behalten. Es begann zu regnen, die Wolkendecke senkte sich rapide.

Ich erinnerte mich an einen Acker vom Hinflug, aber auch an die Hochspannungsleitungen und Hügel in der Umgebung. Die Lage wurde brenzlig, die Entscheidung zur Sicherheitslandung fiel sofort. Doch die erste Wiese war zu kurz.

Im Anflug auf einen gepflügten Acker setzte ich alle erlernten Abläufe in Gang:

- Landefeld festlegen
- Fluglage stabilisieren
- Geschwindigkeit halten
- Volle Klappen, Motor aus, Brandhahn zu

Beim Aufsetzen versank das Fahrwerk im Boden – die C42 überschlug sich auf die Nase. Es war ein Totalschaden. Doch wir blieben unverletzt. Kurz danach tauchten bereits Helfer vom nahen Bauernhof auf. Zehn Minuten später – Wetter klar, Sonne.

2. Alternativen und Verbesserungspotenzial

Was hätte ich anders machen können?

- Wetter im Voralpenland besser einschätzen – besonders als Flachlandpilot.
- Nicht nur auf das Fliegen nach Linie (Navigation), sondern kontinuierlich auch nach vorne und nach oben blicken – insbesondere bei wechselhaftem Wetter.
- Tablet-Nutzung überdenken: Die Fixierung auf das Kniebrett-Navi führte dazu, dass ich Wetterentwicklungen visuell zu spät bemerkte. Eine Position im Sichtfeld (z. B. Panel-Montage) hätte geholfen.
- Frühzeitiger Kontakt zu FIS hätte möglicherweise Warnungen ermöglicht.
- Eine PAN-Meldung wäre angemessen gewesen – es hätte auch schlimmer kommen können.

3. Erkenntnisse und persönliches Lernen

Diese Erfahrung hat mich tief geprägt – und es dauerte Jahre, sie vollständig zu verarbeiten.

Was ich gelernt habe:

- Grenzwetter verlangt maximale Vorbereitung – auch bei scheinbar „machbarem" VFR-Wetter.
- Ich fliege heute niemals mehr ohne Kontakt zu FIS.
- In kritischen Situationen zählt nicht mehr Nachdenken, sondern trainierte Automatismen. Alles muss sitzen, ohne nachschlagen zu müssen.
- Um einen Schlussstrich zu ziehen, habe ich Jahre später eine Basic-IFR-Ausbildung absolviert – auch als Vorbereitung auf die Nachtflugausbildung. Sie hat mir geholfen, solche Situationen besser zu verstehen und zu vermeiden.

4. Was können andere Pilotinnen und Piloten daraus lernen?

- Mentales Training ist essenziell. Wer regelmäßig Notsituationen in Gedanken durchspielt, gerät seltener in Panik – und kann richtig handeln.
- Fluglehrer sollten mit ihren Schülern regelmäßig Szenarien dieser Art trainieren.
- Jeder Pilot ist verantwortlich, sich auch ohne Lehrer selbst zu konditionieren und sein Können weiterzuentwickeln.
- Weiterbildungen wie IFR-Grundlagen oder Nachtflugtraining sind nicht nur für bestimmte Lizenzen hilfreich, sondern erweitern die mentale und fliegerische Resilienz in stressigen Situationen.

Fazit:

„Fliegerisch war es gut – aber es hätte tödlich enden können."

Das Erlebnis war eine harte Lektion, aber sie hat mein Sicherheitsbewusstsein auf ein neues Niveau gehoben. Heute fliege ich vorausschauender, gelassener – und deutlich besser vorbereitet.

Fall 10: „Volle Anzeige, leere Nerven – Zwischenlandung aus Vorsicht“

Ein Erfahrungsbericht über Flugzeugkenntnis, Entscheidungsfreude und die Bedeutung von Ausweichplätzen

Pilotinnen/Piloten-Profil

Fluglizenz: CPL(A) – zum Zeitpunkt des Vorfalls PPL(A)
Flugerfahrung: ca. 220 h
Fluggerät: C152 (SEP Land), hauptsächlich Cessna 172/152

1. Fehlerbeschreibung und Situation

An einem Sommertag plante ich einen langen Alleinflug mit einer C152 meines Vereins – von Bayern nach Wiener Neustadt und zurück. Es war mein erster Flug nach Österreich und mein erster längerer Streckenflug auf genau diesem Flugzeug.

Ich tankte die Maschine voll, die Tankanzeigen zeigten ebenfalls „voll“. Nach etwa einer Stunde Flugzeit – also auf halber Strecke – bemerkte ich beim Instrumenten-Scan:

- Der eine Tankanzeiger war wie erwartet gesunken
- Der andere blieb unbewegt auf „voll“

Cessna-Tankanzeigen sind bekannt für ihre Unzuverlässigkeit. Dennoch wusste ich nicht, wie stark die Anzeigen bei dieser Maschine abweichen können. Ein Gedanke drängte sich auf:

Was, wenn nur ein Tank gefördert wird – trotz Schalterstellung „Beide“?

Nach Überschlagsrechnung könnte es im schlimmsten Fall knapp werden. Ich hatte allerdings nur einen Ausweichplatz am Ziel vorbereitet, nicht unterwegs.

Trotz guter Wetterbedingungen und keiner akuten Gefahr stieg mein Stresspegel. Ich entschied mich für eine sichere Zwischenlandung an einem kleineren Platz mit befestigter Piste in der Nähe. Die Koordination mit FIS verlief etwas unklar – ich meldete mich an, bekam aber keine Rückmeldung am Funk.

Mit einem schnellen Briefing via SkyDemon über Anflugrichtung, Piste etc. gelang die sichere Landung. Die anschließende Sichtprüfung beim Tanken zeigte: Alles war in Ordnung – nur ein defekter Tankgeber.

Der Weiterflug und die Heimreise verliefen ereignislos. Doch die Situation war ein realer Sicherheitstest, bei dem ich viel über meine Vorbereitung und Entscheidungsprozesse gelernt habe.

2. Alternativen und Verbesserungspotenzial

Was hätte ich im Vorfeld besser machen können?

- Ausweichplätze auch entlang der Route vorbereiten, nicht nur am Zielort
- Informationen über spezifische Eigenheiten der Maschine vorher einholen – beim Fluglehrer oder Vereinskollegen
- Den Flug eventuell zuerst mit Safety Pilot durchführen, um Eigenarten kennenzulernen

Was hätte ich in der Situation anders machen können?

- Nicht viel. Die Entscheidung zur sicheren Landung war korrekt.
- Etwas mehr Ruhe bewahren, denn es bestand keine echte Zeitnot – nur Unsicherheit.

3. Erkenntnisse und persönliches Lernen

- Ich bereite seither immer auch Ausweichflugplätze entlang der Flugroute (en-route) vor – inklusive Anflugkarten
- Ich sehe eine Zwischenlandung nicht mehr als Ausnahmefall, sondern als ganz normale Option
- Ich vertraue Tankanzeigen grundsätzlich nicht blind – besonders bei älteren Cessnas
- ATC-Flugpläne bieten mehr Flexibilität – beim nächsten Mal werde ich öfter „einfach einen machen"
- Wichtigste Erkenntnis: Im Zweifel lieber zu früh landen als zu lange zweifeln – Sicherheit geht immer vor.

4. Was können andere Pilotinnen und Piloten daraus lernen?

1. Plane immer auch unterwegs Ausweichplätze ein – nicht nur bei schlechtem Wetter, sondern generell
2. Tankanzeigen bei älteren Cessnas sind notorisch unzuverlässig – lerne die Eigenheiten deiner Maschine
3. Erkundige dich aktiv im Verein oder bei Lehrern, wenn du eine Maschine zum ersten Mal auf Strecke nutzt
4. Eine Sicherheitslandung ist kein Versagen, sondern eine Stärke – sie zeigt Entscheidungsfähigkeit und Verantwortungsbewusstsein

Fazit:

Eine scheinbar kleine technische Ungewissheit kann zu einer großen mentalen Herausforderung werden – wenn man nicht vorbereitet ist.

Mit guter Vorbereitung, klaren Entscheidungsprozessen und Gelassenheit in der Umsetzung lässt sich jedoch jede Situation sicher meistern.

Experteninterviews

Interview Monika Gietl und Alexandra Schlösser von den Air Lovers

Einführung zum Interview mit den Air Lovers
Alexandra Schlösser und Monika Gietl im Gespräch über Gemeinschaft, Weiterentwicklung und fliegerische Selbstwirksamkeit

In der Welt der Privatfliegerei kann man schnell versucht sein, sich auf das (vermeintlich) Wesentliche zu konzentrieren: Technik, Wetter, Checklisten. Doch wer regelmäßig in die Luft geht – oft im Alleinflug oder im kleinen Kreis – stellt früher oder später fest: Die eigentliche Herausforderung liegt nicht nur im Fliegen

Monika Gietl und Alexandra Schlösser – die Gründerinnen der Community Air Lovers vor ihrem Flieger. *(Foto: Olli Mueller)*

selbst, sondern im *Dranbleiben*. An der eigenen Entwicklung, an der Sicherheit, am Mut, Neues zu wagen, und am mentalen Gleichgewicht zwischen Selbstvertrauen und Verantwortung.

Genau hier setzen Alexandra Schlösser und Monika Gietl mit ihrem Herzensprojekt Air Lovers an – einer Community für Privatpiloten und -pilotinnen, die das Fliegen nicht nur als Fortbewegung sehen, sondern als Lebensraum. Sie bieten nicht nur Fliegertouren in der Gruppe auf verschiedenen Kontinenten (und perspektivisch irgendwann auch um die ganze Welt) an, sondern auch Mastermind-Gruppen, Impulsvorträge, Austauschformate und vor allem eines: gelebte fliegerische Freiheit und Verbundenheit.

Was Air Lovers besonders macht, ist der klare Fokus auf lebenslanges Lernen, psychologische Sicherheit, Wissensaustausch und gegenseitige Inspiration. Genau diese Aspekte spielen auch eine zentrale Rolle im Kontext von Human Factors und der ganzheitlichen Fitness im Cockpit – physisch wie mental.

Im folgenden Interview spreche ich mit den beiden Gründerinnen über ihre Vision, über Lernkultur und Sicherheit, über Motivation und Selbstzweifel, über Grenzen und deren Überwindung – und darüber, wie sie Piloten helfen, nicht nur sicher zu fliegen, sondern über sich hinauszuwachsen.

Interviewfragen an die Air Lovers – Alex & Monika

1. Einstieg & Persönliches

Eure persönlichen Geschichten sind eng mit der Fliegerei und tiefen Erfahrungen verbunden. Was war der Moment, in dem Euch klar wurde: *„Ich will nicht nur fliegen, ich will auch andere mitnehmen“* – emotional und ganz real?

- **Alex:** „Der Gedanke, nicht nur selbst zu fliegen, sondern in der Gemeinschaft zu fliegen, war bei uns schon früh präsent. Bereits während der Flugausbildung wurde deutlich, dass es im eigenen Umfeld eine Fülle an Wissen und Erfahrung gibt, die weit über das hinausgehen, was in Lehrbüchern oder im Unterricht vermittelt wird.
- Bei unseren ersten gemeinsamen AusFlügen mit anderen Piloten vom Flugplatz Jesenwang (EDMJ) wurde das besonders spürbar: Es ging nicht nur um den Austausch von Wissen, sondern auch darum, Erlebnisse zu teilen, gemeinsam zu lernen – und dabei jede Menge Spaß zu haben.
- Schnell wurde klar: Alleine zu fliegen mag effizient sein, um von A nach B zu kommen oder um die eigene Flugpraxis zu stärken. Doch das eigentliche Geschenk liegt im Miteinander – im gemeinsamen Planen, im Bewältigen von Herausforderungen, im Entdecken neuer Flugziele und in der Inspiration, die man aus Gesprächen und geteilten Erfahrungen zieht. In der Gemeinschaft wird vieles leichter.“

Was bedeutet „Air Lovers“ für Euch ganz persönlich – in drei Worten?

- **Monika:** „Für uns bedeutet „Air Lovers“ vor allem Abenteuer, Gemeinschaft und Sicherheit. Abenteuer erleben wir durch unsere Fliegertouren, bei denen wir neue Horizonte entdecken, aufregende Ziele ansteuern und uns immer wieder Herausforderungen jenseits der Komfortzone stellen – das ist für uns echte Freiheit. Gemeinschaft entsteht durch unsere starke Community: Sie ist der Schlüssel, um Ideen in die Luft zu bringen und gemeinsam zu wachsen. Sicherheit beginnt bei uns schon am Boden – mit einer durchdachten Flugvorbereitung, die die Basis für jedes gelungene Abenteuer bildet.“

2. Über die Vision & Community

Ihr sprecht davon, mit 80 Piloten um die Welt zu fliegen. Was steckt hinter dieser Vision – und wie weit seid ihr schon gekommen?

- **Alex:** „Unsere Vision ist nicht einfach, irgendwann um die Welt zu fliegen – sie steht sinnbildlich für kontinuierliches Wachstum, für das bewusste Verlassen der Komfortzone und für das Dranbleiben an persönlichen Zielen. Der Weg dorthin verläuft in Etappen: Vom eigenen Heimatflugplatz zu unbekannten Flugplätzen in der Region, über Landes- und schließlich über Kontinentsgrenzen hinweg – bis hin zu Flugplätzen rund um die ganze Welt.
- Das Motto lautet dabei: „Make your life a Movie!“ – Denn am Ende zählen nicht die Stunden im Flugbuch, sondern die Geschichten, die Du von Deinen Flügen erzählen kannst.
- Tatsächlich haben wir bereits zahlreiche Flugplätze in Europa besucht – unter anderem in Österreich, Italien, Ungarn, Slowenien, Norwegen, Dänemark, Schweden und Frankreich. 2024 kamen erste spannende Erfahrungen in Florida mit Flug auf die Bahamas hinzu. Ein weiteres Highlight erwartete uns im Juni 2025: Eine Fliegertour nach Südafrika, Botswana und Simbabwe. Die Ideen für weitere Abenteuer werden uns so schnell nicht ausgehen. Außerhalb Europas validieren wir unsere Lizenzen bei Bedarf und chartern die Flugzeuge vor Ort – ganz im Sinne der Flexibilität und des gemeinsamen Lernens.“

Eure Community unterscheidet sich von anderen Angeboten in der Privatfliegerei dadurch, dass Ihr Räume für Begegnung, Austausch und Entwicklung schafft. Welche Formate funktionieren besonders gut – und warum?

- **Monika:** „Unser virtueller Fliegerstammtisch, der sogenannte „Aviator Meetups 2.0“, funktioniert besonders gut, weil er Austausch auf Augenhöhe ermöglicht. Unsere Mitglieder bringen dabei ihre eigenen Fragen und Themen ein – teils schon im Vorfeld – und wir holen gezielt Experten dazu, die nicht nur fachlich stark sind, sondern auch bereit, genau auf diese konkreten Anliegen einzugehen.

Das schafft Relevanz, Nähe und das Gefühl, dass man mit seinen ganz individuellen Fragen und Unsicherheiten gehört wird und nicht allein ist."

- **Alex**: „Unsere Fliegertouren wiederum ermöglichen echtes Wachstum – durch das Sammeln realer Erfahrungen, das Anwenden des Gelernten und die vielen wertvollen Begegnungen, die daraus entstehen
  Schon vor Tourbeginn lernen sich alle Teilnehmer in verschiedenen Online-Sessions kennen. Gemeinsam bereiten wir uns – wenn nötig – auf Lizenzvalidierungen vor, besprechen die Routen, die jeweiligen Lufträume und Besonderheiten in den Ländern. Auch die lokalen Fluglehrer, die die Checkflüge abnehmen, lernen wir vorab kennen – so entsteht bereits vor dem ersten persönlichen Treffen eine vertrauensvolle Atmosphäre. Und auch vor Ort gilt: Wir starten erst gemeinsam, wenn alle Fragen geklärt sind. So können wir als Team wachsen, uns gegenseitig unterstützen und die gemeinsamen Flugabenteuer in vollen Zügen genießen. Das stärkt nicht nur das Vertrauen, sondern auch das Gemeinschaftsgefühl – aus unseren Touren sind so schon viele neue Freundschaften entstanden."

3. Lebenslanges Lernen

Ihr sprecht gezielt Piloten und Pilotinnen an, die sich weiterentwickeln möchten – was motiviert diese Menschen, sich auf Euer Format einzulassen?

- **Monika:** „Piloten und Pilotinnen, die sich weiterentwickeln möchten, sind vor allem durch die gemeinsame Begeisterung und die Lust auf Abenteuer motiviert. Sie schätzen auf Fliegertouren die Möglichkeit, Ihre Erlebnisse mit anderen zu teilen, aber auch die Sicherheit im Miteinander der Gruppe, die sie in ihrer Entwicklung stärkt.
- Ein weiterer Grund ist das wertvolle Netzwerk, das bei Air Lovers entsteht und der regelmäßige Austausch über den virtuellen Fliegerstammtisch. Der feste monatliche Termin für das Treffen gibt den Mitgliedern einen Raum, sich regelmäßigen auszutauschen und einfach übers Fliegen zu plaudern. Da jedes Mitglied ganz eigene Erfahrungen mitbringt – von frisch abgeschlossener Ausbildung bis hin zur Atlantiküberquerung – gibt es immer wieder spannende Themen, unterstützende Ansprechpartner und wertvolle Tipps, die weiterhelfen können."
- **Alex:** „Einmal zum Jahresende haben wir unsere X-Mas Session, in welcher Rückblicke auf das vergangene Jahr gehalten und Wünsche sowie Vorhaben für die Zukunft formuliert werden. Dies bietet eine schöne Gelegenheit für Reflexion und persönliche Weiterentwicklung.
- Seit Anfang 2025 vereinbaren wir darüber hinaus am Ende der Aviator Meetups 2.0 ein Commitment, um die besprochenen Inhalte bis zum nächsten Treffen direkt in der Praxis anzuwenden. Jeder sucht sich dabei sein Commitment selbst aus. So unterstützen wir die individuelle Entwicklung jedes unserer Mit-

glieder und freuen uns miteinander, wenn jemand seine persönlichen Ziele schließlich erreicht."

Wie wichtig ist aus Eurer Sicht *lebenslanges Lernen* in der Privatfliegerei – und wie unterstützt ihr konkret dabei?

- **Monika:** „Lebenslanges Lernen ist für uns von zentraler Bedeutung, da es Lebensfreude und Lebendigkeit bringt – Stillstand führt letztlich zu Verfall. Wir schaffen mit Air Lovers ein Umfeld, das alles zusammenbringt, was für eine sichere Weiterentwicklung erforderlich ist. Dazu gehören Piloten, Experten, Wissen, Gelegenheiten, aber auch Verantwortungsbewusstsein, Respekt und eine gesunde Portion Spaß – denn mit Freude geht alles so viel leichter.
- Insbesondere die Inhalte der Aviator Meetups 2.0 werden nicht nur aufgezeichnet, sondern auch schriftlich zusammengefasst und in unserer Wissensdatenbank zur Verfügung gestellt – genauso wie die umfangreichen Briefing Pakete, die wir zu unseren Fliegertouren ausarbeiten. Diese Informationen stehen unseren Mitgliedern langfristig abrufbar zur Verfügung. Dabei sind unsere Touren sorgfältig vorbereitet – mit tourenspezifischen Online-Briefings unterstützt durch Experten zu länderspezifischen Besonderheiten und weitergehendem Austausch innerhalb der Gruppe, der ebenfalls in die Briefing Pakete einfließt."

Viele Privatpiloten haben ein eigenes Flugzeug und fliegen oft für sich allein. Wie kann der fehlende Input aus einem regulären Umfeld (wie etwa Flugschulen) kompensiert werden?

- **Alex:** „Bei Air Lovers gibt es auch viele Piloten mit eigenen Flugzeugen. Wir haben die Erfahrung gemacht, dass gerade hier die Möglichkeit des Austauschs in unseren Aviator Meetups, Fly Ins und auf unseren Fliegertouren sehr wertgeschätzt wird.
- Aber ebenso gibt es Piloten, die über den Tellerrand ihres Vereins hinausschauen wollen oder Piloten, die an ihren Flugschulen nicht den gewünschten Austausch erfahren (so ging es z.B. uns – mir und Monika – selbst).
- Mit Air Lovers bieten wir eine Plattform, die Begegnungen und ein respektvolles und fröhliches Miteinander von Piloten aus unterschiedlichsten Bereichen ermöglicht. Offline wären wir uns vielleicht aufgrund der räumlichen Trennung nie begegnet.
- Auch wir selbst haben aus den vielen Online-Meetups, die wir bislang durchgeführt haben, unglaublich viel mitgenommen – sei es durch den Austausch mit eingeladenen Experten oder durch die offenen Gespräche mit unseren Mitgliedern. Jeder Termin bringt neue Impulse, neue Perspektiven und neue Fliegerbuddys.

- Wir sind ein Netzwerk von spannenden Persönlichkeiten, die sich alle stetig weiterentwickeln und lernen wollen und die sich dabei anspornen, unterstützen und gegenseitig inspirieren."

4. Human Factors & Fitness

Das Buch dreht sich um körperliche und mentale Fitness sowie Human Factors im Cockpit. Was ist Eure Sicht auf das Thema mentale Stärke beim Fliegen?

- **Monika:** „Mentale Stärke beim Fliegen ist aus unserer Sicht die konsequente Umsetzung der nachfolgend beschriebenen sechs mentalen Fähigkeiten, die Teil unserer fliegerischen Philosophie bei Air Lovers sind.
  - **Memory:** Der Pilot erinnert regelmäßig die Abläufe beim Fliegen. Sowohl am Boden als auch im Cockpit. Er trainiert sie so lange, bis jeder Handgriff tief in seinem Unterbewusstsein verankert ist.
  - **Vernunft:** Der Pilot hinterfragt seine Flugperformance nach jedem Flug. Wenn die Ergebnisse nicht seinem Anspruch genügen, lässt er sich nicht entmutigen, sondern er denkt nach, wo er sich hin entwickeln möchte, und handelt danach.
  - **Perspektive:** Ein Pilot ist selbstreflektiert, lernbereit und stets offen für den Austausch mit anderen Piloten. Er ist bereit, seine Perspektive zu überdenken und zu verändern, wenn es angebracht ist.
  - **Vorstellungskraft:** Der Pilot plant und beschäftigt sich mit seinem anstehenden Flug vorab im Kopf und lässt vor seinem inneren Auge ein Bild davon entstehen. Dies macht er bei jedem Flug, bevor er ihn in die Tat umsetzt.
  - **Wille:** Der Pilot behält stets die Kontrolle und lässt sich vom Außen nicht beirren. Er hat den unabdingbaren Willen, den Flug sicher durchzuführen. Dafür besitzt er einen starken Fokus, den er zu jeder Zeit während des Fluges auf den Flieger, die Umgebung, den Funk und seine Passagiere richtet.
  - **Intuition:** Der Pilot hat eine ausgeprägte Intuition. Er ist seinem Flieger jederzeit einen Schritt voraus. Er spürt, ob ein anstehender Flug sicher durchgeführt werden kann. Er fühlt sich selbst und kann realistisch einschätzen, ob er den Anforderungen des Fluges gewachsen ist. Er liest das Wetter und seine Passagiere. ...denn diese Intuition benötigt er, um seiner Verantwortung als Pilot gerecht zu werden."

Wie thematisiert ihr Fatigue, Stress oder Entscheidungsdruck in Euren Gruppen oder Touren – auch zwischen den Zeilen?

- **Alex:** „Diese Themen sprechen wir ganz offen an – auch zwischen den Zeilen, aber vor allem direkt.
  Bereits vor jeder Tour definieren wir gemeinsam im Team ein Crew Manifest, das klare Erwartungshaltungen, ein gemeinsames Mindset und konkrete Maß-

nahmen für die Sicherheit und das Wohlbefinden aller festlegt.

- Für die Fliegertour Florida & Bahamas waren das u. a. folgende Punkte
  - „Um Müdigkeit und Konzentrationsverlust vorzubeugen, begrenzen wir die einzelnen Flugabschnitte auf maximal 3 Stunden. Dies fördert die Sicherheit und hält die Stimmung in der Crew positiv."
  - „Wenn etwas nicht passt, sprechen wir es respektvoll und offen an. Ehrlichkeit und Transparenz sind unser Fundament, um als Team effektiv und harmonisch zusammenzuarbeiten."
  - „Sicherheit steht immer an erster Stelle. Wir legen Wert auf eine präzise Flugplanung und prüfen die Flugbedingungen sorgfältig. Jeder in der Gruppe trägt dazu bei, dass alle notwendigen Informationen geteilt und verstanden werden. Außerdem berücksichtigen wir die Personal Minimums jedes Mitreisenden."
  - Auf unserer Fliegertour zu den Bahamas bat ein Teilnehmer auf Freeport darum, an diesem Tag nicht weiterzufliegen, weil er sich müde fühlte. Solche Hinweise nehmen wir sehr ernst und schaffen bewusst Raum dafür. Konkret haben wir in diesem Fall einfach spontan umgeplant und unsere Tour am Folgetag fortgesetzt, als alle wieder fit waren."

Habt ihr schon einmal erlebt, dass jemand durch Austausch in der Community eine persönliche fliegerische Blockade überwunden hat?

- **Monika:** „Beim Aviator Meetup 2.0 zum Thema „Alpenfliegen für Könner – Wetter verstehen, Entscheidungen treffen" mit Robert Sentef konnte ein Teilnehmer eine langjährige Blockade überwinden. Dieser hatte großen Respekt vor dem Gedanken, in engen Tälern notfalls eine steile Umkehrkurve oder gar eine Chandelle fliegen zu müssen. Allein die Vorstellung setzte den Teilnehmer mental unter Druck. Durch den Austausch wurde ihm diese Unsicherheit genommen – Robert relativierte die Situation und zeigte auf: Wenn man in ein ungünstiges Tal einfliegt, geht es nicht darum, akrobatische Notmanöver zu fliegen, sondern schlicht darum, frühzeitig eine ganz normale Umkehrkurve einzuleiten. Das Gespräch hat dem Teilnehmer sehr geholfen – nicht nur fachlich, sondern auch emotional bzw. mental."

5. Zielgruppen & Motivation

Wer sind Eure typischen Tour-Teilnehmer – und welche Bedürfnisse oder Wünsche bringen sie mit?

- **Alex:** „Unsere Tour-Teilnehmer sind Menschen, die Lust auf Abenteuer haben und ihren fliegerischen Horizont erweitern möchten – sei es durch neue Flugziele, ungewohnte Routen oder neue Perspektiven.
  Viele empfinden es als hilfreich, zunächst im geschützten Rahmen einer Grup-

pe zu reisen, bevor sie später mit mehr Selbstvertrauen auch allein oder mit einem nicht-fliegenden Partner auf Tour gehen. Häufig wünschen sie sich einen klaren Fokus auf das Fliegen und das Weiterentwickeln ihrer fliegerischen Fähigkeiten – ohne sich dabei um jedes Detail der Organisation kümmern zu müssen. Ein weiteres Motiv ist der Wunsch nach mehr Routine: Viele fliegen im Alltag zu selten und fühlen sich daher unsicher. Sie suchen bewusst nach Möglichkeiten, dranzubleiben, sich weiterzubilden und sich regelmäßig mit anderen Pilotinnen und Piloten über wechselnde Themen auszutauschen. Besonders schätzen sie dabei die Qualität unserer eingeladenen Experten sowie unsere harmonische und offene Atmosphäre – online wie offline."

Welchen Wert hat Vernetzung unter Privatpilotinnen und -piloten, gerade im nicht-gewerblichen Bereich?

- Monika: „Vernetzung unter Privatpilotinnen und -piloten schafft nicht nur wertvolle persönliche Kontakte, sondern auch ganz praktische Vorteile. Man kommt schneller an Informationen – etwa durch direkte Gespräche mit erfahrenen Gästen wie Du, lieber Rainer, Arnim Stief, Robert Sentef, Kathrin Kaiser, Malte Höltken, Cordula Pflaum, Dr. Raoul Hille, Ingo-Julian Rösch, Fabian Kienzle u.v.m., die auch nach unseren Online-Sessions weiterhin ansprechbar bleiben. Viele haben über unsere Community ganz konkrete Needs gelöst – sei es ein Hallenstellplatz für das eigene Flugzeug oder ein beruflicher Einstieg in die kommerzielle Fliegerei. Darüber hinaus entstehen gegenseitige Inspiration, Motivation und Unterstützung. Das fliegerische Wachstum fällt leichter, wenn man es gemeinsam erlebt. Der regelmäßige Austausch hilft, dranzubleiben, Rückfragen zu klären und die Verbindung zur Fliegerei lebendig zu halten – auch zwischen den eigenen Flügen."

6. Sicherheit & Entwicklung

Wie bewertet ihr die Wechselwirkung von „Wissen teilen", Gemeinschaft und fliegerischer Sicherheit?

- **Alex:** „Auf unseren Touren trägt jeder Verantwortung für das Gelingen, nicht nur für sich, sondern für die gesamte Gruppe. Wie in einer Airliner-Crew kommt es auf jeden Einzelnen an: Alle profitieren voneinander, indem sie ihre Erfahrungen und ihr Wissen teilen. Auch wenn sich unsere Crew auf verschiedene Flieger verteilt, fliegen wir doch mit dem gleichen Spirit und dem gleichen Wissensstand – verbunden durch Vertrauen, Austausch und gemeinsame Briefings."

Inwieweit helfen gemeinsame Erlebnisse – wie Eure Touren – dabei, das Situationsbewusstsein zu schärfen oder das eigene Handeln im Cockpit zu hinterfragen?

- **Monika:** „Unsere Fliegertouren bieten viele Momente, die das eigene Situationsbewusstsein schärfen – und zwar durch gemeinsames Erleben. Die Briefings und Debriefings eröffnen neue Perspektiven und ermöglichen es, eigene Entscheidungen im Austausch mit anderen zu reflektieren. Im geteilten Cockpit gibt es direktes Feedback durch den Co-Piloten, was den Lerneffekt intensiviert. Reale Flugerfahrungen, insbesondere in ungewohnten Situationen oder außerhalb der eigenen Komfortzone, werden gemeinsam bewältigt – im Team, mit gegenseitigem Support. Diese Erlebnisse prägen und fördern nachhaltiges Lernen, weit über das einzelne Leg hinaus."

7. Abschluss & Ausblick

Was ist Eure größte Hoffnung für die Zukunft von Air Lovers?

- **Alex:** „Unsere Vision ist ein weltumspannendes Netzwerk von Piloten, in dem sich jeder willkommen und zu Hause fühlt – unabhängig von Lizenz, Flugerfahrung oder Herkunft. Air Lovers soll ein nährender Boden für fliegerische Weiterentwicklung und gleichzeitig ein Sprungbrett für neue, gemeinsame Abenteuer sein – für Geschichten, die das Leben schreibt. Und natürlich darf der Spaß nicht zu kurz kommen: Wir feiern gemeinsam, unterstützen uns gegenseitig bei kleinen und großen Vorhaben und genießen die gute Zeit miteinander – am Boden wie in der Luft."
- **Monika:** „Wir wünschen uns, dass unsere Community Menschen dazu inspiriert, ihre Erfahrungen und Perspektiven nicht nur für sich selbst zu gewinnen, sondern auch in ihr weiteres Umfeld hineinzutragen – durch unvergessliche Geschichten, die von der Freiheit des Fliegens erzählen und vom Leben selbst. Dabei träumen wir von einer Welt, in der das Gefühl, durch Alltag, Verpflichtungen oder Selbstzweifel zurückgehalten zu werden, abgelöst wird durch das Erleben von Freiheit, Leichtigkeit und dem Gefühl, „on top of the world" zu sein – im wahrsten Sinne. Diese Freiheit begreifen wir nicht als Ego-Trip, sondern als etwas, das Verantwortung und Verbundenheit einschließt."

Was wäre Eure Botschaft an all jene Piloten, die noch zögern, sich einer Community wie der Euren anzuschließen?

- Alex: „Die fliegerische Ausbildung endet nicht mit der Lizenz – sie beginnt dann erst richtig. Unser Weg zeigt: Wer gemeinsam geht, kommt nicht nur sicherer, sondern auch reicher an Erfahrungen und Begegnungen ans Ziel. Oder wie ein afrikanisches Sprichwort sagt: „Wenn Du schnell sein willst, gehe allein. Wenn Du ankommen willst, gehe gemeinsam". Genau das ist es, was Air Lovers ausmacht: Wir schaffen einen Raum, in dem Du Deinen Traum vom Fliegen voll ausleben kannst – mit Gleichgesinnten, mit Sicherheit im Fokus und mit jeder Menge Freiheit, Spaß und Abenteuer. Together we fly high!"

Welches Learning aus Eurer Arbeit wollt Ihr Piloten unbedingt mit auf den Weg geben?

- **Monika:** „Dranbleiben fällt in der Gruppe leichter. Unsere wertvollsten fliegerischen Lernmomente entstehen in der Gemeinschaft – sei es auf unseren Touren oder im Rahmen unserer Aviator Meetups 2.0. Dort bringen wir gezielt praktische Themen ein, holen erfahrene Experten mit an Bord und schaffen eine Atmosphäre, in der nicht nur Wissen vermittelt wird, sondern echtes Lernen stattfindet. Wer gemeinsam reflektiert, diskutiert, erlebt und fliegt, entwickelt sich schneller und nachhaltiger, als es im Alleingang je möglich wäre."

Aus der Praxis:

Gemeinsame Ausflüge inkl. gemeinsamer Vorflugplanung - erst jeder für sich - dann abgestimmt unterstützt den Lernfortschritt ungemein und erhöht die Sicherheit – wie hier bei einem gemeinsamen Flug nach Trento (LIDT) und Portoroz (POW) mit dem Youtuber und Vereinskollege UL-Pilot Alexander Kühnert. Diese Reise hat Alex Kühnert toll dokumentiert in zwei YouTube-Videos – und geht dabei auch auf die von uns gemachten Fehler und Erkenntnisse ein.

Link zu Teil 1 der Dokumentation

Link zu Teil 2 der Dokumentation, in der auch der in Kapitel 1 erwähnte Anflug mit der hohen Pulsfrequenz dokumentiert ist.

Zwischenlandung in Trento zum Tanken, bevor es weiterging durch verzwickte italienische Lufträume. *(Foto: Rainer Krumm)*

Komplizierte Luftraumstruktur in Italien. *(Foto. Rainer Krumm)*

Happy Pilots – glücklich und voller Eindrücke in Portoroz. *(Foto: Rainer Krumm)*

Viel Verkehr am 1. Mai in Italien und Slowenien – was aber aufgrund des Feiertages und des Flugwetters zu erwarten war. *(Foto: Rainer Krumm)*

Interview mit den NAVGEEKS Olli und Robin

Navigation Flying: Mehr als nur Punkt-zu-Punkt fliegen

Ein Gespräch über Präzision, Teamwork und fliegerische Exzellenz

Die NAVGEEKS Oliver Meindl und Robin Shearer als Teil der Nationalmannschaft. *(Foto: Tom Illgner)*

Rainer Krumm: Wir haben uns beim Allgäu Flug 2025 kennengelernt. Stellt euch kurz vor – wer seid ihr und wie seid ihr zu den NAVGEEKS geworden?

- **Oliver Meindl:** NAVGEEKS ist ein Akronym aus Navigation, Aviation und Geeks – die Passion rund um die Navigationsfliegerei. Wir kennen uns nun schon seit 2021. Ich bin 2007 mit dem Segelflug gestartet, 2019 dann zum Motorflug gewechselt und habe in Oerlinghausen meinen Motorseglerschein gemacht, 2020 meinen Ultraleichtflugschein und 2022 den LAPL und den PPLA, sowie nun noch den FI bestanden.
- **Robin Shearer:** Ich komme aus Österreich, habe 2012 mit dem Segelflug in Lienz begonnen und 2014 meinen PPL in Klagenfurt gemacht. Eigentlich wollte ich Verkehrspilot werden, habe in England die Theorie absolviert, aber Corona machte mir hier dann einen Strich durch die Rechnung. Mein Hobby habe ich dennoch zum Beruf gemacht und arbeite jetzt als Leichtflugzeugbauer. 2021 hatten wir uns bei einem Segelfliegerclub kennengelernt und Oliver mich zum Navigationsflug überredet – beim ersten Briefing war ich völlig überfordert von der Informationsmenge im Umschlag. Den ersten Flug haben wir auch voll versemmelt, aber nach dem ersten Newcomer-Sieg waren wir Feuer und Flamme.

Navigationsflug als Präzisionssport

Rainer Krumm: Für Piloten, die noch nie von Navigationswettbewerben gehört haben: Was genau ist Navigation Flying?

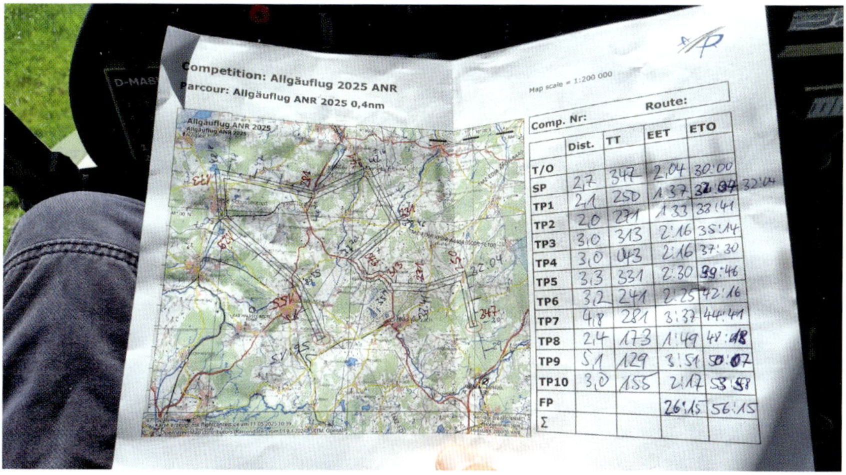

Aufgabenstellung zum ANR beim Allgäuflug 2025 *(Foto: Rainer Krumm)*

► **Oliver Meindl:** Es ist wie eine Schnitzeljagd in der Luft. Das Ziel ist ein möglichst präziser Flug – räumlich und zeitlich. Man möchte am richtigen Ort zur richtigen Zeit sein und das möglichst sicher. Es gibt verschiedene Disziplinen: Beim Rallyeflug bereitet man zunächst die Karte inklusive Kurs vor, fliegt ihn mit plus/minus zwei Sekunden Toleranz ab, sucht dabei Bilder in der Landschaft und endet mit einer Präzisionslandung auf einem drei Meter großen Feld. Eben wie beim Allgäuflug. Beim Präzisionsflug macht man mit ein paar Abstrichen das Gleiche, fliegt dabei aber alleine. Die dritte Form ist das Air Navigation Race (ANR), das sich auf die Navigation fokussiert. Der „Race-Charakter" kommt über die kürzeren Streckenabschnitte und teils engere Kurven; alles innerhalb eines vorgegebenen Korridors. Das Besondere: Alles läuft analog – Navigation mit Kompass, Stoppuhr und Karte, quasi back to the roots.

Rainer Krumm: Das übergreifende Ziel ist, Piloten beim sicheren Fliegen zu unterstützen?
Oliver Meindl: Genau. Es geht um fundamentale Cockpit-Kompetenzen. Gerade in Zeiten, wo man sich nicht mehr 100 Prozent auf GNSS (Globale Navigationssatellitensysteme) verlassen kann oder ein Gerät überhitzungsbedingt ausfällt, muss man sagen können: „Dann hole ich die Karte raus und fliege weiter."

Crew Resource Management im Kleinflugzeug

Rainer Krumm: Navigationsfliegen ist ein Teamsport. Wie funktioniert das Crewmanagement zwischen Pilot und Navigator im kleinen Cockpit?

- **Robin Shearer:** Beim Rallyeflug fliegt und navigiert der Pilot, während der Navigator die Suchbilder und Wendepunktbilder macht und bei der groben Orientierung unterstützt. Beim Air Navigation Race übernimmt der Pilot die grobe Navigation und Zeiteinhaltung, während der Navigator permanent die genaue Position überwacht und Korrekturen wie „fünf Grad links“ gibt, um in der Mitte des Korridors zu sein.
- **Oliver Meindl:** Das Teamwork bei uns hat sich über die Jahre unglaublich entwickelt. Am Anfang war es hektisch und wir haben sehr viel kommunizieren müssen. Heute sind die Flüge relativ „sprachlos“ und auf das Wesentliche fokussiert. Man arbeitet ständig an der Crew-Strategie und kennt die Anzeichen, wenn jemand Stress oder hohe Arbeitsbelastung hat.
- **Robin Shearer:** Die Kommunikation ist sehr höflich und effizient. Wenn einer beschäftigt ist, sagt er ein Stoppwort – dann weiß der andere: Lass ihn arbeiten, er meldet sich, wenn er wieder Kapazität hat. Die Informationen werden so kurz wie möglich gehalten.

Prioritätenmanagement unter Extrembedingungen

Rainer Krumm: Ihr wart bei Weltmeisterschaften in Südafrika. Das klingt nach enormem Stress und Druck. Wie geht ihr mit solchen Extremsituationen um?

- **Oliver Meindl:** Wir haben ein klares Prioritätenmanagement: Erstens Track – es bringt nichts, Bilder zu suchen, wenn man nicht auf dem Kurs ist. Zweitens die

Die NAVGEEKS Robin und Oliver in Action bei einem Navigationsflug. *(Foto: NAVGEEKS)*

Zeiten, weil das nächste Flugzeug im Zweifel zwei Minuten nach einem kommt. Drittens, wenn noch Kapazität bleibt, die Bilder. Also „Track – Time – Target“. Aber über allem steht die Flugsicherheit. Wenn die gefährdet ist, lassen wir alles andere stehen und liegen. „Traffic“ ist unser Signalwort – dann müssen beide sofort rausschauen. Dann sind die Strafpunkte und die Wettbewerbsaufgaben egal.

- **Robin Shearer:** Wir haben einen Standard-Cockpit-Flow entwickelt: Alle paar Minuten schauen wir auf die Instrumente, dann nach links, rechts, gen Himmel, dann wieder auf die Instrumente. „Green“ sagen wir immer, wenn alle Parameter im grünen Bereich sind. Dann geht es weiter mit Karte, Zeit und Navigation.

Rainer Krumm: Gibt es auch mal einen harten Ton oder Stress zwischen euch?

- **Oliver Meindl:** Es gibt auch mal einen rauen Ton, das gehört dazu. Aber der Fokus liegt darauf, nicht im Cockpit zu diskutieren. Man hat weder die Kapazität dafür noch verbessert es die Stimmung. Diskussionen führen wir später im ausführlichen Debriefing.

Stressmanagement und Resilienz

- **Robin Shearer:** Was mir bei Wettbewerben auffällt: Piloten sind tendenziell eher bereit, einen Flug anzutreten, als wenn sie außerhalb eines Wettkampfes fliegen würden – sei es wettertechnisch oder weil der Flieger nicht hundertprozentig okay ist. Der Druck ist da, man will mitmachen.
  Bei uns muss es wirklich 100 Prozent passen. Wenn einer sagt „Nein“, dann fliegen wir nicht. Wir sind auch schon umgedreht und haben abgestellt. Man muss nicht jeden Flug antreten.

Rainer Krumm: Wie schafft ihr das konkret?

- **Robin Shearer:** Das beginnt schon beim Aufstehen. Wir stehen früh auf, frühstücken gemütlich, fahren entspannt zum Flugplatz, richten ruhig den Flieger her. Man nimmt so viel wie möglich die Stressfaktoren raus, weil man weiß: Sobald man im Cockpit sitzt, beginnt automatisch der Stress.
  Bei der Weltmeisterschaft hat man nur zwei Minuten pro Wendepunkt zum Konstruieren. Bei fünfzehn Wendepunkten sind das 30 Minuten von Aufgaben-Übergabe bis Take-off. Da ist standardmäßig drin: Zehn Minuten vorher wird angelassen, dann werden nur die Checks gemacht und zur Piste gerollt.

Transfer auf die Alltagsfliegerei

Rainer Krumm: Welche Skills aus dem Navigationswettbewerb machen auch den „normalen“ Privatpiloten besser und sicherer?

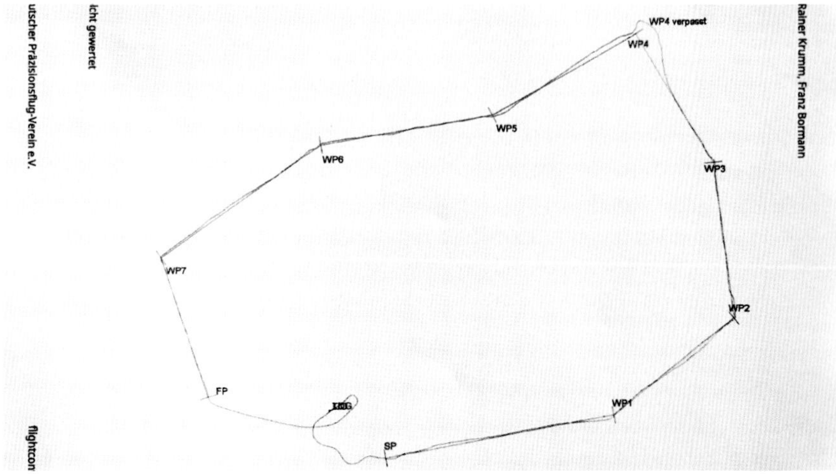

Präzision bei der Navigation bekommt man auch unmittelbar durch den Logger bestätigt – oder auch nicht, wie am Wendepunkt 4. *(Foto. Rainer Krumm)*

- **Oliver Meindl:** Ein wichtiger Punkt ist die kognitive Flexibilität – die Resilienz im Cockpit zu erhöhen. Man kann sich schnell auf neue Situationen einstellen und zeitnah bessere Entscheidungen treffen. Beim Deutschlandflug beispielsweise haben wir ausschließlich Flugplätze angeflogen, die wir vorher nie gesehen hatten. Wenn man in der Fliegerei abseits des Wettbewerbs wetterbedingt mal auf einen anderen Platz ausweichen muss, ist man entspannter. Man ist es einfach gewohnt unbekannte Plätze anzufliegen.
  Die freigewordene Kapazität kann man in bessere Luftraumbeobachtung umsetzen. Man wird geschult, schnell in neue Aufgabentypen zu springen, die Situation neu zu bewerten. Ich habe vor kurzem einen vier Stunden Flug rein mit Karte gemacht. Das Thema: Ich rechne schnell aus, wie viel hat mich der Wind beeinflusst? Bin ich zu früh, zu spät? Wie verhält sich das auf die kommenden Legs? Das kann man im Kopf machen, weil man darauf geschult ist, immer wieder in neue Aufgabentypen zu springen, die Situation neu zu bewerten. Die kognitive Flexibilität wird besser. Im Navigationsflug wird Situationsbewusstsein und Entscheidungsfindung permanent trainiert.
- **Robin Shearer:** Es ist gut fürs Stressmanagement und man bekommt mehr Routine. Wir fliegen nur mit Papierkarte, quasi back to the roots. Wenn das Tablet ausfällt, weiß ich trotzdem, wo ich bin. Man bekommt wieder das Gefühl für die Karte: Was bedeutet ein Daumen breit auf einer 1 : 500.000 Karte? Man achtet auch wieder mehr auf die Auffanglinien auf der Karte.
  Unser Fokus als Sichtflieger wandert mit den Tablets von außen nach innen

ins Cockpit. Das ist gefährlich, weil wir nicht mehr rausschauen. Der Traffic ist draußen vor dem Fenster, nicht auf dem Display. Je weniger Technik, desto mehr Fokus kann man auf das Fliegen legen.

Rainer Krumm: Das kann man auf die normale Fliegerei übertragen. Wie viele hetzen zum Flugplatz, sind gedanklich noch bei der Arbeit und nehmen den Stress mit ins Flugzeug?

- **Robin Shearer:** Vielleicht einfach vorher einen Kaffee trinken, das Einplanen. Zum Flugplatz kommen, Kaffee trinken, dann Flugvorbereitung, dann zum Flieger. Man nimmt sich die Zeit, die Checkliste wirklich durchzuarbeiten.

Präzision als Sicherheitsfaktor

Robin Shearer: Du weißt immer, wo dein nächster Wendepunkt ist, was dein nächstes Ziel ist. Bei der Ziellandung musst du den Flieger auf einen drei Meter dünnen Streifen aufsetzen. Das ist nicht nur für normale Flugplätze relevant – was ist, wenn du einen Notfall hast? Dann musst du am Anfang der Wiese aufsetzen können. Die Strecke hinter dir bringt dir leider wenig.

Rainer Krumm: Dieses präzise Landen ist bei Notlandesituationen oder auf kurzen Bahnen Gold wert.

Robin Shearer: Genau, es macht die Fliegerei sicherer. Man lernt, das präzise Anfliegen und Landen auf fremden Landeplätzen; egal ob große Asphaltbahn in Deutschland oder schmaler Landestreifen in Südafrika.

Fun & Safety hand in hand

Rainer Krumm: Ihr propagiert, dass „Fun & Safety hand in hand“ gehen. Wie schafft ihr es, bei aller Präzision den Spaß nicht zu verlieren?

- **Oliver Meindl:** Die Heterogenität der Flieger ist beeindruckend – von UL über Motorsegler bis zu komplexen Motorflugzeugen. Aber alle haben den gleichen Rhythmus, den gleichen Ablauf. Am Abend sitzen alle gemeinsam am Tisch und sprechen über die gleichen Erfahrungen. Beim Navigationsflug ist es egal, mit was für einem motorisierten Flugzeug man fliegt – Hauptsache, man ist in der **Luft.**
- **Robin Shearer:** Was den Navigationsflug auch besonders macht, ist die freundschaftliche Atmosphäre. Egal woher man kommt, welchen Flieger man hat – am Ende sitzen alle zusammen. Wir versuchen gemeinsam besser zu werden, Spaß zu haben und vor allem sicher nach Hause zu kommen.

Einstieg für interessierte Piloten

Rainer Krumm: Was würdet ihr einem Piloten raten, der sich für Navigationswettbewerbe interessiert?

- **Oliver Meindl:** Es gibt verschiedene Formate: YouTube-Videos, Anmeldeportale unter navigationsflug.de – dort findet man die Events, Trainings in Hodenhagen und Mengen, oder persönlichen Kontakt über Instagram zu uns. Wichtig ist: Einfach mal ausprobieren. Sogar die Deutschen Meisterschaften sind jetzt offen für Newcomer. Das Großartige an der Community: Es herrscht keine Ellenbogenmentalität. Die Profis sind happy, wenn jemand dazukommt und geben ihr Wissen gerne weiter. Einfach ausprobieren.

Rainer Krumm: Das kann ich bestätigen. Cornelia von der österreichischen Nationalmannschaft hat mir ihre Memoriertechnik für Suchbilder erklärt – sie schreiben Begriffe auf die Bilder. Solche kleinen Tipps sind Gold wert.

Mentale Vorbereitung auf Wettbewerbe

- **Robin Shearer:** Ein kleiner Funfact: Als Oliver fragte „Wie bereitest du dich auf einen Wettbewerb vor?“, habe ich mich erinnert, warum da ein Buch in meinem Schrank steht. Ich holte es heraus – und tatsächlich, ganz hinten war ein Kapitel „Wettbewerb“. Witzigerweise stand alles drin, was ich brauchte. Als Flugschüler hatte ich das Kapitel damals auf Grund fehlendem Bezug nur überflogen. Aber das Buch hat mich dazu gebracht, viel über meine Flüge zu reflektieren. Besonders ein Erlebnis ist mir in Erinnerung geblieben: Ich war gerade frisch mit dem Segelflugschein unterwegs in den österreichischen Alpen, hatte noch wenig Flugerfahrung. Plötzlich war ich eingekesselt und in einer wirklich brenzligen Situation – ich musste mit enormem Respekt vor den Bergen wieder ins Tal fliegen.

  Mit einem Puls von mindestens 180 war das ein prägendes Erlebnis. Durch die Reflexion in deinem Buch „Mentales Training für Piloten“ konnte ich das verarbeiten: Was war der Fehler? Wie kann ich das künftig vermeiden? Diese Art der Nachbereitung hat mich als Piloten definitiv besser gemacht.

Beim Navigationsflug-Event, dem Allgäuflug 2025 konnte man der Österreichischen Nationalmannschaft über die Schulter schauen

(Foto: Rainer Krumm)

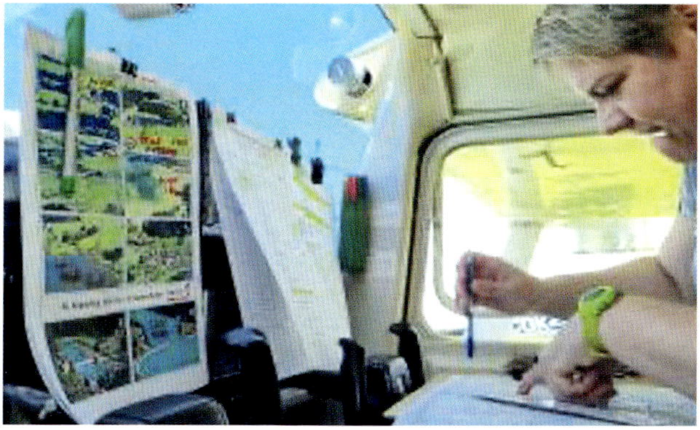

Nationalmannschaftpilotin Cornelia Marsch erläuterte die mentale Memorierungstechnik, dass sie beim Ansehen der Suchbilder ihre sofortige Assoziation drauf schreiben, um die Bilder beim Navigationsflug so besser zu erkennen. *(Foto: Rainer Krumm)*

Rainer Krumm: Das ist ja ein wunderbares Kompliment zu meinem ersten Flieger-Buch „Mentales Training für Piloten“ – vielen Dank, das freut mich sehr!

Vision für die Zukunft

Rainer Krumm: Abschließend: Was ist euer Traum für die Zukunft des Navigation Flying?

- **Oliver Meindl:** Navigationsflug attraktiv und einstiegsfreundlich gestalten. Wir wollen die Community ausbauen und frischen Wind reinbringen, der neue Facetten exploriert und aufzeigt. Durch starke Konkurrenz wird man selber besser.
- **Robin Shearer:** Ich wünsche mir mehr Events in Deutschland und Europa über das ganze Jahr verteilt, ein flächendeckendes Netz von Navigationsflug-Events. Und als Allerletztes: dass jeder sicher nach Hause kommt, weil man nur dann davon berichten kann.

Rainer Krumm: Das Gespräch zeigt eindrucksvoll, wie Navigationsflugwettbewerbe nicht nur sportliche Herausforderung sind, sondern fundamentale Human-Factors-Kompetenzen vermitteln: von effektiver Kommunikation über Stressmanagement bis hin zu präzisem Ressourcenmanagement. Skills, die jeden Piloten sicherer machen – ob im Wettbewerb oder auf dem Weg zum Urlaubsziel.

Schlusswort: Wir sind Menschen!

Fliegen ist mehr als Technik, Navigation und Checklisten – es ist eine zutiefst menschliche Tätigkeit. In der Luft hängt alles von unserer Wahrnehmung, unserer Urteilsfähigkeit, unserem Gesundheitszustand und unserer inneren Haltung ab, denn dies beeinflusst unsere Entscheidungsfähigkeit und damit auch das Handeln. Dieses Buch hat sich dem Ziel verschrieben, genau diesen „Human Factor" ins Zentrum zu rücken.

Wir haben gesehen, wie entscheidend körperliche Fitness, mentale Stärke und emotionale Stabilität für die Flugsicherheit sind – besonders in der Privatfliegerei, wo die professionelle Struktur des Linienbetriebs oft fehlt. Der Mensch ist das zentrale Element im Cockpit – nicht das schwächste Glied, sondern der Schlüssel zu sicherem, verantwortungsvollem Fliegen.

Die vorgestellten Modelle, Strategien und Fallbeispiele sollen Mut machen, sich selbstkritisch zu hinterfragen, offen zu reflektieren und kontinuierlich weiterzuentwickeln. Denn eines ist sicher: Niemand ist unfehlbar. Fehler passieren – aber aus ihnen zu lernen, macht uns zu besseren Piloten und verantwortungsvolleren Menschen.

Human Factors bedeutet, sich der eigenen Grenzen bewusst zu sein, aber auch das eigene Potenzial zu erkennen. Es geht darum, mit klarem Kopf und gesundem Körper in die Luft zu gehen – und mit der nötigen Demut gegenüber dem, was wir tun.

Der gemeinsame Austausch mit anderen Personen ist dabei eine unerschöpfbare Ressource, die in der Privatfliegerei leider viel zu wenig genutzt wird – wir sollten mehr in den aktiven Austausch miteinander gehen, um voneinander zu lernen. Egal auf Messen, Fortbildungen, Im Verein oder der Flugschule – oder auch nur im Zweierdialog mit einer anderen Pilotin oder einem anderen Pilot. Wir müssen reden!

Lasst uns in Austausch gehen – ich freue mich darauf!

Gute Landung – immer!
Dein Rainer Krumm

Kontakt:
rainer@krumm.de
www.mentalpilot.de

Über den Autor:

Beruflich ist Rainer Krumm Organisationsentwickler und Managementtrainer – er unterstützt mit seinem Team der axiocon GmbH Organisationen und Entscheidungsträger in der Weiterentwicklung. Mentale Prozesse, Werte und Haltungen, sowie menschliche Faktoren sind hier die Kernelemente. Er lebt mit seiner Familie in Ravensburg.

Fliegerische Erfahrung:

- 35 Jahre Gleitschirmfliegen
- 20 Jahre Motorschirmfliegen
- 10 Jahre Motorschirm-Doppelsitzer
- Seit 2021 Pilot Ultraleicht-Dreiachser

Mentales Training:

- Autor des Buches „Mentales Training für Piloten“
- Trainer von drei Nationalmannschaften im mentalen Bereich
- Zusammenarbeit mit Experten der Wettbewerbsszene

Engagement in der Flugsicherheit:

- Fast 3 Jahre Mitglied im Arbeitskreis Flugsicherheit des BWLV
- Autor des Buches „Dynamische Flugsicherheit in der Privatfliegerei“

Rainer Krumm bei einem seiner Vorträge über Dynamische Flugsicherheit auf der AERO in Friedrichshafen
(Foto: Alexander Kühnert)

Zahlreiche weitere Videos rund um Mentales Training und Flugsicherheit in der privaten Fliegerei gibt es auf meinem Youtube-Kanal:
https://www.youtube.com/@Flugsicherheit

Literaturverzeichnis

AOPA Germany; Tips für Flugsicherheit, o. J.

Badke-Schaub; Hofinger, Lauche; Human Factors – Psychologie sicheren Handelns in Risikobranchen, Heidelberg, 2012

Eckardt, R.; Mentale Stärke von Kampfpiloten lernen, Stuttgart, 2014

Eichenberger, R., Über den Wolken, Lachen, 2022

Dekker/Oates/Rafferty; Restorative Just Culture in Practice, New York, 2022

Dorn, L., Zum Einfluss von Anforderungen an Cockpitbesatzungen auf die Flugsicherheit, Ilmenau, 2011

Gasperl, H., Ready for take off, Saarbrücken, 2013

Hinsch, M.; Olthoff, J.; Human Factors in der Industrie, Heidelberg, 2019

Kalckreuth, A. v., Das stille Abenteuer; Erlebnisse und Begegnungen eines Alpenfliegers, Spezialausgabe, Stuttgart, 2002

Kassera, W.; Motorflug Kompakt, Stuttgart, 2020

Kassera, W.; Ultraleichtfliegen Kompakt, Stuttgart, 2020

Krumm, R.; Mentales Training für Piloten, Stuttgart, 2. Aufl. 2025

Krumm, R.; Mentales Training, Was zeichnet einen erfolgreichen Piloten aus?, in: Fly & Glide 01/2001, S. 42 – 44

Krumm, R.; Selbstmotivation, in: Fly & Glide 04/2000, S. 70 – 71

Krumm, R.; Stress: Ent-Spannung nach spannenden Flügen; Umgang mit stressigen Situationen für Piloten, in: Segelfliegen 03/2006, S. 23 – 25

Krumm, R.; Stressmanagement für Piloten, in: DULV-Info Nr. 01/2006, S. 30 – 32

Krumm, R.; Teams im Individualsport, in: Gleitschirm Magazin, 08/2003, S. 66

Krumm, R.; Tins, A. Ent-Spannung nach spannenden Flügen, in: DHV-Info Nr. 127/2004, S. 80 – 82

Krumm, R.; Umgang mit stressigen Situationen für Piloten, in: IZA; Zeitschrift für Gesundheit und Sicherheit am Arbeitsplatz, 03/2006, S. 31 – 35

Krumm, R.; Verantwortung akzeptieren und übernehmen, in: Fly & Glide 03/2000, S. 52 – 53

Leibing, A., Flugsicherheit oder die Chance zu Überleben, Hamburg, 1968

Müller, R. Flugsicherheit!, Gelsenkirchen, 1970

Rascher, S.; Just Culture in Organisationen, Wiesbaden, 2019

Reason, J. Organizational Accidents Revisted, Boca Raton, 2016

Reason, J., Humar Error, Cambridge, 1990

Reason, J, Managing the Risks of Organizational Accidents, Hants, 1997

Schmidt, F. Ultraleichtfliegen, München, 7. Auflage, 2005

Schneiderer, J.; Ebermann, H-J., Human Factors im Cockpit, Heidelberg, 2011

Sentef, R.; Alpenflug, Bad Tölz, 2021

Unfallanalysen und Statistiken

Bundesstelle für Flugunfalluntersuchung (BFU) (2019). *Untersuchungsbericht zur Unfallstatistik in der deutschen Privatfliegerei*. BFU-Berichte, Braunschweig: Bundesstelle für Flugunfalluntersuchung.

Deutsche Flugsicherung (DFS) (2021). *Sicherheitsbericht zur Flugsicherheit in Deutschland: Einfluss menschlicher Faktoren auf die Privatfliegerei*. Langen: Deutsche Flugsicherung GmbH.

European Union Aviation Safety Agency (EASA) (2020). *Annual Safety Review 2020 – General Aviation*. Köln: EASA. Verfügbar unter: https://www.easa.europa.eu

Luftfahrt-Bundesamt (LBA) (2018). *Bericht zu typischen Unfallursachen im Allgemeinen Luftverkehr und deren Präventionsmöglichkeiten*. Braunschweig: Luftfahrt-Bundesamt.

Deutscher Aero Club (DAeC) (2020). *Jahresbericht: Flugsicherheit und Human Factors in der Privatfliegerei*. München: Deutscher Aero Club e.V.

Österreichische Flugsicherung Austro Control (2019). *Sicherheitsbericht zur Allgemeinen Luftfahrt in Österreich: Einfluss von Fitness und Human Factors auf die Flugsicherheit*. Wien: Austro Control.

Deutsches Zentrum für Luft- und Raumfahrt (DLR) (2018). *Studie zur Leistungsfähigkeit und Ermüdung bei Piloten: Auswirkungen auf Entscheidungsfähigkeit und Stressresistenz*. Köln: Deutsches Zentrum für Luft- und Raumfahrt.

Federal Aviation Administration (FAA). (2020). *The Role of Visual Perception in Flight Safety*. Washington, D.C.: FAA Publications.

National Aeronautics and Space Administration (NASA). (2017). *Auditory Perception and Response Time in Pilots*. NASA Research Studies.

International Air Transport Association (IATA). *Analysis of Smoke and Odor Incidents in Aviation*. Montreal, QC: IATA Reports.

Internetquellen

https://www.bfu-web.de/DE/Publikationen/Studien/Studie_LSG_2022.pdf

Scheiderer, Joachim; Ebermann, Hans-Joachim (Hrsg.); Human Factors im Coackpit; Praxis sicheren Handelns für Piloten, Springer-Verlag, Berlin, 2011

https://www.easa.europa.eu/sites/default/files/dfu/CRD%20c.1%20-%20Comments%20and%20Responses%20to%20Subparts%20A%2C%20B%2C%20C%2C%20D.pdf

https://asasi.org/wp-content/uploads/2021/05/Shappell-et-al_HFACS_ISASI04.pdf

https://www.iata.org/en/pressroom/2023-releases/2023-03-07-01/

https://flightsafety.org/fsf-highlights-persistent-risks-in-analysis-of-2021-accident-data/

https://asasi.org/wp-content/uploads/2021/05/Shappell-et-al_HFACS_ISASI04.pdf

https://www.iata.org/en/pressroom/2023-releases/2023-03-07-01/

https://flightsafety.org/fsf-highlights-persistent-risks-in-analysis-of-2021-accident-data/

https://www.iata.org/ International Air Transport Association (IATA) Safety Report 2022

https://flightsafety.org/ Flight Safety Foundation, Analysis of 2021 Accident Data

https://aviation-safety.net/database/ Aviation Safety Network (ASN) Accident Database

https://de.wikipedia.org/wiki/Listen_von_Luftfahrt-Zwischenf%C3%A4llen

https://www.faasafety.gov/files/gslac/courses/content/258/1097/AMT_Handbook_Addendum_Human_Factors.pdf

https://aopa.de/wp-content/uploads/14_ASL_Menschliches_Leistungsvermoegen.pdf

https://www.bfu-web.de/DE/Publikationen/Studien/Studie_LSG_2022.pdf

https://www.segelfliegengrundausbildung.de/index.php/theoretische-spl-ausbildung/2-menschliches-leistungsvermoegen/2-1-menschliche-faktoren?

https://www.nzz.ch/article9K9PL-Id.303968

https://www.lba.de/DE/Luftfahrtpersonal/Flugmedizin/Formulare_Flugmedizin/Formulare_Tauglichkeit/_Functions/Info_table.html?nn=2090640

Vgl. https://www.bwlv.de/aus-weiterbildung/service/flugtauglichkeit.html

https://www.flugmedizin.at/Infos/Persoenlichkeits-faktoren_als_Risiko_beim_Fliegen_070412.pdf

https://www.umweltbundesamt.de/sites/default/files/medien/publikation/long/3490.pdf?

Vgl. Reichmann (1980), S. 6

https://www.airbus.com/sites/g/files/jlcbta136/files/2022-04/220208-A2-AviationSafetyDirtyDozenDE.pdf

https://www.dialogbild.de/wp-content/uploads/Lufthansa-Technik_Dialogbild_Referenzblatt_LHT_DirtyDozen_web1.pdf

https://www.argoviatoday.ch/aargau-solothurn/vom-wallis-in-den-aargau-unterwegs-wegen-fotos-kollidieren-2-flugzeuge-jetzt-ist-der-unfallbericht

https://www.aerotelegraph.com/ueberforderter-pilot-startete-mit-cessna-182-in-die-falsche-richtung

https://www.fliegermagazin.de/wissen/flugunfall-in-den-alpen

https://open.spotify.com/episode/2GZ3WHVodiki1SorgKWhAD?si=6365488056b04709

Quellenverweise

https://www.bfu-web.de/DE/Publikationen/Studien/Studie_LSG_2022.pdf

https://www.segelfliegengrundausbildung.de/index.php/theoretische-spl-ausbildung/2-menschliches-leistungsvermoegen/2-1-menschliche-faktoren?

https://www.nzz.ch/article9K9PL-Id.303968

https://www.lba.de/DE/Luftfahrtpersonal/Flugmedizin/Formulare_Flugmedizin/Formulare_Tauglichkeit/_Functions/Info_table.html?nn=2090640

https://www.bwlv.de/aus-weiterbildung/service/flugtauglichkeit.html

https://www.flugmedizin.at/Infos/Persoenlichkeitsfaktoren_als_Risiko_beim_Fliegen_070412.pdf

https://www.umweltbundesamt.de/sites/default/files/medien/publikation/long/3490.pdf?

https://www.airbus.com/sites/g/files/jlcbta136/files/2022-04/220208-A2-AviationSafetyDirtyDozenDE.pdf

https://www.dialogbild.de/wp-content/uploads/Lufthansa-Technik_Dialogbild_Referenzblatt_LHT_DirtyDozen_web1.pdf

https://open.spotify.com/episode/2GZ3WHVodiki1SorgKWhAD?si=6365488056b04709

https://www.argoviatoday.ch/aargau-solothurn/vom-wallis-in-den-aargau-unterwegs-wegen-fotos-kollidieren-2-flugzeuge-jetzt-ist-der-unfallbericht

https://www.aerotelegraph.com/ueberforderter-pilot-startete-mit-cessna-182-in-die-falsche-richtung

https://www.fliegermagazin.de/wissen/flugunfall-in-den-alpen

Die Human Factors sind sprichwörtlich das Gelbe vom Ei!

(Foto: Rainer Krumm / Spiegelei Gerhard Müller)

Das Magazin für die Allgemeine Luftfahrt
Der aerokurier informiert als Fachmagazin für Piloten über die Themen Motor-, Ultraleicht- und Segelflug, Business Aviation und Helicopter Operations sowie Luftsport und Luftfahrttechnik.
www.aerokurier.de / 68. Jahrgang
aerokurier
DAS MAGAZIN FÜR PILOTEN
Roll-out
Wasserstoff-flugzeug aus Deuschland
Pelegrin Tarragon
Lettin mit Italo-Genen
Leserreise
Auf nach Frankreich!
Segelflug
Offene Klasse im Fokus
AirLeben
Wasserfliegen in Florida
Tipps für Trips: Budweis
JEDEN MONAT NEU
PILOT LOGBOOK
Aktuelle Ausgabe jetzt als Heft oder E-Paper bestellen:
Web: aerokurier.de/heft | Telefon: 0781 6396659
E-Mail: mps-bestellungen@burdadirect.de